河长制政策及组织实施

（云 南 分 册）

鞠茂森　主编　　孙继昌　主审

中国水利水电出版社
www.waterpub.com.cn
·北京·

内 容 提 要

本书在充分调研和资料收集的基础上，结合全国各地河长制工作开展案例，汲取行业专家与领导的建议，介绍了河长制的起源、发展、定义、内涵、法律依据和河长制的主要内容，探讨了河长制的组织实施、一河一档基础信息登记、一河一策编制、河长制信息化建设及河长制的制度建设等工作内容，并选择云南省近年有关河长制工作的相关重要文件作为附录，有利于提高河长制工作人员理论水平和业务能力，为统筹协调各部门力量，运用法律、经济、技术等手段维护河湖健康提供思路和经验。

本书可供各级河长、河长制工作人员及相关企事业单位工作人员参考使用。

图书在版编目（CIP）数据

河长制政策及组织实施. 云南分册 / 鞠茂森主编
. -- 北京 : 中国水利水电出版社，2019.11
ISBN 978-7-5170-8223-1

Ⅰ. ①河… Ⅱ. ①鞠… Ⅲ. ①河道整治－责任制－业务培训－云南－教材 Ⅳ. ①TV882

中国版本图书馆CIP数据核字(2019)第243348号

书　名	河长制政策及组织实施（云南分册） HEZHANGZHI ZHENGCE JI ZUZHI SHISHI （YUNNAN FENCE）
作　者	鞠茂森　主编　孙继昌　主审
出版发行	中国水利水电出版社 （北京市海淀区玉渊潭南路1号D座　100038） 网址：www.waterpub.com.cn E-mail：sales@waterpub.com.cn 电话：(010) 68367658（营销中心）
经　售	北京科水图书销售中心（零售） 电话：(010) 88383994、63202643、68545874 全国各地新华书店和相关出版物销售网点
排　版	中国水利水电出版社微机排版中心
印　刷	清淞永业（天津）印刷有限公司
规　格	184mm×260mm　16开本　14印张　341千字
版　次	2019年11月第1版　2019年11月第1次印刷
印　数	0001—4500册
定　价	**55.00元**

编　委　会

目录

第一章

河 长 制 概 述

第一节 河长制的起源与发展

河道管理在中国有悠久的历史，长期以来积累了行政、经济、科学、工程和技术等方面的宝贵经验。

我国水利职官的设立，可上溯至原始社会末期，"司空"是古代中央政权机关中主管水土工程的最高行政长官，也是水利专司之始。

唐代的工部不仅管比较大的干流，还管乡下的小河，并且要保证河道通畅、鱼虾肥美，正所谓事无巨细，全部囊括。唐代还有一部十分完备的《水部式》，在今天看来也是十分先进的，不仅包括了城市水道管理，还包括农业用水与航运。

到了宋代，朝廷对河流的管理则更为细致。古时候没有化工企业，河流虽不至于严重污染，但人、畜的粪便和生活污水若不加节制地向河中倾倒，也会污染河流，使人畜得病，那个时候家家户户饮水以井水为主，河水和井水相连，若河水被污染，井水也会受影响，因此宋朝很重视河流污染问题，尤其是人口密集的大城市，对于河流污染的防控，宋朝在制度、水平上都已经达到了相当高的水平，如河流的疏浚养护、盯防巡逻、事故问责等都有一套专业的管理制度和班子，以京师开封为例，大国之都，人口稠密，河流污染关乎百姓和皇室的生命健康安全，当时有规定，凡向河内倾倒粪便者，要严厉处罚，杖六十。

我国历代负责河道管理的机构和官员，在长期的实践过程中，逐渐形成了一套完备的体系，明清时期专设有河道总督，明代治水贤良刘光复在浙江诸暨推行了圩长制，可以理解为河长制的雏形。

一、"圩长制"的内容及其影响

浦阳江发源于浦江县西部岭脚，北流经诸暨、萧山汇入钱塘江，全长 150km，流域面积 3452km²。古代浦阳江诸暨段河道曲窄，源短流急，曾有著名的"七十二湖"分布沿江两岸，以利蓄泄。宋明两代，人多地少，沿湖竞相围湖争地，到明万历初期诸暨的水利形势迅速变坏。一是蓄水滞洪能力变小，其时围垦湖畈达 117 个，导致湖面减小，蓄泄能力减弱，洪旱涝灾害频发，洪涝尤重于干旱。二是下游排水不畅，明代初期的浦阳江改道，"筑麻溪，开碛堰，导浦阳江水入浙江（钱塘江）"，扰乱了浦阳江的出口水道。三是水利管理难度增大，与水争地，清障困难；堤防保护范围加大，堤线延长，保护标准要求提高；防汛难以统一调度，官民责任不明，水事矛盾增加。

正是在这种水利环境下，刘光复于明万历二十六年（1598 年）冬任诸暨知县，先后历时八年。刘光复深入实地考察，对诸暨浦阳江的水患有了较全面认识：上流溪河来水量大，中游诸暨河流断面偏小，下游又排洪不畅，每至梅雨季节或台风暴雨时极易成灾。经常出现沿江湖民"居无庐，野无餐""老幼悲号彻昼夜"的悲惨情景。他深感治水责任重大，在广泛听取民间有识之士建议的基础上，决意把治水当作为政第一要务，"意欲竭三冬之精神，图百年之长计"。

刘光复总结前人的经验教训，学习外地好的做法，因地制宜提出了"怀、捍、掷"系统治水措施（"怀"即蓄水，"捍"为筑堤防，"掷"是畅其流）。更重要的创新之举是实施圩长制来管理水利，因为刘光复认识到"事无专责，终属推误"。治理水患，防汛抗洪，除了要采取工程措施外，更需要落实人的责任，因此采用了"均编圩长夫甲，分信地以便修筑捍救"。

（一）圩长制的管理方式

实行圩长制的主要目的是明确责任、提高防洪抗灾能力、加强日常管理、协调水事矛盾。其管理方式主要包括以下几个方面：

（1）人选要求。圩长要选择踏实能干并为群众普遍认可者充当。

（2）日常管理。①给圩长以一定待遇和优惠。当然，待遇和优惠必须详尽公开。②明确任用年限，圩长大概三年一换。③确定更换交接要求，"圩长交替时，须取湖中诸事甘结明白，不致前后推捱。"

（3）监督处罚。①对圩长实施公示制。在各湖畈的显要处刻石明示。②对圩长实行官民两级监督。在日常巡查管理中发现的问题，圩长若含糊不报，一并治罪。③对抗洪救灾不力者进行严厉处罚。

（4）纪律要求。①要到现场办事。凡湖中水利事项须圩长亲行踏勘。②不得扰民。③把握有度。要以事实为依据，奖惩公正，使人信服。

（5）责任分工。为形成官民河长体系，刘光复对县一级的官吏都明确分工。刘光复是诸暨总河长，对清障及重要水事必到现场："每年断要亲行巡视，执法毋挠"。对之下官员的责任，将全县湖田分为三部分："县上一带委典史，县下东江委县丞，西江委主簿，立为永规，令各专其事，农隙督筑，水至督救。印官春秋时巡视其功次，分别申报上司"。

（二）圩长制的成效与影响

明万历三十一年（1603年），刘光复在全县全面推行圩长制。统一制发了防护水利牌，明确全县各圩长姓名和管理要求，钉于各湖埠段。牌文规定湖民圩长在防洪时要备足抢险器材，遇有洪水，昼夜巡逻，如有怠惰而致冲塌者，要呈究坐罪。这样，各湖筑埠、抢险都有专人负责和制度规定。他还改变了原来按户负担的办法，实行按田授埠，使田多者不占便宜，业主与佃户均摊埠工。同时严禁锄削埠脚，不许在埠脚下开挖私塘，种植蔬菜、桑柏、果木等。

因圩长制切合实际，操作性强，故得到群众的拥护和肯定，在诸暨各湖畈区得到全面、顺利实施。以白塔湖为例，明万历年间设立的圩长管理制度，36亩田编为一夫，210名夫编为一总，立大小圩长分管埠务。全湖共五总，五总中有一名总圩长，全湖有关水利决策事宜，由五总大小圩长商议定案。水利工作有条不紊，洪涝灾害、水事纠纷也减少了。这一编夫定埝制度沿传 300 余载，并逐步修正完善。

刘光复严格执行圩长制，奖惩分明。明万历二十七年（1599 年）仲夏，他在白塔湖现场检查时发现堤埝险情及圩长责任不到位之事，于是"拘旧圩长督责勉励，明示功罪状，始大惧"。数日后，该圩长便全力组织将缺漏填堵完成。惩治起到了很好的警示作用。"诸暨湖田熟，天下一餐粥。"因刘光复治水，使洪涝旱灾明显减少，成绩卓著，带来仓实人和。在治水成功后，刘光复又进行实践总结，纂辑《经野规略》一书，以供后人借鉴。

二、河道总督的渊源与职责

清朝建立后，对江南漕粮的需求量相当庞大，为了使运道畅通，清政府设河道总督管理黄河、运河、永定河、淮河、海河等河道，并设漕运总督负责征派税粮、催攒运船、修造船只等事务，形成河督、漕督各司其职，相互配合的局面。但因清代黄运两河治理复杂、形势多变、责任重大，雍正年间，先后将河督分为江南河道总督、河东河道总督、直隶河道总督（又称北河河道总督或河道水利总督），分段管理江南运河、山东河南黄运两河、直隶北河。河东河道总督有正副职，分别驻于山东济宁与河南开封，有一整套的行政、军事机构作为支撑，管理严密，任务明确。

（一）清代河东河道总督的建置与沿革

清军入关以后，沿袭明代官僚行政制度，于顺治元年（1644 年）设总河一人（又称河台、河督），官阶为正二品或从一品，其职责是"统摄河道漕渠之政令，以平水土，通朝贡。漕天下利运，率以重臣，主之权尊而责亦重"。正是因为河道总督责任重大，关系运道安危、河防渠要，因此清政府对此极为重视。

雍正二年（1724 年）为提高河工效率，采取分工治理，因地制宜的原则，设副总河督于济宁，专管山东、河南河务，这样就形成了南北二河督遥相呼应，相互配合的局面。经过不断实践，清政府逐渐形成一整套河道管理体制，雍正七年（1729 年）将河道总督一分为三，互不统属。其中江南河道总督驻清江浦、河东河道总督驻济宁州、直隶河道总督驻天津，均为正二品大员，与地方总督职衔相同。河督有自己的卫队河标营，负责守卫、巡逻、防洪、修筑堤坝等，下属机构有道、厅、汛，分别由专门官员或地方官员管理。东河河道总督衙署设在山东济宁，又被称为总督河道部院衙门，同时为了兼顾河南黄河河务，在兰阳设河道总督行台，由副河督驻守，嘉庆后移至祥符。

清顺治、康熙时期，河督总揽全国河道、水利事务，任期较长，一般都在四年以上。雍正时期，河道总督一分为三，而且任期也大大缩短，除了齐苏勒达七年之外，其他均在一年左右。乾隆到嘉庆时期，东河河道总督变换更为频繁，有时一年之内出现三次更替，这不仅体现了国家对河督这一职务的重视，同时也说明了河督责任相当艰巨。道光前期历任东河河督任职较长，后期及咸丰、同治时大为缩短，这是因为道光中期后河道淤塞，漕粮海运。咸丰五年（1855 年）黄河在河南铜瓦厢决口，冲决山东张秋运河，导致河道治理难度加大。光绪时裁撤江南河道总督，河东河道总督也一度裁撤，由河南巡抚或山东巡抚代行其职务，所以东河河督任免不定，不断变换。

（二）河东河道总督的职责

河东河道总督自雍正七年（1729 年）分设，一直是管理山东、河南黄运两河的最高机构。其职能以防洪、修筑、巡查、催攒为主，但在战乱时期，军事功能也相当突出。同时河道总督下辖道、厅、汛等机构，与地方巡抚、州县存在着权力上的交叉与配合。乾隆以前，东河正副二总督在济宁与兰阳均有衙署，既有分工，也有合作，漕河管理秩序稳定。道光后，随着吏治腐败、运道变迁、内忧外患，导致河弊不断，管理效率低下。虽然朝廷对此进行整顿，也出现了一些有能力的廉洁官员，但是仍然不能彻底扭转河政内部的腐朽。

河东河道总督的首要职责就是修筑河南、山东堤防，催攒经过该地区的漕船。山东、河南两省有黄河、运河两河，自元代以来一直是国家治理的重点，为了使黄河安澜、运河通畅，清政府每年耗费大量人力、财力、物力对黄运堤工、坝工、埽工进行维修与管理。东河总督坐镇济宁，全权指挥两省各要地的下属官僚，协调河道部门与地方机构之间的关系，确保每年四百万石漕粮顺利入京。

河东河道总督的另一项重要职责就是战乱时期的军事功能。乾隆三十九年（1774 年）山东王伦作乱，破寿张，陷阳谷，攻进临清土城。时任河东河道总督姚立德与山东巡抚徐绩联合清将舒赫德，将起义军剿灭，王伦自焚身亡。正是因为历代东河河道总督与地方督抚的通力合作，才在相当长的时期内，维持了清政府统治的稳定。

河东河道总督作为河道管理的主要部门，在清代起着重要的作用。其不仅担负着黄运两河的修治、管理任务，而且对沿运地区的治安、军事也有相当大的保卫功能。作为与封疆大吏平级的正二品官员，河东河道总督在三河道中存在时间最长，几乎与清王朝相始终。另外河督在济宁与开封的驻扎，对于提高黄运城市的政治地位，促进当地的经济、文化交流也有巨大的意义。

三、洱海水源的保护机制

洱海之源，河流如织，湖泊如镜，汊港交错。洱源县位居大理、丽江、香格里拉中部。洱源县立足洱海源头独特的区位和环境条件，以保护洱海水源为根本，洱海是大理各族人民赖以生存的"母亲湖"，洱海保护，洱海源头是重点。

2003 年，洱海保护治理摆上了当地政府的议事日程，洱源县与洱海流域各乡镇签订《洱海水源保护治理目标责任书（2003—2006 年）》，实施环保战略的蓝图逐渐清晰：洱源县率先在洱海流域 7 镇乡设立环保工作站，增加河道协管员的人员数量，对洱海流域的大小河流、湖泊实施管护。由于有专人管理监督，在当地河流中乱排、乱倒的现象得到有效遏制，河管员的工作得到沿河群众的支持，被当地群众称为"河长"。

洱源县率先启动县级领导班子挂钩抓环保的管理机制，这是后来衍生而来的领导任"河长"的由来。2006 年，为切实提高河道协管员的战斗力，洱源县建立动态管理制度，"河长"们由半脱产变成全脱产，"河长制"走向专业化。

2008 年，洱源县决定由县级主要领导亲自挂帅任"河长"，河流所在乡镇主要领导（乡镇长）任段长，镇乡环保工作站及河道管理员为具体责任人，建立了切实可行的河段长制度。洱源县入湖河道环境综合治理目标：全面实现污染岸上治，垃圾不入湖，河道有效治理，入湖水质逐年提高，补给水质达标。

四、河长制的起源

目前普遍认为"河长制"由江苏省无锡市首创。2007 年 5 月 29 日，太湖蓝藻大规模暴发造成近百万无锡市民生活用水困难，敲响了太湖生态环境恶化的警钟。这一事件持续发酵引发了各方高度关注，党中央、国务院以及江苏省委省政府都高度重视。为了化解危机，无锡在应急处理的同时，组织开展了"如何破解水污染困局"的大讨论，广集良策。防治水污染一时成为官员学者研讨的重点，也成为无锡街头巷尾百姓热议的话题。水污染治理目的不清、污染真凶不清、流域区域关系不清、部门之间协调机制不清等问题一一浮现。办法在解放思想讨论中逐渐清晰：破解水环境治理困局，需要流域区域协同作战。就单个城市而言，治河治水绝不是一两个部门、某一个层级的事情，需要重构顶层设计，实施部门联动，充分发挥地方党委和政府的主导作用。

2007 年 8 月，《无锡市河（湖、库、荡、汊）断面水质控制目标及考核办法（试行）》应运而生，明确将 79 个河流断面水质的监测结果纳入市县区主要负责人的政绩考核，主要负责人也因此有了一个新的头衔——河长。河长的职责不仅要改善水质，恢复水生态，而且要全面提升河道功能。办法内容涉及水系调整优化、河道清淤与驳岸建设、控源截污、企业达标排放、产业结构升级、企业搬迁、农业面源污染治理等方方面面。这份文件，后来被认定是无锡实施河长制的起源。河长制成为当时太湖水治理、无锡水环境综合改善的重要举措。

河长并不是无锡行政系列中的官职，刚开始有人甚至怀疑它只是行政领导新增的一个"虚衔"，是治理水环境的权宜之计，或者说是非常时期的非常之策。然而，文件一发，一石激起千层浪。在百姓的期待中，在严格的责任体系下，河长们积极作为，社会舆论高度关注，相关部门团结治水热情高涨，过去水环境治理中的很多难题迎刃而解。2007 年 10 月，九里河水系暨断面水质达标整治工程正式启动，封堵排污口 80 个，105 家企业和居住相对集中的 458 户居民生活污水实现接管入网。当年，除九里河综合整治外，无锡还对望虞河、鹅真荡、长广溪等湖荡相继实施了退渔还湖、生态净水工程。无锡下辖的全市 5区 2 市立刻行动起来。一时间，无锡城乡兴起了"保护太湖、重建生态"的水环境治理热潮。一年后，无锡河湖整治立竿见影，79 个考核断面水质明显改善，达标率从 53.2％提高到 71.1％。这一成效得到了省内外的高度重视和充分肯定。

河道变化同时带来了受益区老百姓对河长制的褒奖、对河长的点赞。但决策者清醒地认识到：无锡水域众多、水网密布，水污染矛盾长期积累，水环境治理不可能一蹴而就，而是一项长期而艰巨的任务。尝到了甜头的无锡市委、市政府顺势而为，于 2008 年 9 月下发文件，全面建立河长制，全面加强河（湖、库、荡、汊）的整合整治和管理工作。河长制实施范围从 79 个断面逐步延伸到全市范围内所有河道。2009 年年底，815 条镇级以上河道全部明确了河长；2010 年 8 月，河长制覆盖到全市所有村级以上河道，总计 6519条（段）。

在河长制确立安排方面，无锡市委、市政府主要领导担任主要河流的一级河长，有关部门的主要领导分别担任二级河长，相关镇的主要领导为三级河长，所在村的村干部为四级河长。各级河长分工履职，责权明确。整个自上而下、大大小小河长形成的体系，实现了与区域内河流的"无缝对接"。此外，河长制强化河长是第一责任人，且固定对应具体的领导岗位，即使产生人事变动也不影响河长履职，避免了人治的弊病，保证了治河护河的连续性，为一张蓝图绘到底奠定了制度基础。

河长制产生从表面看是应对水危机的应急之策。细究其深层次原因，水危机事件也许只是河长制产生的"导火索"。随着经济社会发展，经济繁荣与水生态失衡之间的矛盾日积月累、愈发突出。而河长制催生了真正的河流代言人，其责任和使命就是改变多头治理水环境的积弊，逐步化解积累的矛盾，顺应百姓对美好生活的新期待。

五、河长制的推广试行

在无锡市实行河长制后，江苏省苏州、常州等地也迅速跟进。苏州市委办公室、市政府办公室于2007年12月印发《苏州市河（湖）水质断面控制目标责任制及考核办法（试行）》的通知（苏办发〔2007〕85号），全面实施河（湖）长制，实行党政一把手和行政主管部门主要领导责任制。张家港、常熟等地区还建立健全了联席会议制度、情况反馈制度、进展督查制，由市委书记、市长等16名市领导分别担任区域补偿、国控、太湖考核等30个重要水质断面的断面长和24条相关河道的督查河长，各辖市、区部门、乡镇、街道主要领导分别担任117条主要河道的河长及"断面长"。建立了通报点评制度，以月报和季报形式发给各位河长。常州市武进区率先为每位河长制定了《督查手册》，包括河道概况、水质情况、存在问题、水质目标及主要工作措施，供河长们参考。

2008年，江苏省政府办公厅下发《关于在太湖主要入湖河流实行双河长制的通知》（苏政办发〔2008〕49号），15条主要入湖河流由省、市两级领导共同担任河长，江苏双河长制工作机制正式启动。随后，江苏省不断完善河长制的相关管理制度。建立了断面达标整治地方首长负责制，将河长制实施情况纳入流域治理考核，印发河长工作意见，定期向河长通报水质情况及存在问题。2012年，江苏省政府办公厅印发了《关于加强全省河道管理河长制工作意见》的通知（苏政办发〔2012〕166号），在全省推广河长制。截至2015年，全省727条骨干河道1212个河段的河长、河道具体管护单位和管护人员基本落实到位，基本实现了组织、机构、人员、经费的"四落实"。

河长制在江苏生根的同时，也很快在全国部分省市和地区落地开花：

浙江省：2008年，浙江省长兴等地率先开展河长制试点；2013年，浙江省委、省政府印发了《关于全面实施河长制进一步加强水环境治理工作的意见》的通知（浙委发〔2013〕36号），河长制扩大到全省范围，成为浙江"五水共治"的一项基本制度。

黑龙江省：2009年，黑龙江省对污染较重的阿什河、安邦河、呼兰河、安肇新河、鹤立河、穆棱河试行河长制，采取"一河一策"的水环境综合整治方案，实行"三包"政策。

天津市：2013年1月，天津《关于实行河道水生态环境管理地方行政领导负责制的意见》（津政办发〔2013〕5号）的出台，标志着天津市河长制正式启动。

福建省：2014年福建省开始实施河长制，闽江和九龙江、敖江流域分别由一位副省长担任河长，其他大小河流也都由辖区内的各级政府主要领导担任河长和河段长。

北京市：2015年1月，北京市海淀区试点河长制；2016年6月，印发了《北京市实行河湖生态环境管理河长制工作方案》（京政办发〔2016〕28号），明确了市、区、街乡三级河长体系及巡查、例会、考核工作机制；2016年12月，北京市全面推行河长制，所有河流均由属地党政"一把手"担任河长分段管理。

安徽省：2015年，安徽省芜湖县开展河长制试点工作，2016年县人大会议，把《以河长制为抓手，治理保护水生态工程》列为"一号议案"，重点督办。县委将其列入芜湖县"十大工程"之一,予以强力推进。县委书记、县长亲自担任"十大工程"政委和指挥长。河湖水生态治理保护工程由县政协主席担任组长,五位县级领导担任成员,各乡镇各部门成立相应的工作机构,主要领导负总责,落实分管领导和具体经办人员,确保工作有力、有序、有效推进。

海南省:2015年9月,海南省人民政府印发《海南省城镇内河(湖)水污染治理三年行动方案》(琼府〔2015〕74号),全面推行河长制。2016年8月17日,海南省水务厅制定《海南省城镇内河(湖)河长制实施办法》,明确河长制组织形式与考核制度。

江西省:2015年11月,江西省委办公厅、省政府办公厅关于印发《江西省实施"河长制"工作方案》的通知(赣办字〔2015〕50号),标志着江西省河长制工作全面展开。立足"保护优先、绿色发展",确立"六治"工作方法,明确各级河长,落实考核问责制。

水利部:2014年2月,水利部印发《关于加强河湖管理工作的指导意见》的通知(水建管〔2014〕76号),明确提出在全国推行河长制,2014年9月,水利部开展河湖管护体制机制创新试点工作,确定北京市海淀区等46个县(市)为第一批河湖管护体制机制创新试点。从2015年起,有关试点县(市)用3年左右时间开展试点工作,建立和探索符合我国国情、水情,制度健全,主体明确,责任落实,经费到位,监管有力,手段先进的河湖管护长效体制机制,把"积极探索实行河长制"作为试点内容之一。

六、全面推行河长制的背景

江河湖泊具有重要的资源功能、生态功能和经济功能。近年来,各地积极采取措施,加强河湖治理、管理和保护工作,在防洪、供水、发电、航运、养殖等方面取得了显著的综合效益。但是随着经济社会快速发展,我国河湖管理保护出现了一些新问题,例如,一些地区入河湖污染物排放量居高不下,一些地方侵占河道、围垦湖泊、非法采砂现象时有发生。

党中央、国务院高度重视水安全和河湖管理保护工作。习近平总书记强调,保护江河湖泊,事关人民群众福祉,事关中华民族长远发展。李克强总理指出,江河湿地是大自然赐予人类的绿色财富,必须倍加珍惜。党的十八大以来,中央提出了一系列生态文明建设特别是制度建设的新理念、新思路、新举措。一些地区先行先试,在推行"河长制"方面进行了有益探索,形成了许多可复制、可推广的成功经验。在深入调研、总结地方经验的基础上,2016年10月11日,中央全面深化改革领导小组第二十八次会议审议通过了《关于全面推行河长制的意见》。会议强调,全面推行河长制,目的是贯彻新发展理念,以保护水资源、防治水污染、改善水环境、修复水生态为主要任务,构建责任明确、协调有序、监管严格、保护有力的河湖管理保护机制,为维护河湖健康生命、实现河湖功能永续利用提供制度保障。要加强对河长的绩效考核和责任追究,对造成生态环境损害的,严格按照有关规定追究责任。

2016年11月28日,中共中央办公厅、国务院办公厅印发了《关于全面推行河长制的意见》(厅字〔2016〕42号,以下简称《意见》),要求各地区各部门结合实际认真贯彻落实河长制,标志着河长制从局地应急之策正式走向全国,成为国家生态文明建设的一项重要举措。《意见》体现了鲜明的问题导向,贯穿了绿色发展理念,明确了地方主体责任和河湖管理保护各项任务,具有坚实的实践基础,是水治理体制的重要创新,对于维护河湖健康生命、加强生态文明建设、实现经济社会可持续发展具有重要意义。

七、河长制的全面推行

河长制《意见》出台以来，水利部会同河长制联席会议各成员单位迅速行动、密切协作，第一时间动员部署，精心组织宣传解读，制定出台实施方案，全面开展督导检查，加大信息报送力度，建立部际协调机制。地方各级党委、政府和有关部门把全面推行河长制作为重大任务，主要负责同志亲自协调、推动落实。

据资料显示，全国已有 25 个省份在 2017 年年底全面建立了河长制，其他省份也在 2018 年 6 月底全面建立河长制。

太湖流域管理局出台河长制指导意见，明确提出推动流域片 2017 年年底前率先全面建成省、市、县、乡四级河长制。江苏首创的河长制有了"升级版"，建立省、市、县、乡、村五级河长体系，组建省、市、县、乡四级河长制办公室。江西省建立了区域与流域相结合的五级河长制组织体系，全省境内河流水域均全面实施河长制，《关于以推进流域生态综合治理为抓手打造河长制升级版的指导意见》审议通过。《浙江省河长制规定》由浙江省人大法制委员会提请省十二届人大常委会第四十三次会议审议通过，这是国内省级层面首个关于河长制的地方性立法。

一些省份创新机制，倡导全民治河，四川绵阳、遂宁，福建龙岩，浙江台州、温州，甘肃定西等地区都实现了"河道警长"与"河长"配套。"河小二""河小青"是浙江、福建等省为充分发挥全社会管理河湖、保护河湖积极性，推行全民治水、全民参与的生动实践。信息化成为全民参与河长制的重要手段，福建三明、泉州实行了"易信晒河""微信治河"的措施。

以下是各地和流域机构贯彻落实河长制工作的部分动态信息。

河北省：2017 年 3 月，河北省印发《河北省实行河长制工作方案》（冀办字〔2017〕6 号），设立覆盖全省河湖的省市县乡四级河长体系，省级设立双总河长，重点河流湖泊设立省级河长，省水利厅、省环境保护厅分别为每位省级河长安排 1 名技术参谋。省级设立厅级河长制办公室。

山西省：2017 年 3 月，山西省水利厅召开了全面推行河长制工作座谈会。要求 6 月底前建立省级河长制配套制度和考核办法，出台市、县、乡级实施方案并确定市、县、乡三级河长名单，9 月底前建立市、县、乡级河长制的配套制度和考核办法，确保 2017 年年底在全省范围内全面建立河长制。

内蒙古自治区：2017 年 3 月，内蒙古自治区对 2017 年深入推行河长制工作进行部署，全面推行河长制工作方案已编制完成并报省政府审议，下一步将加决组建河长制办公室。建立完善河长体系和相关制度体系，确定重要河湖名录，实现水治理体系的现代化发展。

辽宁省：2017 年 2 月，辽宁省人民政府办公厅印发《辽宁省实施河长制工作方案》的通知（辽政办发〔2017〕30 号），在全省范围内全面推行河长制，4 月底前，确定省、市、县、乡四级河长人员；6 月底前，完成市、县两级工作方案编制及人员确定工作；年底前，完成省级重点河湖"一河一策"治理及方案编制，搭建河长制工作主要管理平台；2018 年 6 月底前，完成河长制系统考核目标及全省河长配置相关档案建立。

吉林省：2017年3月，吉林省政府召开常务会议，审议通过《吉林省全面推行河长制实施工作方案》，所有河湖全面实行河长制，建立省、市、县、乡四级河长体系，设省、市、县三级河长制办公室。2017年年底前，要全面推行河长制组建县级以上各级河长制办公室，出台各级河长制实施工作方案及相关配套工作制度，分河分段确定并公示各级河长，编报《吉林省河长制河湖分级名录》。

上海市：2017年1月，上海市市委办公厅、市政府办公厅印发《关于本市全面推行河长制的实施方案》的通知（沪委办发〔2017〕2号），标志着上海市河长制工作正式启动，建立市、区、街镇三级河长体系，并分批公布全市河湖的河长名单，接受社会监督。

安徽省：2017年3月，安徽省委办公厅、省政府办公厅联合印发《安徽省全面推行河长制工作方案》，河长制在安徽省全面展开并将于2017年12月底前，建成省、市、县（市区）、乡镇（街道）四级河长制体系，覆盖全省江河湖泊。

江西省：2017年3月，江西省通过《江西省全面推行河长制工作方案（修订）》（赣办字〔2017〕24号）、《关于以推进流域生态综合治理为抓手打造河长制升级版的指导意见》（赣办发〔2017〕7号）、《2017年河长制工作要点及考核方案》（赣府厅字〔2017〕44号），提出严守三条红线，标本兼治，创新机制，着力打造升级版河长制。

山东省：山东省的济南、烟台、淄博三市和济宁部分县（区）已率先推行河长制；2017年3月，山东省水利厅召开全省水利系统河长制工作座谈会，对全面推行河长制工作动员部署，确保2017年年底前全面建立河长制；3月底，山东省委、省政府印发《山东省全面实行河长制实施方案》（鲁厅字〔2017〕14号），明确2017年12月底全面实行河长制，建立起省、市、县、乡、村五级河长制组织体系。

河南省：2017年3月，河南省政府常务会议原则通过《河南省全面推行河长制工作方案》（厅文〔2017〕21号），指出要全面建立省、市、县、乡、村五级河长体系，各级河长工作要突出重点，接受公众监督，加强部门协同配合。按照方案，将于2017年年底前全面建立河长制。

湖北省：2017年2月，湖北省委办公厅、省政府办公厅印发《关于全面推行河湖长制的实施意见》的通知（鄂办文〔2017〕3号），到2017年年底前将全面建成省、市、县、乡四级河长体系，覆盖到全省流域面积50km²以上的1232条河流和列入省政府保护名录的755个湖泊。

湖南省：2017年2月，湖南省委办公厅、省政府办公厅印发《关于全面推行河长制的实施意见》的通知（湘办〔2017〕13号），在全省江河湖库实行河长制，届时湖南境内5341条5km以上的河流和1km²以上的湖泊（含水库）2017年年底前将全部有河长。

广东省：2017年3月，广东省全面推行河长制工作方案及配套制度起草工作领导小组会议在广州召开，《广东省全面推行河长制工作方案》已报省政府待审议，届时将实行区域与流域相结合的河长制，重点打造具有岭南特色的平安绿色生态水网。

广西壮族自治区：广西壮族自治区在贺州、玉林两市以及桂林市永福县先行先试，创新河湖管护体制机制。目前广西壮族自治区全区已搭建完成推行河长制工作平台，起草完成实施意见和工作方案，并报自治区政府待审议，开展江河湖库分级名录调查和各市、县、乡工作方案起草工作，确保到 2018 年 6 月全面建立河长制。

重庆市：2017 年 3 月，重庆市委办公厅、人民政府办公厅联合印发《重庆市全面推行河长制工作方案》的通知（渝委办发〔2017〕11 号）及监督考核追责相关制度，全面推行河长制，搭建市、区（县）、乡镇（街道）、村（社区）四级河（段）长体系，严格监督考核追责，提出到 2017 年 6 月底前，将全面建立河长制。

四川省：2017 年年初，四川省委、省政府印发《四川省贯彻落实〈关于全面推行河长制的意见〉实施方案》的通知（川委发〔2017〕3 号），要求全面建立省、市、县、乡四级河长体系；2 月，四川省水利厅公布省级十大主要河流将实行双河长制；3 月，四川省召开全面落实河长制工作领导小组第一次全体会议，审议通过《四川省全面落实河长制工作方案》和相关制度规则，提出年底前在全省全面落实河长制。

贵州省：2017 年 3 月，贵州省委办公厅、省人民政府办公厅关于印发《贵州省全面推行河长制总体工作方案》的通知（黔委厅字〔2017〕22 号），明确力推省、市、县、乡、村五级河长制，省、市、县、乡设立双总河长。预计将于 5 月底前，完成各级河长制组织体系的制定和组建工作，向社会公布河湖水库分级名录和河长名单，年底前制定出台各级各项制度及考核办法。

云南省：2017 年 3 月，云南省政府审议通过《云南省全面推行河长制的实施意见》和《云南省全面推行河长制行动计划（2017—2020 年）》，提出 2017 年年底全面建立河长制，要求河湖库渠全覆盖，实行省、州（市）、县（市、区）、乡（镇、街道）、村（社区）五级河长制。

西藏自治区：2017 年 3 月，《西藏自治区全面推行河长制工作方案》已经自治区党委、自治区人民政府审议通过即将印发实施，明确建立区、地（市）、县、乡四级河长体系。

陕西省：2017 年 2 月，陕西省委办公厅、省政府办公厅印发《陕西省全面推行河长制实施方案》的通知（陕办字〔2017〕8 号），公布陕西省总河长、省级河长、河长制办公室，并要求建立省、市、县、乡四级责任明确、协调有序、监管严格、保护有力的江河库渠管理保护机制。

甘肃省：2017 年 3 月，甘肃省已完成《甘肃省全面推行河长制工作方案》（征求意见稿）编制并提出下一步工作任务：一是抓紧提出需由市、县、乡级领导分级担任河长的河湖名录及河长名录；二是各市（州）尽快将河长制办公室设置方案报送市委市政府审批；三是加强推进河长制信息报送工作。

青海省：2017 年 2 月，青海水利厅拟定了《青海省全面推行河长制工作方案（初稿）》，细化、实化河长制工作目标和主要任务，提出了时间表、路线图和阶段性目标，初步确立了"十二河三湖"省级领导担任责任河长的河湖名录。

七大流域也积极响应两办河长制《意见》和两部委河长制《方案》，发挥其协调、监督、指导和监测的功能。

长江水利委员会：2016 年 12 月，长江水利委员会召开会议对全面推行河长制工作安排部署，扎实推进相关工作。提出一要制定长江流域全面推行河长制工作方案；二要履行好流域水行政管理职能，帮助沿江各省份全面推行河长制；三要把握全面推行河长制的新机遇，在长江流域建立科学、规范、有序的河湖管理机制。

黄河水利委员会：2017年1月，黄河水利委员会组织召开全面推行河长制工作座谈会，明确各单位要抓紧落实推行河长制工作，成立推进河长制工作领导小组，建立简报制度，动态跟踪黄河流域河长制工作推行进展情况；充分发挥流域管理机构组织协调、督促落实、检查监督等监测作用，主动融入各省份河长制工作中，落实好各级黄河河长确定的工作事项。

淮河水利委员会：2017年1月，淮河水利委员会组织召开全面推进河长制工作专题讨论会，探讨推进河长制工作方案及有关问题；2月，淮河流域推进河长制工作座谈会在徐州召开，制定了推进河长制的工作方案，成立了推进河长制工作领导小组。

海河水利委员会：2017年3月，海河水利委员会出台《海委关于全面推行河长制工作方案》，成立"海委推进河长制工作领导小组"，印发《全面推行河长制工作督导检查方案》，确保河长制各项任务落实。

珠江水利委员会：2017年3月，珠江水利委员会召开珠江流域片推进河长制工作座谈会，印发《珠江委责任片全面推行河长制工作督导检查制度》，编制完成《珠江流域全面推行河长制工作方案》，并成立了珠江水利委员会推进河长制工作领导小组。

松辽水利委员会：2017年3月，松辽水利委员会成立推进河长制工作领导小组，指导督促流域内各省（自治区）全面推行河长制，随后制定出台《松辽委全面推行河长制工作督导检查制度》，抓紧制定《松辽委全面推行河长制工作方案》。4月，松辽委召开河长制工作推进会暨专题讲座，进一步安排部署松辽委推行河长制重点工作。

太湖流域管理局：太湖流域是河长制的"发源地"，2016年12月，在第一时间制定印发《关于推进太湖流域片率先全面建立河长制的指导意见》。2017年2月，出台《水利部太湖流域管理局贯彻落实河长制工作实施方案》，进一步发挥流域管理机构的协调、指导、监督、监测等作用，推进太湖流域片率先全面建立河长制。3月，在无锡组织召开太湖流域片河长制工作现场交流会，进一步研究加快推进河长制的工作举措。

根据水利部召开的第5次河长制工作月推进会的信息，截止到2017年12月10日，全国31个省和新疆生产建设兵团的省、市、县、乡四级工作方案全部印发实施；四级河长达31万名，村级河长近61万名；县级及以上河长制办公室全部设立；中央要求出台的六项制度，省级层面全部出台。各地积极开展河湖专项整治行动，集中清理垃圾河、黑臭河，"见河长、见行动、见成效"持续推进，一些地方河湖面貌逐步改善。

实施河长制的大多数行政区域成立河长制管理领导小组，一般由党政主要负责人担任组长，并设立办公室，但牵头部门或人员有所不同，有的在水利部门，有的在环保部门，也有个别地区由政府分管领导牵头。担任"河长"的责任人，既有党委、政府、人大、政协负责人，也有管理部门负责人；既有水利、环保等主要涉水部门负责人，也有发改、住建等其他相关部门负责人；既有主要领导，也有分管领导。

以下是几个地区推广河长制的做法。

首家明确河长制法律地位的城市。《昆明市河道管理条例》于2010年5月1日起施行，该条例将"河长制"、各级河长和相关职能部门的职责纳入地方法规，使得河长制的推行有法可依，形成长效机制。

"最强河长"阵容的省份。2014年,浙江省委、省政府全面铺开"五水共治"(即治污水、防洪水、排涝水、保洪水、抓节水),河长制被称为"五水共治"的制度创新和关键之举。浙江省已形成最强大的河长阵容:6名省级河长、199名市级河长、2688名县级河长、16417名乡镇级河长、村级河长42120名,五级联动的"河长制"体系已具雏形。

"河长"规格最高的省份。2015年,江西启动"河长制",省委书记任省级"总河长",省长任省级"副总河长",7位省领导分别担任"五河一湖一江"的"河长",并设立省、市、县(市、区)、乡(镇、街道)、村五级河长。将"河长制"责任落实、河湖管理与保护纳入党政领导干部生态环境损害责任追究、自然资源资产离任审计中,由江西省委组织部负责考核、省审计厅负责离任审计。

创建了河长制地方标准的县。2016年9月,浙江省开化县发布了《河长制管理规范》县级地方标准,明确了建立河长制管理体系的质量目标和绩效考核要求,通过建立河长制管理体系,完善对河道的巡查、监督、管理、考核机制。

全国首个制定河长制地方性法规的省份。2017年9月29日,浙江省人大、浙江省治水办(河长办)举行了贯彻实施新闻发布会,《浙江省河长制规定》于10月1日起正式施行,各地要严格按照《规定》,进一步落实河长"治、管、保"责任,规范河长公示牌设置,完善各级河长巡河、举报投诉受理、重点项目协调推进、督查指导、会议和报告等制度,全面实现全省河长制信息平台、APP与微信平台等全覆盖,搭建融信息查询、河长巡河、信访举报、政务公开、公众参与等功能为一体的智慧治水大平台,推动河长制向常态化、法治化、精准化转变。

这几个地区的河长制实践各具特色,分别在有法可依、系统联动、党政同责、标准规范等方面进行了开创和探索。

第二节　河长制的定义与内涵

一、河长制的定义

河长制是各地依据现行法律,坚持问题导向,落实地方党政领导河湖管理保护主体责任的一项制度创新。河长制以保护水资源、保障水安全、防治水污染、改善水环境、修复水生态和加强执法监管为主要任务,通过构建责任明确、协调有序、监管严格、保护有力的河湖管理保护机制,为维护河湖健康生命、实现河湖功能永续提供制度保障。

河长制的实施是为了保证河流在较长时期内保持河清水洁、岸绿鱼游的良好生态环境;河长制不仅使各级党委、政府的生态责任更加明确,亦可整合各级党委和政府的执行力,它能有效调动各种力量和资源参与治理水污染,进而形成全社会共同治水的良好氛围;它的有效实施有助于政府以壮士割腕的实际行动转变经济发展方式,使科学发展观真正落地生根,人与自然生态环境的关系更加和谐。

《浙江省河长制规定》中所称河长制,是指在相应水域设立河长,由河长对其责任水域的治理、保护予以监督和协调,督促或者建议政府及相关主管部门履行法定职责、解决责任水域存在问题的体制和机制。

河长制是在党委、政府的统筹和领导下搭建的一个协作平台。实行河长制的目的是为了贯彻新发展理念，构建一种责任明确、协调有序、严格监管、保护有力的河湖管理保护机制。推行河长制就是要做到每条河有人管、管得住、管得好。河长的工作职责十分具体，《意见》明确要求，各级河长负责组织领导相应河湖的管理和保护工作，包括水资源保护、水域岸线管理、水污染防治、水环境治理等，牵头组织对侵占河道、围垦湖泊、超标排污、非法采砂、破坏航道、电毒炸鱼等突出问题依法进行清理整治，协调解决重大问题。

生态环境部水环境管理司司长张波认为，河长制是非常重要的机制创新。通过河长制把党委、政府的主体责任落到实处，领导成员会自觉地把环境保护、治水任务和各自分工有机结合起来，从而形成大的工作格局。

水利部水利水电规划设计总院副院长李原园认为，河长制迈出从"部门制"向"首长制"的关键一步。就像米袋子省长负责制、菜篮子市长负责制一样，河长制可以说是"水缸子"首长负责制。党政同责，首长负责，像抓粮食安全一样抓水安全，就一定能够做到。

生态环境部环境与经济政策研究中心博士郭红燕认为，党政领导担任河长，不但可以从根本上解决长期历史遗留的多个涉水部门无法联防联控的问题，而且能够将河流的管理保护与整个地区或城市的总体长远发展规划相结合。此外，党政领导担任河长，也可以在一定程度上解决与河湖管理保护、执法监管等有关的人员、设备、经费等问题。河湖管理保护涉及环保、水利、发改、财政、国土、交通、住建、农业、卫生、林业等多个部门，缺乏对河流保护管理的统筹规划和协调管理，不利于河流长期可持续发展。而实行河长制，能够很好地化解这类问题，河长制是对现有水环境管理和保护体系非常有益的补充。这将使我国的河湖管理保护体系由多头管水的"多部门负责"模式，向"首长负责、部门协作、社会参与"模式迈进。

对外经济贸易大学公共管理学院教授李长安认为，"河长制"可以说是我国环境保护，特别是河流保护管理体制的一大创新，其主要内容就是将河流的污染治理与地方党政干部的政绩考核联系在一起。实行"河长制"后，地方党政领导担任当地河流的"河长"，全面负责相关河流的污染防治和治理工作。当然，地方党政领导大多事务繁忙，因此，当上河长后，他们必须保证拿出一定精力来对辖下河流、湖泊、水库的治污进行精心规划，对治污工作进行组织和协调。

无锡市安镇街道办事处主任王琪认为，河长制不是仙丹，不可能一搞河长，这条河就发生翻天覆地的变化。它真正的作用是通过优化完善一套政府的管理机制来长时间地改善河道的水质。

二、全面推行河长制的意义

党中央、国务院做出的关于全面推行河长制的决策，对全面落实我国关于生态文明建设、环境保护的总体要求和水污染行动计划具有十分重要的意义，在未来两年内将全面建立河长制。

第一，全面推行河长制是落实绿色发展理念、推进生态文明建设的必然要求。习近平总书记多次就生态文明建设作出重要指示，强调要树立"绿水青山就是金山银山"的强烈意识，努力走向社会主义生态文明新时代。在推动长江经济带发展座谈会上，习近平总书记强调，要走生态优先、绿色发展之路，把修复长江生态环境摆在压倒性位置，共抓大保护、不搞大开发。《中共中央国务院关于加快推进生态文明建设的意见》（中发〔2015〕12号）把江河湖泊保护摆在重要位置，提出明确要求。江河湖泊具有重要的资源功能、生态功能和经济功能，是生态系统和国土空间的重要组成部分。落实绿色发展理念，必须把河湖管理保护纳入生态文明建设的重要内容，作为加快转变发展方式的重要抓手，全面推行河长制，促进经济社会可持续发展。

第二，全面推行河长制是解决我国复杂水问题、维护河湖健康生命的有效举措。习近平总书记多次强调，当前我国水安全呈现出新老问题相互交织的严峻形势，特别是水资源短缺、水生态损害、水环境污染等新问题愈加突出。河湖水系是水资源的重要载体，也是新老水问题体现最为集中的区域。近年来各地积极采取措施加强河湖治理、管理和保护，取得了显著的综合效益，但河湖管理保护仍然面临严峻挑战。一些河流，特别是北方河流开发利用已接近甚至超出水环境承载能力，导致河道干涸、湖泊萎缩，生态功能明显下降；一些地区废污水排放量居高不下，超出水功能区纳污能力，水环境状况堪忧；一些地方侵占河道、围垦湖泊、超标排污、非法采砂等现象时有发生，严重影响河湖防洪、供水、航运、生态等功能发挥。解决这些问题，亟须大力推行河长制，推进河湖系统保护和水生态环境整体改善，维护河湖健康生命。

第三，全面推行河长制是完善水治理体系、保障国家水安全的制度创新。习近平总书记深刻指出，河川之危、水源之危是生存环境之危、民族存续之危，要求从全面建成小康社会、实现中华民族永续发展的战略高度，重视解决好水安全问题。河湖管理是水治理体系的重要组成部分。近年来，一些地区先行先试，进行了有益探索，已有8个省、直辖市先期全面推行河长制，16个省、自治区、直辖市在部分市县或流域水系实行了河长制。这些地方在推行河长制方面普遍实行党政主导、高位推动、部门联动、责任追究的方式，取得了很好的效果，形成了许多可复制、可推广的成功经验。实践证明，维护河湖生命健康、保障国家水安全，需要大力推行河长制，积极发挥地方党委政府的主体作用，明确责任分工、强化统筹协调，形成人与自然和谐发展的河湖生态新格局。

第三节 河长制的法律依据

河长制是一项制度创新，但它不是凭空产生，而是内生于既有的水利环境法律和环境行政管理制度。

在国家层面上，《中华人民共和国宪法》第26条规定：国家保护和改善生活环境和生态环境，防治污染和其他公害。一是《中华人民共和国水法》《中华人民共和国防洪法》《中华人民共和国水土保持法》《中华人民共和国水污染防治法》《中华人民共和国渔业法》《中华人民共和国土地管理法》《中华人民共和国矿产资源法》《中华人民共和国港口法》《中华人民共和国公路法》《中华人民共和国铁路法》《中华人民共和国环境保护法》《中华人民共和国航道法》等法律；二是《中华人民共和国河道管理条例》《取水许可和水资源费征收管理条例》《长江河道采砂管理条例》《中华人民共和国航道管理条例》《中华人民共和国自然保护区条例》《公路安全保护条例》《铁路安全管理条例》《风景名胜区条例》等行政法规；三是《入河排污口监督管理办法》《湿地保护管理规定》等部门规章。这些法律法规不仅规范了环境影响评价、排污许可证、取水许可证、排污交易试点、污染物排放总量控制、污水集中处理等内容，还规定了水利、环保、住建等部门的水污染防治和水环境保护职责。

在地方层面上，各级政府也因地制宜出台了配套的行政法规，如《浙江省河长制规定》《浙江省河道管理条例》《江苏省河道管理条例》《江西省河道管理条例》《四川省河道管理办法》《昆明市河道管理条例》等，其中涉及对水体湖泊的监督管理、防污防护、违法的法律责任等；根据具体河湖的情况、水资源、水环境及风土人情等特点，制定了具有针对性的流域或地方河湖保护管理条例或办法等，如《太湖流域管理条例》《江苏省太湖水污染防治条例》《安徽省湖泊管理保护条例》《鄱阳湖生态经济区环境保护条例》《广东省西江水系水质保护条例》《广州市流溪河流域保护条例》《浙江省曹娥江流域水环境保护条例》《浙江省鉴湖水域保护条例》《浙江省温瑞塘河保护管理条例》《浙江省乌溪江环境保护若干规定》《云南省牛栏江保护条例》《云南省滇池保护条例》《云南省大理白族自治州洱海保护管理条例》等。地方法规及政策是对国家意志进一步的细化和深化，并结合地方河湖管理的总体规划，以达到优化发展格局、加强源头控制、严格资源管理、实现水资源可持续利用等在内的多重目标。

一、政府环境负责制度

《意见》规定全面建立省、市、县、乡四级河长体系，由四级河长负责组织领导相应的河湖的管理和保护工作。这种机制设计的法律依据是《中华人民共和国环境保护法》（后简称《环境保护法》）规定的政府环境质量负责制。《中华人民共和国环境保护法》第6条第2款规定：地方各级人民政府应当对本行政区域的环境质量负责。第28条第1款规定：地方各级人民政府应当根据环境保护目标和治理任务，采取有效措施，改善环境质量。因此，虽然我国现行的环境法律体系没有直接规定河长制的具体内容，但是，河长制系统规定了各级地方政府党政负责人担任总河长与河长，并体系化规定其工作职责，是地方政府环境质量负责制的具体实现形式。

二、环保问责制度

河长制本身是一种特殊环保问责制，是既有的环保问责制在水资源保护、水环境治理领域的细化规定。《意见》规定的考核问责制具体规定了几个方面的内容，均可以找到法律依据。

第一，总体而言，河长问责制的依据始于我国从2006年2月20日起施行的《环境保护违法违纪行为处分暂行规定》详细规定的环境保护问责制。

第二，河长考核问责制中规定的措施，"根据不同河湖存在的主要问题，实行差异化绩效评价考核，将领导干部自然资源资产离任审计结果及整改情况作为考核的重要参考"，其依据是中共中央办公厅、国务院办公厅2015年印发的《开展领导干部自然资源资产离任审计试点方案》，《意见》的相关规定是其在水资源保护领域的具体化。

第三，河长考核问责制还规定了生态环境损害责任终身追究制，其依据是中共中央办公厅、国务院办公厅2015年印发的《党政领导干部生态环境损害责任追究办法（试行）》，其不但在第 3 条规定：地方各级党委和政府对本地区生态环境和资源保护负总责，党委和政府主要领导成员承担主要责任，其他有关领导成员在职责范围内承担相应责任，还在第 12 条规定了"实行生态环境损害责任终身追究制"，《意见》在考核问责具体措施中的规定均为对其相关规定的具体落实。

三、生态保护红线制度

我国在 2014 年修订《中华人民共和国环境保护法》时新增了生态保护红线制度。根据环境保护部 2015 年印发的《生态保护红线划定技术指南》（环发〔2015〕56 号）规定，生态保护红线是指依法在重点生态功能区、生态环境敏感区和脆弱区等区域划定的严格管控边界，是国家和区域生态安全的底线。所以，生态保护红线是维护生态安全的不可逾越的底线。理论上而言，系统的生态保护红线应当包括生态功能保障基线、环境质量安全底线和自然资源利用上线。但是，《中华人民共和国环境保护法》第 29 条第 1 款实际上将生态保护红线通过立法限缩为"生态功能红线"。

反观《意见》中河长制的相关规定，可以发现其对生态保护红线制度的具体贯彻呈现两个方面的特点：第一，具体化《中华人民共和国环境保护法》中规定的生态保护红线制度。《意见》强化了对水功能区的监督管理是河长制的主要任务，明确且细化了生态功能保障基线的底线控制要求与路径在水资源保护领域的体现。第二，河长制的规定某种意义上解释与扩大了生态保护红线的类型，从生态功能红线扩大到环境质量安全底线和自然资源利用上线，即分别对应《意见》中规定的水资源开发利用控制、用水效率控制、水功能区限制纳污红线。这三条红线构成一个整体，为水资源开发利用与保护确立了一个完整的水资源生态保护红线体系。

四、水资源流域管理与区域管理制度

《中华人民共和国水法》（2016 年修订）第 12 条第 1 款规定：国家对水资源实行流域管理与行政区域管理相结合的管理体制。《意见》中规定河长制的主要任务和保障措施，是对我国现行法律规定的水资源流域管理与区域管理的有机结合。首先，河长制在充分重视水资源跨界性自然属性的基础上，建立省、市、县、乡四级河长体系，能最大程度契合水资源跨界流域性特征。河长制所确立的"一级抓一级、层层抓落实"的工作格局，可以有效规避多个地方政府对跨界河流共同管理难以协调、各地方政府有利争夺、无利推诿甚至是以邻为壑的困局。这是对水资源流域管理制度的体系化规定。与此同时，我国各行政执法机构权限分配的原则是贯彻一种分散管理模式和分业体制，在这种体制下，我国涉水机构主要是以环境保护和水污染治理为主要任务的环保部门与以水资源管理和保护为主要任务的水行政主管部门——水利部门，另外，住建、农业、林业、发改、交通、渔业、海洋等部门也在相应领域内承担着与水有关的行业分类管理职能。这种分散管理体制导致了现有水资源管理体制中"多龙管水"的现状。河长制是在不突破现行"九龙治水"的权力配置格局下，通过具体措施更加有效地促使多个相关职能部门之间的协调与配合，并由当地党政负责人担任河长，可以整合在水污染治理中相关职能部门的资源，实现集中管理。

五、权属管理制度

《意见》中要求的"加强水资源保护、加强河湖水域岸线管理保护、加强水污染防治、加强水环境治理、加强水生态修复、加强执法监管"六项工作任务，在相关的权属制度中

均可以找到执法的依据。

（1）资源权属管理制度。

1）水资源权属管理制度。主要是《中华人民共和国水法》《取水许可和水资源费征收管理条例》等确立的水资源国家所有权制度、取水许可、水资源费征收管理等各项水资源使用权制度。

2）水域资源权属管理制度。既包括《中华人民共和国水法》《中华人民共和国河道管理条例》等确立的水域所有权和使用权、水域保护、水域统一规划和综合利用制度；也包括《中华人民共和国渔业法》《中华人民共和国港口法》《中华人民共和国军事设施保护法》《中华人民共和国野生动物保护法》等确立的渔业水域、港口水域、军事水域以及野生动物自然保护区水域等不同功能水域的相关制度。

3）内河航运资源权属管理制度。主要是《中华人民共和国航道法》《中华人民共和国航道管理条例》《中华人民共和国水路运输管理条例》等确立的航运综合规划制度以及航运经营许可、航运经营监管以及航运税费等相关制度。

4）水能资源权属管理制度。主要是《中华人民共和国水法》《取水许可和水资源费征收管理条例》等确立的水能资源权属及相关管理制度，包括水能资源开发、水电站建设、水电站调度等。

5）河湖土地资源权属管理制度。河湖土地是指河道整治计划用地、堤防用地、防洪区范围内土地等涉及河湖管理与保护范围内的土地。既包括《中华人民共和国水法》《中华人民共和国防洪法》等确立的河湖土地规划协调制度、禁止围湖造地、围垦河道制度等一般性制度，也包括根据不同河湖土地功能所确立的河道管护用地、养殖水面用地、防洪抢险用地、港口建设用地以及大中型水利水电工程建设相关土地等各项具体的权属管理制度。

6）河道砂石资源权属管理制度。既包括《中华人民共和国河道管理条例》确立的河道采砂许可及管理收费等一般性制度，也包括《中华人民共和国航道法》确立的航道和航道保护范围内禁止非法采砂制度，以及《长江河道采砂管理条例》确立的长江河道采砂管理制度。

7）河湖渔业资源权属管理制度。主要是《中华人民共和国渔业法》《渔业法实施细则》等确立的渔业规划与渔业权保护制度、渔业资源增殖和保护制度、养殖证与捕捞许可证制度、捕捞限额制度等。

8）排污权属管理制度。主要是《中华人民共和国水污染防治法》等确立的排污许可制度、排污费征缴制度等。

9）湿地资源权属管理制度。主要是《国际湿地公约》《湿地保护管理规定》等确立的湿地资源利用、湿地占用、重要湿地、一般湿地等管理与保护制度。

（2）设施权属管理制度。

1）大坝权属与管理制度。主要是《水库大坝安全管理条例》等确立的大坝管理体制、大坝建设制度、大坝管理与安全保护制度等。

2）涉河公路权属与管理制度。主要是《中华人民共和国公路法》《中华人民共和国公路管理条例》《中华人民共和国公路安全保护条例》等确立的公路规划、公路建设、公路养护、路政管理、监督检查等制度。

3）涉河铁路权属与管理制度。主要是《中华人民共和国铁路法》《铁路安全管理条例》等确立的铁路运输营业、铁路建设、铁路安全与保护等制度。

4）内河港口权属与管理制度。主要是《中华人民共和国港口法》所确立的港口规划与建设、港口经营、港口安全与监督管理等制度。

5）涉河军事设施权属与管理制度。主要是《中华人民共和国军事设施保护法》等确立的军事禁区与军事管理区的划定、军事禁区的保护、军事管理区的保护、未划入军事禁区和管理区的设施的保护、管理责任等制度。

（3）生态环境权属管理制度。

1）水资源保护制度。主要是《中华人民共和国水法》等确立的水功能区管理、入河排污口管理、饮用水水源保护区等制度。

2）水污染防治制度。主要是《中华人民共和国水污染防治法》等确立的对水污染进行预防和处置的各项制度。

3）自然保护区制度。主要是《中华人民共和国自然保护区条例》确立的自然保护区建设、自然保护区管理等制度。

4）风景名胜区制度。主要是《风景名胜区条例》确立的风景名胜区设立、规划、保护、利用和管理等制度。

六、权责划分制度

《意见》中要求各有关部门和单位按照职责分工，协同推进各项工作。在相关法律法规中，各部门和单位涉及河道管理的具体职能如下。

（1）水利部门权责制度。

依据《中华人民共和国水法》第12条规定，"水行政主管部门负责水资源的统一管理和监督工作，实行流域管理与行政区域管理相结合的管理体制"。水利部门对于全国的水资源规划，水资源、水域和水工程的保护，水事纠纷处理负有管理和监督责任，是河湖管理的主要部门。

依据《中华人民共和国防洪法》第8条规定，"国务院水行政主管部门在国务院的领导下，负责全国防洪的组织、协调、监督、指导等日常工作"。各级水利部门对于河湖的防洪规划，防洪区和防洪工程设施的管理负有主要职责。

依据《中华人民共和国水污染防治法》第9条规定，"县级以上人民政府水行政、国土资源、卫生、建设、农业、渔业等部门以及重要江河、湖泊的流域水资源管理机构，在各自的职责内，对有关水污染防治实施监督管理"。水利部门的具体职责包括制定河湖水污染防治规划，制定相应的标准；监督管理河湖水污染，实行排污许可制度，管理入河排污口等。

依据《中华人民共和国水土保持法》第5条规定，"国务院水行政主管部门主管全国的水土保持工作"。包括对于河湖水土保持制定规划，进行预防和治理，负责监测和监督等。

按照《中华人民共和国河道管理条例》规定，"我国河道（包括湖泊、人工水道、行洪区、蓄洪区、滞洪区）由国家授权的江河流域管理机构实施管理，或者由上述江河所在省、自治区、直辖市的河道主管机关根据流域统一规划实施管理。其他河道由省、自治区、直辖市或者市、县的河道主管机关实施管理"。据此，水利部门是全国河道的主管机关，对河道管理范围内的事务进行统一管理，各级水利部门对全国河湖进行河道整治与建设，对河道进行保护，对违法行为进行处罚。

依据《中华人民共和国河道管理条例》第 30 条规定，"护堤护岸林木，由河道管理单位组织营造和管理，其他任何单位和个人不得侵占、砍伐或者破坏"。以及《中华人民共和国防洪法》第 25 条规定，"护堤护岸的林木，由河道、湖泊管理机构组织营造和管理。护堤护岸林木，不得任意砍伐。采伐护堤护岸林木的，须经河道、湖泊管理机构同意后，依法办理采伐许可手续，并完成规定的更新补种任务"。护堤护岸森林根植于河湖土地之上，对于防洪抗旱和水土保持具有重要作用，水利部门对于河道管理范围内的林木的管辖必然涉及河湖管理。

按照《长江河道采砂管理条例》规定，"国务院水行政主管部门及其所属的长江水利委员会应当加强对长江采砂的统一管理和监督检查，并做好有关组织、协调和指导工作"。其他地区的采砂相关法规也做出了类似的规定，如《广东省河道采砂管理条例》规定，"县级以上人民政府水行政主管部门负责河道采砂的统一管理和监督工作"。据此，水利部门对于河道采砂规划的制定，河道采砂许可等职权负有组织、协调和监督的责任。

（2）国土部门权责制度。

依据《中华人民共和国土地管理法》第 5 条规定，"国务院土地行政主管部门统一负责全国土地的管理和监督工作"。国土部门据此对土地的使用权有总体规划和监督检查的职责。河湖属于土地的一部分，具有土地资源的各种功能，因此，也应由国土部门进行规划。《中华人民共和国土地管理法》同时还规定，江河、湖泊综合治理和开发利用规划，应当与土地利用总体规划相衔接；以划拨方式提供水利基础设施建设用地等。这些也属于国土部门涉及河湖管理的职权。

此外，依据《中华人民共和国水污染防治法》《中华人民共和国水土保持法》《长江河道采砂条例》等相关规定，国土部门对于水污染防治、水土流失治理以及河道采砂也有相应的管理权，在其管辖范围内承担管理职责。

（3）环保部门权责制度。

按照《中华人民共和国环境保护法》第 7 条规定，"国务院环境行政主管部门，对全国环境保护工作实施统一监督管理。"其管理客体包括大气、水、海洋、土地、矿藏、森林、草原、野生生物、自然遗迹、人文遗迹、自然保护区、风景名胜区、城市和乡村等。同时，《中华人民共和国水污染防治法》也规定环保部门对于其管理范围内的水污染具有管理职责。据此，环保部门对于河湖具有环境监督管理、保护和改善环境、防治环境污染等具体职责。

（4）交通部门权责制度。

依据《中华人民共和国港口法》第 6 条规定，"国务院交通主管部门主管全国的港口工作。"此处所指的"港口"是指具有船舶进出、停泊、靠泊，旅客上下，货物装卸、驳运、储存等功能，具有相应的码头设施，有一定范围的水域和陆域组成的区域。因此，位于港口区域内的河湖由交通部门进行管理，其具体职能包括对于港口的规划、经营、安全监督等。

根据《长江河道采砂管理条例》第23条规定，"在长江航道内非法采砂影响通航安全的，由长江航务管理局、长江海事机构依照《中华人民共和国内河交通安全管理条例》和《中华人民共和国航道管理条例》等规定给予处罚。"据此，交通部门对于影响航道交通安全的河道采砂行为具有处罚权。

（5）城建部门权责制度。

按照《中华人民共和国城乡规划法》，国务院城乡规划主管部门负责全国的城乡规划管理工作，组织编制全国城镇体系规划，用于指导省域城镇体系规划、城市总体规划的编制。同时，城建部门还负责指导城市供水、市政设施、园林、市容环境治理、城建监察等工作；承担国家级风景名胜区、世界自然遗产项目和世界自然与文化双重遗产项目的有关工作。据此，对于与城市接壤的河湖以及城市内部河湖，城建部门负责涉湖建设规划管理，涉湖城乡建设城建部门都有相应的规划和管理权限；对于河湖周围的绿化和污水处理也负有管理职责；此外，对于属于风景名胜区的河湖，城建部门也承担相应的规划和管理工作。

（6）农业部门权责制度。

依照《中华人民共和国农业法》第62条规定，"禁止围湖造田以及围垦国家禁止围垦的湿地。已经围垦的，应当逐步退耕还湖、还湿地。"农业部门对退耕还湖负有管理责任。目前，河湖周围还存有大量的河滩地和岛屿的耕地，这些耕地与河湖共用土地，生产生活与河湖密不可分，因此河湖管理也涉及农业部门。

（7）林业部门权责制度。

依据《中华人民共和国森林法》第29条规定，"集体所有的森林和林木、个人所有的林木以县为单位，制定年采伐限额，由省、自治区、直辖市林业主管部门汇总，经同级人民政府审核后，报国务院批准。"河湖周围由于土质优良，水分充足，往往是森林植被覆盖率较高的地区，森林是水土保持和预防洪涝灾害的重要屏障，规范森林采伐对于防汛抗旱和防治水土流失起着重要作用，林业部门对于森林采伐的管辖往往影响着河湖的正常管理。

根据上述规定，目前河湖管理是根据对河湖功能以及利用方式的划分，分别由不同的部门进行管理。其中：对于河湖的综合规划、土地资源和其他河湖自然资源的开发由水利部门和国土部门管理；河湖的污染治理和环境保护由水利部门、国土部门、环保部门等管理；河湖周边的农田和植被由农林部门管理，但是涉及森林采伐以及河湖土地的使用又由水利部门和国土部门管理；特殊的河湖管理，如自然风景区和港口，在其范围内除了水利部门对于河湖进行管理外，环保部门和交通部门也有相应的管理权。

这些职责和权力的产生都具备法律依据。具体地说，是《中华人民共和国水法》《中华人民共和国防洪法》《中华人民共和国土地管理法》《中华人民共和国环境保护法》《中华人民共和国森林法》《中华人民共和国河道管理条例》等法律法规对其进行了授权。因此，虽然在《中华人民共和国河道管理条例》中规定水利部门对河湖进行统一管理，但河湖多项管理职责都涉及不同的管理部门。

七、监管考核制度

《意见》中明确要求强化考核问责，根据不同河湖存在的主要问题，实行差异化绩效评价考核。县级及以上河长负责组织对相应河湖下一级河长进行考核，考核结果作为地方党政领导干部综合考核评价的重要依据。

2009年4月2日，国务院办公厅出台了环境保护部会同发展改革委、监察部、财政部、住房城乡建设部、水利部制定的《重点流域水污染防治专项规划实施情况考核暂行办法》（国办发〔2009〕38号）明确规定，"环境保护部会同发展改革委员会、监察部、财政部、住房城乡建设部、水利部对重点流域各省（自治区、直辖市）上一年度专项规划实施情况进行考核，并于每年5月底前将考核结果向国务院报告，经国务院同意后，向社会公告。考核结果经国务院同意后，交由干部主管部门，依照中央组织部印发的《体现科学发展观要求的地方党政领导班子和领导干部综合考核评价试行办法》的规定，作为对各省（自治区、直辖市）人民政府领导班子和领导干部综合考核评价的重要依据。考核结果好的，有关部门优先加大对该地区污染治理和环保能力建设的支持力度；未通过考核的，环境保护部暂停该地区相关流域新增主要水污染物排放建设项目的环评审批；未通过考核且整改不到位或因工作不力造成重大社会影响的，监察部门按照《环境保护违法违纪行为处分暂行规定》（监察部、环保总局令第10号），追究有关人员责任。"

2015年8月17日，中共中央办公厅 国务院办公厅出台《党政领导干部生态环境损害责任追究办法（试行）》，2016年12月22日出台《生态文明建设目标评价考核办法》，每年评价一次，每5年考核一次。无论是评价、考核发现的水质变差问题，还是现实中发现的水污染事件，均按照《党政领导干部生态环境损害责任追究办法（试行）》的规定追究地方党政领导的责任。《意见》要求由各级党政主要负责人担任河长，作为本区域的行政负责人，河长可以通过对职责部门的协调和监督实现对河道的有效管理，其效果要优于目前纯粹依靠法律和规划。

第四节　落实河长制的困难和问题

河长制历经近10年的发展，特别是党中央决定全面推行河长制一年以来，在体制和机制上取得了一些突破，积累了不少经验，但仍然面临着一些难题需要破解和完善。

（1）各地河长制工作重视不充分、不平衡。

我国很多地方尤其是中西部地区，保护环境的积极性难以与发展经济、提高GDP的诉求相抗衡，保护和开发难协调。尽管"河长制"明确强化了诸如实施离任审计、自下而上负责等考核问责内容，但"绩效评价考核"和领导干部综合考评"重要依据"的震慑力可否比肩政绩考核需待实践来检验。

2017年，各省河长制工作方案已编制完成。有的省级方案有特色，目标分阶段且很明确；有的省级方案下了工夫，可操作性强、指导性好；而有的省级方案套中央意见，下的工夫不够，为出台文件而出台，操作性较差，导致实施过程中涉水问题仍达不到很好的部门协调效果。同时各地表现出对河长制工作的重视程度不一，一是少数河长对河长制工作重视程度不够，思想有所松懈，工作抓得不够紧，解决重点难点问题的积极性、主动性不强。二是日常巡查不够全面，少数河长巡查尚未到点到位，难以做到全覆盖，"河长巡河日记"记录不规范。三是措施落实不够有力，少数河长对包干负责的河道情况掌握得不够全面、问题查找得不够准确、原因分析得不够深入，制定的工作方案针对性不强，措施不够具体有力，缺乏可操作性。四是协调配合不够紧密，少数河长只关注自己所辖河道，对涉及上下游河道的工作没有主动参与、积极支持和全力配合。

（2）各地河长制工作进度不一致。

河长制工作是一项长期、系统的工作，涉及范围广，牵涉部门多，协调难度较大，有些地区仅把它作为一项水利业务工作去对待，对河长制工作联动不够，没有统筹协调好国土资源、城乡建设、林业、农业等部门的力量，不能齐抓共管"河长制"工作，推动工作办法不多，具体行动措施不多，导致部分地区工作进展缓慢。

（3）流域治理的责任主体问题不明确。

"河长制"全面推行，一定程度上避免了属地内"九龙治水"的困局，但在跨行政区特别是省际间的流域治理及管理方面尚存空白。对比国际流域治理先进国家的经验，我国7个流域水利委员会虽然已经在最初的水资源开发利用管理职能基础上，不断完善了水环境治理和保护的职责和功能，但其作为水利部的派出机构，更多仍是在水利部权限范围内行使水资源管理的职能，缺乏立法赋予的高度自治权，区域协调及资源调配功能发挥有限，历史遗留问题责任主体难确认。

（4）生态补偿机制的问题难协调。

对于上下游之间利益的协调，基于"谁受益，谁补偿"原则的生态补偿，虽然积极的实践探索小有成效，但实际实施中往往因缺乏法律和政策工具支撑，中央和地方支出责任与补偿事权设置不对称，补偿主体和方式单一，流域上下游政府间基于平等、公平、民主的讨价还价机制和利益博弈机制尚未建立等问题，导致各方权责模糊、地方开展补偿有心无力等困局，各方积极性难以调动，制度设计远远达不到预期。

（5）"一河一策"任务繁重。

河长制在推进过程中，关键是要结合实际，认真落实"一河一策"的制定和实施。由于每一条河流的具体情况都不完全相同，所以这方面的工作量十分巨大，需要政府制定统一的导则，地方各级政府部门依据导则编制具体的"一河一策"方案，以便河长履职和对河长工作进行考核。

（6）绩效考核问题。

"按效付费"是环境绩效服务合同的核心内容之一，是充分保障治理投入的最终环境效果得以实现的制度设计。但在实际执行中，由于政府传统的采购环境服务方式，设计、投融资、施工和后期的运营维护大部分采用碎片化管理，极有可能造成最终效果无人负责，每个环节都能找出免责或者减责的理由。政府和社会资本合作（PPP）作为避免该问题行之有效的成功模式，在实践中却也面临政企双方责任难界定（如黑臭河道治理，企业治好了河道，但后期政府控源截污监管不到位，治理效果反弹，污染反复），具体项目治理技术效果待检验，产出绩效标准无经验可依，评价指标体系和标准不合理、不完善、不清晰等难题。同时，相关制度也缺乏引入专业第三方机构对治理和维护效果进行评估的内容。

（7）河长制管理信息化问题。

河长制的推行，涉及各行业多部门，需要协调的工作量大，需要监测和管理大量的数据信息，这些都必须通过信息化的手段来完成。各级河长制办公室缺乏统一规范的河长制信息化管理平台，急需进行统一规划、设计和投资建设。

（8）人员的培训。

河长制是一项制度上的创新，目前还没有建立起一套完整的理论、法律和政策体系，大部分工作人员缺乏相关的理论知识和实际经验，因此各地应重视和加强河湖名录划分、"一河一策""一河一档"、考核机制、互联网＋河长制等专题的培训，以便提高河长制工作人员的业务能力。

（9）缺乏必要的政策法规。

《意见》中关于"法治"的论述主要包括"依法划定河湖管理范围""依法清理饮用水水源保护区内违法建筑和排污口"及"加强执法监管"，这类论述约束了治理的客观对象及治理行为本身，是以已有环境法规为出发点的政策法规，而针对河长制所特有的主体权责不等、协同失灵等待解难点，仍缺乏必要的法律法规以严格明确河长职责。"统筹"是引导社会治理的主要发展趋势，但对于"河长制"这一具有地方自主性的制度而言，不必追求法治方面较高层次的统筹。从法律规定上赋予不同地方政府及其职能部门相应的权利和手段，或推进地方因地制宜颁布地方法规、政府令，弥补法定手段暂时缺位的问题，维持河长制的持久动力。

（10）缺乏经验和技能。

河道巡护队和保洁队的队员、河段巡查员、河段监督员大多是一些兼职人员，他们缺乏相关的工作经验和技能，甚至因工作时间不足不能履职到位。河长制先行地区在不断实践及摸索过程中，逐步形成了较为成熟的河长制管理经验，值得各地借鉴和学习。

从全面推行河长制一年来的效果来看，河长制工作取得了不少成绩和效果，见到了河长巡河，见到了河长在行动，见到了部分河湖环境在改善，水质在变好，群众在点赞。但是，还存在一些苗头性问题不容忽视。

1）部分领导认识不到位。部分地方领导和河长们思想认识不到位，少数地区对推进河长制重视不够，仍存在着像以前一样"等、靠、要"的态度；有的地方认为建立了河长制就完成任务了，把手段当成了目的；有些地方存在急躁情绪，不想按科学规律办事，想把河湖几十年来积淀下来的问题通过河长制一下子全部解决，想在自己任期内得到解决。

2）各地推动进展不平衡。有的地方实施河长制较早，河长制已取得了比较明显的成效，河湖面貌开始改善；有的地方压力传导尚未完全到位，部分市、县、乡工作推进相对缓慢；有的地方河长才开始履职，"一河一策"还没有完全制定出来，或制定出的方案深度不够，针对性和操作性有待提高；有的地方河长刚明确或替换，还没有去检查巡河；有的省级河长办配备了较多的人员，人数从十多人到四十多人不等，而有的省级河长办仅仅2～3人，相差悬殊较大。总的来说，各地进展无论是从人员配备上还是在河湖河长制工作经费落实上，甚至河长制工作技术支撑上很不平衡。

3）发现问题整改不及时。很多省、市、县、乡、村的河长们已经开始巡河，发现了一些河湖问题，有的地方河长公示牌竖起来了，群众也反映投诉了一些问题。但对这些问题，有的地方能及时进行整改、能见到成效，有的地方视而不见，整改不及时，不去落实，敷衍了事。

第二章

河 长 制 的 主 要 内 容

河长制《意见》包括三部分 14 条内容，三部分分别是总体要求、主要任务和保障措施。

第一节　河长制的总体要求

河长制的总体要求包括指导思想、基本原则、组织形式和工作职责，下面对这四个部分分别介绍。

一、河长制的指导思想

《意见》指出"全面贯彻党的十八大和十八届三中、四中、五中、六中全会精神，深入学习贯彻习近平总书记系列重要讲话精神，紧紧围绕统筹推进'五位一体'总体布局和协调推进'四个全面'战略布局，牢固树立新发展理念，认真落实党中央、国务院决策部署，坚持节水优先、空间均衡、系统治理、两手发力，以保护水资源、防治水污染、改善水环境、修复水生态为主要任务，在全国江河湖泊全面推行河长制，构建责任明确、协调有序、监管严格、保护有力的河湖管理保护机制，为维护河湖健康生命、实现河湖功能永续利用提供制度保障"。

二、河长制的基本原则

《意见》指出了河长制的四项基本原则：一是坚持生态优先、绿色发展；二是坚持党政领导、部门联动；三是坚持问题导向、因地制宜；四是坚持强化监督、严格考核。

（一）坚持生态优先、绿色发展

《意见》指出"坚持生态优先、绿色发展。牢固树立尊重自然、顺应自然、保护自然的理念，处理好河湖管理保护与开发利用的关系，强化规划约束，促进河湖休养生息、维护河湖生态功能"。

（1）江河湖泊是生态系统和国土空间的重要组成部分。全面推行河长制、加强河湖管理，事关人民福祉。绿色发展是永续发展的前提和必要条件，核心要义是解决人、社会、自然三者之间的和谐共生问题。习近平总书记多次就生态文明建设作出重要指示，强调要树立"绿水青山就是金山银山"的强烈意识，努力走向社会主义生态文明新时代。在推动长江经济带发展座谈会上强调，要走生态优先、绿色发展之路。将坚持生态优先、绿色发展贯穿于河长制实施的始终，是生态文明建设的必然要求，反映了我国解决复杂水问题、加快补齐水生态环境短板、维护河湖健康生命的决心和信心。

（2）坚持生态优先、绿色发展，是全面推行河长制的立足点。当前我国水安全呈现出新老问题交织的严峻形势，水资源短缺、水生态损害、水环境污染等问题愈加突出。推行河长制，要将保护和修复河湖生态环境放在压倒性位置，坚守生态优先和绿色发展两条底线，将生态作为主旋律，将绿色作为主色调，统筹解决河湖管理中存在的水安全、水生态、水环境问题，促进河湖系统保护和水生态环境的整体改善。

（3）坚持生态优先、绿色发展，必须尊重自然、顺应自然、保护自然。尊重自然是科学发展的理念要求，顺应自然是科学发展的决策原则，保护自然是科学发展的必然选择。要把尊重自然、顺应自然、保护自然的理念贯穿到河湖管理保护与开发利用的全过程，为生态"留白"，给河湖"种绿"。要牢固树立人与自然对等互惠的思想，始终以平视的眼光、敬重的姿态考量人与水的关系，认真衡量水的自然规律，秉持保护水环境和水生态系统的准则，主动遵循，积极契合，使河湖开发利用能和自然相互惠益、相互和谐。

（4）坚持生态优先、绿色发展，必须促进河湖休养生息，维护河湖生态功能。现阶段，要让河湖生态系统得以恢复，由失衡走向平衡，进入良性循环；长远讲，要增强河湖生态系统自我循环和净化能力，提高其生态服务功能。具体体现在：要在水生态环境容量上过紧日子，取之有度，不过度开发，不乱开发；要摒弃"先污染后治理"的传统发展模式，全面加大管理保护力度，改善河湖水环境，保护健康水生态，切实维护河湖健康生命，永葆江河湖泊生机活力。

与时俱进完善河湖管理，久久为功共享绿色生态。我们要在创新、协调、绿色、开放、共享五大发展理念的引领下，准确理解《意见》精神，坚持生态优先、绿色发展，全面推行好河长制，着力提升我国河湖管理能力和水平，维护河湖健康生命，力争天蓝、地绿、水清的美丽中国早日实现。

（二）坚持党政领导、部门联动

《意见》指出"坚持党政领导、部门联动。建立健全以党政领导负责制为核心的责任体系，明确各级河长职责，强化工作措施，协调各方力量，形成一级抓一级、层层抓落实的工作格局"。

（1）坚持党政领导、部门联动，是全面推行河长制的一个基本原则。坚持党政领导、部门联动，核心是建立健全以党政领导负责制为核心的责任体系，明确各级河长职责，协调各方力量，形成一级抓一级、层层抓落实的工作格局。地方各级党委政府作为河湖管理保护责任主体，各级水利部门作为河湖主管部门，应深刻认识全面推行河长制的重要性和紧迫性，切实增强使命意识、大局意识和责任意识，扎实做好各项工作，确保如期完成党中央、国务院确定的目标任务。

（2）坚持党政领导、部门联动，是全面推行河长制的着力点。由党政领导担任河长是河长制的核心内涵和根本所在。习近平总书记深刻指出，河川之危、水源之危是生存环境之危、民族存续之危，要求从全面建成小康社会、实现中华民族永续发展的战略高度，重视解决好水安全问题。党政"一把手"作为河长来协调、调度和监督解决河湖管理问题，是从国情水情出发实行的管理改革，也是经实践检验切实可行的制度创新。正如"米袋子"省长负责制、"菜篮子"市长负责制一样，各级党政主要负责人成为河湖管护第一责任人，可以最大程度整合党委政府的行政资源，提高解决问题的执行力，有效破除以往多部门分管的弊端。

（3）坚持党政领导、部门联动，是有效应对复杂水问题的现实需求。从生态系统来看，山水林田湖草是一个生命共同体。河湖水系的好坏，表象在水里，根源在岸上。从水问题的客观现实来看，当前我国新老水问题相互交织，水资源短缺、水生态损害、水环境污染等多层次问题愈加突出。从河湖管理的工作实际来看，同一条河流、同一个湖泊，有上下游、左右岸、干支流之分，河湖管理保护涉及水利、环保、发展改革、财政、国土、交通、住建、农业、卫生、林业等多个部门。应对复杂的水问题，必须统筹上下游、左右岸系统治理，必须整合各地方、各部门力量协同解决。

近年来，一些地区先行先试，进行了河长制的有益探索。这些地方在推行河长制方面普遍实行党政主导、高位推动、部门联动、责任追究政策，取得了很好的效果，形成了许多可复制、可推广的成功经验。实践证明，全面推行河长制，就一定要充分发挥地方党委政府的主体作用，明确责任分工，强化统筹协调，实行部门联动，形成人与自然和谐发展的河湖生态新格局。

（4）坚持党政领导、部门联动，必须构筑党政领导高位推动的责任体系，落实组织机构，激发各地各级加强河湖管理保护的强大动能。一要落实党政领导负责制。要全面建立省、市、县、乡四级河长体系，各省（自治区、直辖市）党委或政府主要负责同志要担任总河长，省级负责同志担任各省（自治区、直辖市）行政区域内主要河湖河长，各河湖所在市、县、乡要逐级逐段落实河长，由同级负责同志担任。二要成立协调推进机构，加强组织指导、协调监督，研究解决重大问题，确保河长制的顺利推进、全面推行。三要成立河长制办公室，明确牵头单位和组成部门，建立工作机构与工作平台，落实河长确定的事项。要进一步细化、实化河长工作职责，做到守土有责、守土尽责、守土担责。

（5）坚持党政领导、部门联动，必须搭建部门之间协调配合的工作格局，健全配套制度，形成各行各业加强河湖管理保护的合力。一要建立河长会议制度，由河长牵头或委托有关负责人召开河长制工作会议，拟订和审议河长制重大措施，协调解决推行河长制工作中的重大问题，指导督促各有关部门认真履职尽责，加强对河长制重要事项落实情况的检查督导。二要建立部门联动制度，中央层面建立水利部会同环保部等相关部委参加的全面推行河长制部际协调机制，强化组织领导和监督检查；地方也要加强部门之间的沟通联系和密切配合，推进信息共享，合力推进河湖管理保护工作。各级水行政主管部门要切实履行好河湖主管职责，全力做好河长制相关工作。

党政领导勇于担当，部门联动协同发力，河长制终由不断探索的地方实践上升为全面推开的国家行动，为维护河湖健康生命、实现河湖功能永续利用提供了制度保障。让我们牢固树立新发展理念，以"节水优先、空间均衡、系统治理、两手发力"为行动指南，坚持党政领导、部门联动，全面推行河长制，使水清、岸绿、河畅、景美的美好图景在祖国大地全面铺展。

（三）坚持问题导向、因地制宜

《意见》指出"坚持问题导向、因地制宜。立足不同地区不同河湖实际，统筹上下游、左右岸，实行一河一策、一湖一策，解决好河湖管理保护的突出问题"。

（1）坚持问题导向、因地制宜，是全面推行河长制的基本原则之一。各地河湖水情不同，发展水平不一，河湖保护面临的突出问题也不尽相同，必须坚持问题导向，因地制宜，因河施策，着力解决好河湖管理保护的难点、热点和重点问题。

（2）坚持问题导向、因地制宜，是全面推行河长制的关键点。核心是要立足不同地区不同河湖实际，统筹上下游、左右岸，实行一河一策、一湖一策，解决好河湖管理保护的突出问题。"北方有河皆干，南方有水皆污"的说法，虽然夸张，但南北方、东西部河湖水问题有很大不同却是事实，必须因河施策，对症下药。

（3）坚持问题导向、因地制宜，要调查研究，找准问题。人类认识世界、改造世界的过程就是一个发现问题、解决问题的过程。问题导向是马克思主义世界观和方法论的重要体现，是党的优良传统和宝贵经验。近年来，全国各地积极采取措施加强河湖治理、管理和保护，取得了显著的综合效益，但河湖管理保护仍然面临不少问题：一些河流特别是北方河流开发利用已接近甚至超出自身承载能力，导致河道干涸、湖泊萎缩，生态功能明显下降；一些地区废污水排放量居高不下，超出水功能区纳污能力，导致水环境状况堪忧；一些地方侵占河道、围垦湖泊、超标排污、非法采砂等现象时有发生，严重影响河湖防洪、供水、航运、生态等功能的发挥。总之，水生态环境形势严峻，亟待整体改善。

（4）坚持问题导向、因地制宜，要因河施策，对症下药。对江河湖泊而言，有生态良好的河湖，有水污染严重、水生态恶化的河湖，有城市河湖，有农村河道，各自面临的问题不尽相同，应采取不同措施有针对性地去解决。对生态良好的河湖，要突出预防和保护措施，特别要加大江河源头区、水源涵养区、生态敏感区和饮用水水源地的保护力度；对水污染严重、水生态恶化的河湖，要强化水功能区管理，加强水污染治理、节水减排、生态保护与修复等。

对城市河湖，要处理好开发利用与保护的关系，维护水系完整性和生态良好，加强黑臭水体治理；对农村河道，要加强清淤疏浚、环境整治和水系连通。要划定河湖管理范围，加强水域岸线的管理和保护，严格涉河建设项目和活动监管，严禁侵占水域空间，整治乱占滥用、非法养殖、非法采砂等违法违规行为。

（5）当然，在坚持问题导向、因地制宜的同时，还要强化统筹协调。河湖管理保护工作要与流域规划相协调，强化规划约束，既要一段一长、分段负责，又要树立全局观念，统筹上下游、左右岸、干支流，系统推进河湖保护和水生态环境整体改善，保障河湖功能永续利用，维护河湖健康生命。对跨行政区域的河湖要明晰管理责任，加强系统治理，实行联防联控。流域管理机构要充分发挥协调、指导、监督、监测等重要作用。

随着社会经济的发展和人民生活水平的提高，人们对水环境的保护意识和要求日趋强烈，水环境保护的重要性日益突显。各地要坚持问题导向，因地制宜，解决好河湖管理保护的突出问题，交出一份符合中央统一部署和要求的答卷，交出一份百姓满意的答卷。

（四）坚持强化监督、严格考核

《意见》指出"坚持强化监督、严格考核。依法治水管水，建立健全河湖管理保护监督考核和责任追究制度，拓展公众参与渠道，营造全社会共同关心和保护河湖的良好氛围"。

坚持强化监督、严格考核，核心是建立健全河湖管理保护的监督考核和责任追究制度，拓展公众参与渠道，让人民群众不断感受到河湖生态环境的改善。

（1）坚持强化监督、严格考核，是全面推行河长制的重要抓手。关于监督与考核，习近平总书记说，要坚持有责必问、问责必严，把监督检查、目标考核、责任追究有机结合起来，形成法规制度执行强大推动力。一种法律或制度，在执行过程中，如果监督缺位、考核乏力，那么它就会失去支撑，最终必然流于形式。就全面推行河长制而言，强化监督考核，严格责任追究，对确保任务落到实处、工作取得实效，起着重要的保障作用。

（2）坚持强化监督、严格考核，是保障河长制推广有实效、见长效的必然要求。河长制已在全国许多省市地区推行，取得了不错的效果，但实施中也暴露出一些需要注意的问题，包括问责机制还不完善、社会力量调动不足等。而且，河湖管护及水环境治理也非一朝一夕之功，伴随行政首长调动，可能出现责任转移、"终身追责"难以落实的问题。解决这些问题，还需要细化制度、强化监督、严格考核，使得河长制能长久地发挥实效，造福百姓。

（3）坚持强化监督、严格考核，必须建立健全制度。河长责任能否落实到位，河湖管理保护能否取得成效，需要通过建立全面的监督考核和责任追究机制来保障。将河湖治理效果与河长政绩考核挂钩，可有效督促河长开展工作，以持续改善水生态环境。县级以上河长负责组织对相应河湖的下一级河长推行河长制的进展情况进行考核，内容包括任务落实、河长制推行成效、治理实效等。考核结果要作为地方党政领导干部综合考核评价的重要依据。实行生态环境损害责任终身追究制，对造成生态环境损害的，严格按照有关规定追究责任，在实际工作中，还要根据不同河湖存在的主要问题，实行差异化绩效评价考核，并将领导干部自然资源资产离任审计结果及整改情况作为考核的重要参考，将考核结果作为地方党政领导干部综合考核评价的一项重要依据。同时，实行生态环境损害责任终身追究制，如果造成生态环境损害，要严格按照有关规定追究河长的责任，考核及问责情况要及时反馈。中央要求，各省（自治区、直辖市）党委和政府要在每年1月底前将上年度贯彻落实情况报党中央、国务院。仿照这个要求，省级河长也必须做好对市级河长的考核工作。以此形成一级监督一级、层层严格考核的局面。

（4）坚持强化监督、严格考核，必须拓展公众参与渠道，营造全社会共同关心和保护河湖的良好氛围。推行河长制治水，是切实改善生态环境、有效提升人民群众生活品质的重大民生工程，与百姓生活休戚相关；河长治河，要主动接受民众监督，治河是否有成效，要看成果能否得到百姓认同。社会公众不但要成为河长制的受益者，还要成为参与者和监督者。如果民众对各级河长们干得如何、河道水质改善了多少不知情、不明白，不能介入监督，河长制的意义必然大打折扣。各地要通过建立河湖管理保护信息发布平台、公告河长名单、设立河长公示牌、聘请社会监督员等方式，让公众对河湖管理保护效果进行监督。同时，通过加强政策宣传解读、加大新闻宣传和舆论引导力度，增强社会公众对河湖保护工作的责任意识和参与意识，形成全社会关爱河湖、珍惜河湖、保护河湖的良好风尚。

强化监督以促长效，严格考核方见实效。只有依法治水管水，建立完善机制，调动社会力量，充分发挥监督、考核作用，河长制的推行才能更加深入而全面，效果才能更加明显而持久，整洁优美、水清岸绿的环境才能长久地陪伴在我们身边。

三、河长制的组织形式

《意见》指出"全面建立省、市、县、乡四级河长体系。各省（自治区、直辖市）设立总河长，由党委或政府主要负责同志担任；各省（自治区、直辖市）行政区域内主要河湖设立河长，由省级负责同志担任；各河湖所在市、县、乡均分级分段设立河长，由同级负责同志担任。县级及以上河长设置相应的河长制办公室，具体组成由各地根据实际确定"。

按照《意见》要求，要全面建立省、市、县、乡四级河长体系。各省、自治区、直辖市党委或政府主要负责同志担任本省、自治区、直辖市总河长；省级负责同志担任本行政区域内主要河湖的河长；各河湖所在市、县、乡均分级分段设立河长，由同级负责同志担任。各省、自治区、直辖市总河长是本行政区域河湖管理保护的第一责任人，对河湖管理保护负总责；其他各级河长是相应河湖管理保护的直接责任人，对相应河湖管理保护分级分段负责。河长制办公室承担具体组织实施工作，各有关部门和单位按职责分工，协同推进各项工作。

从实际实施的情况来看，有15个省的河长制工作方案中提出河长制延伸到村级；有14个省由省级党委和政府主要领导担任双总河长；有6个省和新疆生产建设兵团由省级党委领导担任总河长；其余11个省由省级政府领导担任总河长。

四、河长制的工作职责

《意见》指出"各级河长负责组织领导相应河湖的管理和保护工作，包括水资源保护、水域岸线管理、水污染防治、水环境治理等，牵头组织对侵占河道、围垦湖泊、超标排污、非法采砂、破坏航道、电毒炸鱼等突出问题依法进行清理整治，协调解决重大问题；对跨行政区域的河湖明晰管理责任，协调上下游、左右岸实行联防联控；对相关部门和下一级河长履职情况进行督导，对目标任务完成情况进行考核，强化激励问责。河长制办公室承担河长制组织实施具体工作，落实河长确定的事项。各有关部门和单位按照职责分工，协同推进各项工作"。

河道管理最大的问题就是涉及的部门很多，包括环保、水利、发改委、财政、国土、交通、住建、农业、卫生、林业等多个部门，若缺乏对河流保护管理的统筹规划和协调管理，将不利于河流长期可持续发展。而实行河长制，能够很好地化解这类问题，河长制是对现有水环境管理和保护体系非常有益的补充。这将使我国的河湖管理保护体系由多头管水的"多部门负责"模式，向"首长负责、部门协作、社会参与"的模式迈进。

通过推行河长制，把党委、政府的主体责任落到实处，并且把党委、政府领导成员的责任也落到了实处。这就把国家政治制度的优势在治水方面充分体现出来，有利于攻坚克难。在河道水污染防治过程中，遇到的一个很大的拦路虎就是一些地方的产业结构偏重，产业布局不够合理。如何合理统筹和平衡环境保护与经济发展、社会稳定之间的关系，地方党委政府在这方面具有很好的管理和协调能力。

（一）总河长职责

（1）组织建立区域内河长制组织网络体系、工作机制、工作方案，对区域内河道水污染治理、水生态环境及长效管理负总责，全面组织领导河长制六项任务。

（2）组织区域内河湖治理中、长期规划，年度计划编制与审议。

（3）组织对本级各河长和下级总河长的督导、考核。

（4）协调处理河长办提交的重大事项。

（二）河长、分段河长职责

（1）接受总河长交办的任务，对本河道（河段）负责。

（2）组织对本河道（河段）水污染治理规划（一河一策）、年度工作计划的编制与审议。

（3）以河长的身份定期与不定期巡查河道，巡查横向块块为主的河长制六项任务落实情况，巡查竖向条条为主的水利、环保、市政等部门涉水职能履行情况，掌握河长制工作进展的第一手资料。

（4）组织对本河道分段河长的考核。

（5）处理本河道（河段）水污染治理、管理中的重要事项。

（三）河长办的职能

河长办要充分发挥统筹协调、组织实施、督促检查、推动落实的重要作用，在总（副）河长的领导下，形成本级党委、政府各部门齐抓共管、群策群力的治污、管河工作格局。

（1）河长办为同级编办批复的常设机构（有固定人员编制），是落实河长制的工作平台，负责实施河长制日常工作，协调、处理河道管理与保护中的问题，重要大问题报河长或总河长。

（2）负责建立区域内河道"一河一档"基础资料，逐步实现信息化管理。

（3）负责编制区域内河湖水环境治理中、长期规划，"一河一策"方案及年度计划。

（4）负责编制河长制六项任务的落实规划和年度行动计划，将六项任务的具体工作分解到本级党政有关职能部门分头落实。

（5）负责汇总下一级河长办上报的河道治理、巡查、发现问题、执法、结案等基本资料，按规定报各河长、总河长及上一级河长办。

（6）负责制定河长制五项制度（河长会议制度、信息共享、工作督察、考核问责、验收）。

（7）负责协助河长组织巡河的具体协调和安排。

（8）落实、推进各河长、总河长确定的事项。

党政领导担任河长，不但可以从根本上解决长期历史遗留的多个涉水部门无法联防联控的问题，而且能够将河流的管理保护与整个地区或城市的总体长远发展规划相结合。此外，党政领导担任河长，也可以在一定程度上解决与河湖管理保护、执法监管等相关的人员、设备、经费等问题。

第二节　河长制的主要任务

《意见》指出河长制六大任务主要包括：加强水资源保护、加强河湖水域岸线管理保护、加强水污染防治、加强水环境治理、加强水生态修复、加强执法监管。

一、加强水资源保护

《意见》指出"落实最严格水资源管理制度，严守水资源开发利用控制、用水效率控制、水功能区限制纳污三条红线，强化地方各级政府责任，严格考核评估和监督。实行水资源消耗总量和强度双控行动，防止不合理新增取水，切实做到以水定需、量水而行、因水制宜。坚持节水优先，全面提高用水效率，水资源短缺地区、生态脆弱地区要严格限制发展高耗水项目，加快实施农业、工业和城乡节水技术改造，坚决遏制用水浪费。严格水功能区管理监督，根据水功能区划确定的河流水域纳污容量和限制排污总量，落实污染物达标排放要求，切实监管入河湖排污口，严格控制入河湖排污总量"。

全面推行河长制，首先第一点要强化红线约束，确保河湖资源永续利用。河湖因水而成，充沛的水量是维护河湖健康生命的基本要求。从各地的实践看，保护河湖必须把节水护水作为首要任务，落实最严格水资源管理制度，强化水资源开发利用控制、用水效率控制、水功能区限制纳污三条红线的刚性约束。要实行水资源消耗总量和强度双控行动，严格重大规划和建设项目水资源论证，切实做到以水定需、量水而行、因水制宜。要大力推进节水型社会建设，严格限制发展高耗水项目，坚决遏制用水浪费，保证河湖生态基流，确保河湖功能持续发挥、资源永续利用。

按照国务院部署，"十二五"期间，水利部门会同环保部、发改委等九个部门共同推进了最严格水资源管理制度的实施。从这几年推进情况看，效果非常明显。水利部对"十二五"期末最严格水资源管理制度落实情况进行了考核，考核结果向社会进行了公告。总的来看，"三条红线"得到了有效管控，用水总量、用水效率和纳污控制指标都在"十二五"期间控制范围之内，各级责任也都明确落实到位。最严格的各项制度体系也都全部建立健全，全国从中央到地方层面一共建立100多项最严格水资源管理制度的管控制度。

这次中央出台河长制《意见》，对水资源保护、水污染防治、水环境治理等都提出了明确要求，作为河长制的主要任务，特别强调，要强化水功能区的监督管理，明确要根据水功能区的功能要求，对河湖水域空间，确定纳污容量，提出限排要求，把限排要求作为陆地上污染排放的重要依据，强化水功能区的管理，强化入河湖排污口的监管，这些要求跟最严格水资源管理制度、"三条红线"、总量控制、效率控制，特别是水功能区限制纳污控制的要求，以及入河湖排污口管理、饮用水水源地管理、取水管理等要求充分对接。应该说，这次河长制在落实三条红线管控上，内容很具体，任务也很明确，责任更加清晰、具体到位。河长制的制度要求从体制机制上能够更好地保障最严格水资源管理制度各项措施落实到位。

二、加强河湖水域岸线管理保护

《意见》指出"严格水域岸线等水生态空间管控，依法划定河湖管理范围。落实规划岸线分区管理要求，强化岸线保护和节约集约利用。严禁以各种名义侵占河道、围垦湖泊、非法采砂，对岸线乱占滥用、多占少用、占而不用等突出问题开展清理整治，恢复河湖水域岸线生态功能"。

水域岸线是河湖生态系统的重要载体。从各地的实践来看，保护河湖必须坚持统筹规划、科学布局、强化监管，严格水生态空间管控，塑造健康自然的河湖岸线。要依法划定河湖管理范围，严禁以各种名义侵占河道、围垦湖泊、非法采砂，严格涉河湖活动的社会管理。要科学划分岸线功能区，强化分区管理和用途管制，保护河湖水域岸线，对岸线乱占滥用、多占少用、占而不用等突出问题开展清理整治，确保岸线开发利用科学有序、高效生态。

水利部一直非常重视河湖水域岸线的保护利用管理，主要开展了以下三个方面的工作。

（1）对全国主要江河重要河段全部编制了水域岸线保护利用规划。如长江，水利部会同交通运输部、国土资源部联合编制了《长江岸线保护和开发利用总体规划》，这个规划对整个长江干流进行分区管理，分为保护区、保留区、可开发利用区、控制利用区，并且保护区、保留区占到 64.8%，充分体现了习近平总书记提出的"共抓大保护、不搞大开发"的理念。

（2）加强河湖管理范围的划定，是河湖管理保护的基础性工作。现在水利部不只在全国全面推进这项工作，对于中央直属工程，计划跟河长制开展同步推进，争取到 2018 年年底基本完成河湖管理范围划定工作。

（3）加强日常监管和综合执法，通过一系列措施来加强河湖水域岸线的管理保护。

河长制全面实施后将推动河湖水域岸线保护利用管理工作。

三、加强水污染防治

《意见》指出"落实《水污染防治行动计划》，明确河湖水污染防治目标和任务，统筹水上、岸上污染治理，完善入河湖排污管控机制和考核体系。排查入河湖污染源，加强综合防治，严格治理工矿企业污染、城镇生活污染、畜禽养殖污染、水产养殖污染、农业面源污染、船舶港口污染，改善水环境质量。优化入河湖排污口布局，实施入河湖排污口整治"。

水污染防治事关饮水安全，事关群众身体健康，要切实增强紧迫感和责任感，提高认识，形成合力，落实要求，加大投入，把这项工作抓紧抓好。通过加强对水污染防治的宣传教育，树立抓水污染防治就是优化发展环境、提升区域竞争力的思想认识，切实负起责任，搞好水污染防治工作；相关职能部门要健全完善工作机制，对水污染防治工作常抓不懈，环保部门牵好头，相关职能部门各司其职、各负其责、协调联动、密切配合，共同把水污染防治工作做好；要落实好水污染防治工作规划，地区总体规划要与之衔接，坚持以水定城、以水定地、以水定人、以水定产，新型城镇化建设、工业布局等都要与供水和污水处理能力相适应；要将水污染防治资金作为财政支出的重要内容，并逐年增加。同时，建立健全政府引导、企业为主和社会参与的投入机制，运用市场化的手段，为水污染防治基础设施建设提供资金保障。

四、加强水环境治理

《意见》指出"强化水环境质量目标管理，按照水功能区确定各类水体的水质保护目标。切实保障饮用水水源安全，开展饮用水水源规范化建设，依法清理饮用水水源保护区内违法建筑和排污口。加强河湖水环境综合整治，推进水环境治理网格化和信息化建设，建立健全水环境风险评估排查、预警预报与响应机制。结合城市总体规划，因地制宜建设亲水生态岸线，加大黑臭水体治理力度，实现河湖环境整洁优美、水清岸绿。以生活污水处理、生活垃圾处理为重点，综合整治农村水环境，推进美丽乡村建设"。

良好的水生态环境，是最公平的公共产品，是最普惠的民生福祉。从各地的实践来看，保护河湖必须因地制宜、综合施策，全面改善江河湖泊水生态环境质量。要强化水环境质量目标管理，建立健全水环境风险评估排查、预警预报与响应机制，推进水环境治理网格化和信息化建设。要强化饮用水水源地规范化建设，切实保障饮用水水源安全，不断提升水资源风险防控能力。要大力推进城市水生态文明建设和农村河塘整治，着力打造自然积存、自然渗透、自然净化的海绵城市和河畅水清、岸绿景美的美丽乡村。

五、加强水生态修复

《意见》指出"推进河湖生态修复和保护，禁止侵占自然河湖、湿地等水源涵养空间。在规划的基础上稳步实施退田还湖还湿、退渔还湖，恢复河湖水系的自然连通，加强水生生物资源养护，提高水生生物多样性。开展河湖健康评估。强化山水林田湖系统治理，加大对江河源头区、水源涵养区、生态敏感区的保护力度，对三江源区、南水北调水源区等重要生态保护区实行更严格的保护。积极推进建立生态保护补偿机制，加强水土流失预防监督和综合整治，建设生态清洁型小流域，维护河湖生态环境"。

山水林田湖草是一个生命共同体，是统一的自然系统，是各种自然要素相互依存而实现循环的自然链条。人的命脉在田，田的命脉在水，水的命脉在山，山的命脉在土，土的命脉在树。要按照自然生态的整体性、系统性及其内在规律，统筹考虑自然生态各要素以及山上山下、地上地下、陆地海洋、流域上下游，进行系统保护、宏观管控、综合治理，增强生态系统循环能力，维护生态平衡。从各地的实践看，保护河湖必须统筹兼顾、系统治理。按照生态系统的整体性、系统性以及内在规律，围绕解决我国水生态系统保护与治理中的重点难点问题，在重点区域实施重大水生态系统保护和修复工程，尽快提升其生态功能。

六、加强执法监管

《意见》指出"建立健全法规制度，加大河湖管理保护监管力度，建立健全部门联合执法机制，完善行政执法与刑事司法衔接机制。建立河湖日常监管巡查制度，实行河湖动态监管。落实河湖管理保护执法监管责任主体、人员、设备和经费。严厉打击涉河湖违法行为，坚决清理整治非法排污、设障、捕捞、养殖、采砂、采矿、围垦、侵占水域岸线等活动"。

实行联防联控，破解河湖水体污染难题。人民群众对水污染反映强烈，防治水污染是政府义不容辞的责任。从各地的实践来看，水污染问题表现在水中，根子则在岸上，保护河湖必须全面落实《水污染防治行动计划》，实行水陆统筹，强化联防联控。要加强源头控制，深入排查入河湖污染源，统筹治理工矿企业污染、城镇生活污染、畜禽养殖污染、水产养殖污染、农业面源污染、船舶港口污染。要严格水功能区监督管理，完善入河湖排污管控机制和考核体系，优化入河湖排污口布局，严控入河湖排污总量，让河流更加清洁、湖泊更加清澈。

第三节 河长制的保障措施

一、加强组织领导

坚持高位推动，抓紧落实组织机构。坚持领导挂帅、高位推动，是地方实行河长制创造的一条宝贵经验。如江西省委书记、省长分别担任全省的总河长、副总河长，7位省级领导分别担任7条主要河流的河长。根据地方实践经验，《意见》中明确提出，各省、自治区、直辖市总河长由党委或政府主要负责同志担任，各省、自治区、直辖市行政区域内主要河湖河长由省级负责同志担任。这一要求，既充分体现了河湖管理保护的需要，也充分考虑了各地实际工作情况，具有很强的针对性、实效性和可操作性。

全国各地按照中央的决策部署，积极启动相关工作。一是成立协调推进机构。水利部成立了由主要负责同志任组长的全面推行河长制工作领导小组，各地也成立了相应的领导协调机构，加强组织指导、协调监督，研究解决重大问题，确保河长制顺利全面地推行。各级水行政主管部门要切实履行好河湖主管职责，全力做好河长制相关工作。二是逐级逐段落实河长。各地按照《意见》要求，明确了本行政区域各级河长，以及主要河湖河长及其各河段河长，进一步细化、实化河长工作职责，做到守土有责、守土尽责、守土担责。三是成立了各级河长制办公室。各地在河长的组织领导下，建立了河长制办公室，明确了牵头单位和组成部门，搭建了工作平台，建立了工作机构，落实河长确定的事项。

二、健全工作机制

河湖管理保护是一项十分复杂的系统工程，涉及上下游、左右岸和不同行业。地方各有关部门要在河长的统一领导下，密切协调配合，建立健全配套工作机制，形成河湖管理保护合力。

（1）建立河长会议制度。定期或不定期由河长牵头或委托有关负责人组织召开河长制工作会议，拟订和审议河长制重大措施，协调解决推行河长制工作中的重大问题，指导督促各有关部门认真履职尽责，加强对河长制重要事项落实情况的检查督导。

（2）建立部门联动制度。国家层面建立水利部会同环境保护部等相关部委参加的全面推行河长制工作部际协调机制，强化组织指导和监督检查，协调解决重大问题。地方也要加强部门之间的沟通联系和密切配合。

（3）建立信息报送制度。各地要动态跟踪全面推行河长制工作进展，定期通报河湖管理保护情况，每两个月将工作进展情况报送水利部及环境保护部，每年1月10日前将上一年度工作总结报送水利部及环境保护部，按要求及时向党中央、国务院上报贯彻落实情况。

（4）建立工作督察制度。各级河长负责牵头组织督察工作，督察对象为下一级河长和同级河长制相关部门。督察内容包括河长制体系建立情况，人员、责任、机构、经费落实情况，工作制度完善情况，主要任务完成情况，失职追责情况等，确保河长制不跑偏方向、不流于形式。

（5）建立验收制度。各地要定期总结河长制工作开展情况，按照工作方案确定的时间节点，及时对建立河长制工作进行验收，不符合要求的要一河一单，督促整改落实到位。

三、强化考核问责

强化监督考核，严格责任追究，是确保全面推行河长制任务落到实处、工作取得实效的重要保障。

（1）强化监督检查。各地要对照《意见》以及工作方案，加强对河长制工作的督促、检查、指导，确保各项任务落到实处。水利部将建立部领导牵头、司局包省、流域机构包片的河长制工作督导检查机制，定期对各地河长制实施情况开展专项督导检查。

（2）严格考核问责。各地要针对不同河湖存在的主要问题，实行差异化绩效评价考核，抓紧制定考核办法，明确考核目标、主体、范围和程序，并将领导干部自然资源资产离任审计结果及整改情况作为考核的重要参考。县级及以上河长负责对相应河湖下一级河长进行考核，考核结果要作为地方党政领导干部综合考核评价的重要依据。实行生态环境损害责任终身追究制，对生态环境造成损害的，应严格按照有关规定追究责任。水利部将把全面推行河长制工作纳入最严格水资源管理制度考核中，环境保护部将把全面推行河长制工作纳入水污染防治行动计划实施情况考核中。水利部、环境保护部在2017年年底对建立河长制工作情况进行中期评估，2018年年底对全面推行河长制情况进行总结评估。

（3）接受社会监督。建立河湖管理保护信息发布平台，通过主要媒体向社会公告河长名单，在河湖岸边显著位置竖立河长公示牌，标明河长职责、河湖概况、管护目标、监督电话等内容，接受社会和群众监督。聘请社会监督员对河湖管理保护效果进行监督和评价。

四、加强社会监督

社会公众广泛参与是保障河长制有效实施的关键所在。各地要切实抓好舆论宣传引导工作，提高全社会对河湖保护工作的责任意识和参与意识。

（1）加强政策宣传解读。各地要以《意见》出台为契机，迅速组织精干力量对全面推行河长制进行多角度、全方位的宣传报道，准确解读河长制工作的总体要求、目标任务、保障措施等，为全面推行河长制营造良好的舆论环境。

（2）注重经验总结推广。积极开展推行河长制工作的跟踪调研，不断提炼和推广各地在推行河长制过程中积累的好做法、好经验、好举措、好政策，进一步完善河长制制度体系。水利部将组织开展多种形式的经验交流，促进各地相互学习借鉴。

（3）广泛凝聚社会共识。充分利用报刊、广播、电视、网络、微信、微博、客户端等各种媒体和传播手段，通过群众喜闻乐见、易于接受的方式，加大河湖科普宣传力度，让河湖管理保护意识深入人心，成为社会公众的自觉行动，营造全社会关爱河湖、珍惜河湖、保护河湖的良好风尚。

第三章

河 长 制 的 组 织 实 施

为贯彻落实河长制《意见》，确保《意见》提出的各项目标任务落地生根、取得实效，水利部、环境保护部于 2016 年 12 月 10 日印发了《贯彻落实〈关于全面推行河长制的意见〉实施方案》（以下简称《方案》），为各地在全面推行河长制工作中提供参考。《方案》强调《意见》是加强河湖管理保护的纲领性文件，各地要深刻认识全面推行河长制的重要性和紧迫性，切实增强使命感和责任感，扎实做好全面推行河长制工作，做到工作方案到位、组织体系和责任落实到位、相关制度和政策措施到位、监督检查和考核评估到位，确保到 2018 年年底前，全面建立省、市、县、乡四级河长体系，为维护河湖健康生命、实现河湖功能永续利用提供制度保障。

同时水利部还成立了推进河长制工作领导小组，建立部领导牵头、司局包省、流域机构包片的督导检查机制，2017 年 3 月中上旬派出 16 个组完成第一次督导检查。从督导情况看，各地党政主要领导高度重视，及时部署，31 个省、自治区、直辖市和新疆生产建设兵团工作方案已经全部编制完成。

《方案》包括四部分 16 条内容。四部分分别是总体要求、制定工作方案、落实工作要求和强化保障措施。

第一节 制 定 工 作 方 案

《方案》要求各地要抓紧编制工作方案，细化工作目标、主要任务、组织形式、监督考核、保障措施，明确时间表、路线图和阶段性目标。重点做好以下工作：确定河湖分级名录、明确河长制办公室、细化实化主要任务、强化分类指导、明确工作进度。

一、确定河湖分级名录

《方案》要求"根据河湖的自然属性、跨行政区域情况，以及对经济社会发展、生态环境影响的重要性等，各省（自治区、直辖市）要抓紧提出需由省级负责同志担任河长的主要河湖名录，督促指导各市、县尽快提出需由市、县、乡级领导分级担任河长的河湖名录。大江大河、中央直管河道流经各省（自治区、直辖市）的河段，也要分级分段设立河长"。

目前各地主要是根据河道的性质分别确定省级、市级、县级、乡镇级、村级河长。全省跨市的水系干流河段，分别由省领导担任河长，省相关部门为联系部门，流域所经市、县（市、区）政府为责任主体。市、县（市、区）党委、人大常委会、政府、政协的主要负责人和相关负责人担任辖区内河道的河长，同时明确联系部门和责任主体。县（市、区）在确定乡（镇）级河长的同时，也可根据河道实际，确定村级河长或河道管理专职协管员。河长名单要通过当地主要新闻媒体向社会公布，在河岸显要位置设立河长公示牌，标明河长职责、整治目标和监督电话等内容，接受社会监督。各级河长名单要报上级河长制办公室备案。

二、明确河长制办公室

《方案》要求"抓紧提出河长制办公室设置方案，明确牵头单位和组成部门，搭建工作平台，建立工作机制"。

各地河长制办公室设置不完全相同，有的设在政府办公厅，有的设在水利厅，有的设在环保厅，各具特色。

（1）江苏省。

省级河长制办公室设在省水利厅，承担全省河长制工作日常事务。省级河长制办公室主任由省水利厅主要负责同志担任，副主任由省水利厅、省环境保护厅、省住房城乡建设厅分管负责同志担任，领导小组成员单位各1名处级干部作为联络员。各地根据实际，设立本级河长制办公室，负责组织推进本行政区域内的河长制实施工作。

江苏省河长制办公室负责组织制定河长制管理制度；承担河长制日常工作，交办、督办河长确定的事项；分解下达年度工作任务，组织对下一级行政区域河长制工作进行检查、考核和评价；全面掌握辖区河湖管理状况，负责河长制信息平台建设；开展河湖保护宣传。

（2）重庆市。

市、区县河长办公室设置在同级水行政主管部门。

市河长办公室主任由市水利局主要负责同志担任。市水利局、市环保局、市委组织部、市委宣传部、市发展改革委、市财政局、市经济信息委、市教委、市城乡建委、市交委、市农委、市公安局、市监察局、市国土房管局、市规划局、市市政委、市卫生计生委、市审计局、市移民局、市林业局、团市委、重庆海事局等为河长制市级责任单位，各确定1名负责人为责任人、1名处级干部为联络人，联络人为市河长办公室组成人员，所确定人员相对固定（原则在一个考核年度以上），以保证工作连续性。

市河长办承担河长制组织实施具体工作，制定河长制管理制度，承办市级河长会议，落实河长确定的事项；拟订并分解河长制年度目标任务，监督落实并组织考核，督办群众举报案件。

（3）湖南省。

省委、省人民政府成立河长制工作委员会（简称省河长制委员会），委员会由总河长、副总河长及委员组成，在省委、省人民政府领导下开展工作；省委副书记、省人民政府省长担任总河长，省委常委、省人民政府常务副省长及分管水利的副省长担任副总河长；省领导分别担任湘江、资水、沅水、澧水干流和洞庭湖（含长江湖南段）省级河长。省河长制委员会成员由省委组织部、省委宣传部、省发改委、省科技厅、省经信委、省公安厅、省财政厅、省人力资源社会保障厅、省国土资源厅、省环保厅、省住房城乡建设厅、省交通运输厅、省水利厅、省农委、省林业厅、省卫生计生委、省审计厅、省国资委、省工商局、省政府法制办、省电力公司等单位主要负责人和各市州河长组成。省河长制委员会办公室（简称省河长办）设在省水利厅，办公室主任由副省长兼任。

各市州、县市区设置相应的河长制工作委员会和河长制办公室。各市州、县市区、乡镇（街道）党委或政府主要负责人担任该行政区域内河长，同级负责人担任相应河流河段河长。

河长制工作委员会职责：研究制定相关制度和办法，审核年度工作计划，组织协调相关综合规划和专业规划的制定与实施，协调处理部门之间、地区之间的重大争议，组织开展综合考核工作，统筹协调其他重大事项。

河长办职责：承担河长制组织实施具体工作，落实河长确定的事项。

（4）浙江省。

省河长制办公室与省"五水共治"工作领导小组办公室合署。办公室主任和常务副主任由省"五水共治"工作领导小组办公室的主任和常务副主任兼任，省农办、省水利厅主要负责人及省发改委、省经信委、省建设厅、省财政厅、省农业厅等单位1名负责人兼任副主任，省水利厅、省环保厅各抽调1名副厅级干部担任专职副主任。办公室成员单位为：省委办公厅、省政府办公厅、省委组织部、省委宣传部、省委政法委、省农办、省发展改革委、省经信委、省科技厅、省公安厅、省司法厅、省财政厅、省国土资源厅、省环保厅、省建设厅、省交通运输厅、省水利厅、省农业厅、省林业厅、省卫生计生委、省地税局、省统计局、省海洋与渔业局、省旅游局、省法制办、浙江海事局、省气象局等。

省河长制办公室下设六个工作组，分别为综合组、一组、二组、三组、宣传组、督查组，由各成员单位根据工作需要定期选派处级干部担任组长，定期选派业务骨干到省河长制办公室挂职，挂职时间2年。省委组织部可根据需要从各市选调干部到省河长制办公室挂职。

省河长制办公室职责：统筹协调全省治水工作。负责省级河长制组织实施的具体工作，制定河长制工作有关制度，监督河长制各项任务的落实，组织开展各级河长制考核。河长制办公室实行集中办公，定期召开成员单位联席会议，研究解决重大问题。

（5）安徽省。

省级河长制办公室设在省水利厅，省水利厅主要负责同志任办公室主任，省环保厅明确1名负责同志任第一副主任，省水利厅分管负责同志任副主任，业务协同单位联络员为河长制办公室成员。各市、县（市、区）应结合当地实际，设立河长制办公室。

（6）贵州省。

省、市（自治州）、县（市、区）设立河长制办公室。省级河长制办公室设在省水利厅，办公室主任由省水利厅厅长兼任；省水利厅、省环境保护厅各明确一名副厅长担任副主任，承担河长制日常事务工作，组织推进河长制各项工作任务落实。市（自治州）、县（市、区）参照省级设立河长制办公室，配强工作力量，专门承担本行政区域的河长制日常事务。

（7）海南省。

省、地级市、县（市、区）设置河长制办公室，由水务行政主管部门会同环境保护部门牵头组建。省级河长制办公室设在省水务厅，成员单位由省水务厅、省生态环保厅、省委宣传部、省发展改革委、省旅游委、省农业厅、省工业和信息化厅、省财政厅、省卫生计生委、省公安厅、省国土资源厅、省住房城乡建设厅、省交通运输厅、省海洋渔业厅、省林业厅、省统计局、省法制办等单位组成。办公室主任由省水务厅厅长兼任，副主任由省生态环保厅、省水务厅各有 1 名分管副厅长兼任。

（8）四川省。

四川省实行省全面落实河长制工作领导小组领导下的总河长负责制，省委书记担任领导小组组长，省长担任总河长。省内沱江、岷江、涪江、嘉陵江、渠江、雅砻江、青衣江、长江（金沙江）、大渡河、安宁河 10 大主要河流实行双河长制。

总河长设办公室，主任由省政府分管水利工作的副省长兼任，副主任由省政府有关副秘书长及水利厅、环境保护厅主要负责同志兼任，省直有关部门主要负责同志为成员，实行河长联络员单位制度。省总河长办公室职责：研究制定河长制省级工作方案、工作制度、运行机制、考核办法和河长制工作职责及分工；审议全省 10 大主要河流"一河一策"管理保护方案；研究制定省级河长制工作年度计划；研究全省河长制工作重大事项；贯彻落实省全面落实河长制工作领导小组、省总河长会议确定的事项；统筹全省推进河长制工作的组织、协调、督察和考核；指导省河长制办公室开展工作，组织、协调、督促省直有关部门完成职责范围内的工作。

省河长制办公室设在水利厅。省河长制办公室职责：承担省总河长办公室日常工作，负责河长制组织实施具体工作，协调、督促、落实领导小组、总河长、河长会议确定的事项；拟制省级工作方案、相关制度及考核办法，指导各地、各有关部门（单位）制定工作方案、明确工作目标任务，督导市、县、乡级同步全面落实河长制相关工作；统筹制定（修订）省级河湖一河一策管理保护方案及河长制验收和工作考核方案；督促省直有关部门按职能职责落实责任，密切配合，协调联动，共同推进河湖管理保护工作。

三、细化实化主要任务

《方案》要求"围绕《意见》提出的水资源保护、水域岸线管理保护、水污染防治、水环境治理、水生态修复、执法监管等任务，结合当地实际，统筹经济社会发展和生态环境保护要求，处理好河湖管理保护与开发利用的关系，细化实化工作任务，提高方案的针对性、可操作性"。

结合各地出台河长制实施方案，主要任务包括以下内容。

（1）加强水资源保护。落实"用水总量控制、用水效率控制、水功能区限制纳污和水资源管理责任与考核""四项制度"和严守水资源开发利用、用水效率和水功能区限制纳污"三条红线"，健全控制指标体系，加强监督考核。进一步落实水资源论证、取水许可和有偿使用制度，积极探索水权制度改革，推进水权交易试点。加快水资源管理系统和监测系统建设，探索建立区域水资源、水环境承载能力监测评价体系。严格入河道排污口的监督管理，开展入河道排污口调查，核定水功能区的纳污能力，明确功能区的允许纳污总量。全面推进节水型社会建设，加强工业、城镇、农业节水。

（2）加强河湖水域岸线管理保护。统筹协调推进经济社会发展与生态环境保护，处理好河湖管理保护与开发利用关系，科学编制重要河湖岸线保护和利用规划，划定岸线保护区、保留区、限制开发区、开发利用区，严格空间用途管制。加强农村河道清淤疏浚、环境整治。加强河湖日常管理，严格涉河建设项目活动监管，严禁以各种名义侵占河道和围垦湖泊、非法采砂，对河湖非法障碍开展清理整治，恢复河湖水域岸线的生态功能。

（3）加强水污染防治。针对河湖水污染存在的突出问题，分类施策、分类整治。对生态良好的河湖，着力强化保护措施，特别要加大源头区、水源涵养区、生态敏感区和饮用水水源地保护力度；对水污染严重、水生态恶化的河湖，提高岸上、水上和点源、面源防污治污标准，实施系统治理，严格考核奖惩；对城市河湖水系，实施水系连通，持续开展"清河、洁水"行动，加大黑臭水体治理。加强排查入河湖污染源，严格治理工矿企业污染、城镇生活污染、畜禽养殖污染、水产养殖污染、农业面源污染，改善水环境质量。

（4）加强水环境治理。加快城乡水环境整治，实施农村清洁工程，大力推进生态镇、生态村和绿色小康村创建活动。构建自然生态河库，维护健康自然弯曲河库岸线。落实生产项目水土保持制度，加大水土流失综合治理和生态修复力度，推进生态清洁型小流域治理和基本口粮田建设，开展水生生物增殖放流，提高水生生物多样性和水体净化调节功能。加强河、库湿地修复与保护，维护湿地生态系统完整，开展河道沿岸绿化造林，改善河道生态环境。

强化水环境质量目标管理，按照水功能区确定各类水体的水质保护目标。切实保障饮用水水源安全，开展饮用水水源规范化建设，依法清理饮用水水源保护区内违法建筑和排污口。加强河湖水环境综合整治，推进水环境治理网格化和信息化建设，建立健全水环境风险评估排查、预警预报与响应机制。结合城市总体规划，因地制宜建设亲水生态岸线，加大黑臭水体治理力度，实现河湖环境整洁优美、水清岸绿。以生活污水处理、生活垃圾处理为重点，综合整治农村水环境，推进美丽乡村建设。

以市场化、专业化、社会化为方向，加快培育维修养护、河道保洁等市场主体，大力推进河湖管理，保护政府购买服务。

（5）加强水生态修复。重点推进地下水超采区、水源功能涵养区、河流源头区的河湖水生态修复和保护，禁止侵占自然河湖、湿地等水源涵养空间。依据规划稳步实施退耕还湖还河还湿，恢复河湖水系的自然连通，加强水生生物资源养护，提高水生生物多样性。开展河湖健康评估。积极推进建立生态保护补偿机制，加强水土流失预防监督和综合整治，建设生态清洁型小流域，维护河湖生态环境。

（6）加强执法监管。认真贯彻落实法律法规，建立健全部门联合执法机制，推进河湖管理保护行政执法与刑事司法有机衔接，严厉打击河湖违法行为。建立河湖日常监管巡查制度，实施河湖动态监管。

各地在编制河长制工作方案的过程中，结合实际，在六大任务的基础上有所改进和提升，例如，江苏省在实施的过程中增加了两项内容，成为八大任务，提出增加"推进河湖长效管护"和"提升河湖综合功能"两大任务。

推进河湖长效管护。明确河湖管护责任主体，落实管护机构、管护人员和管护经费，加强河湖工程巡查、观测、维护、养护、保洁，完成河湖管理范围划界确权，保障河湖工程安全，提高工程完好率。推动河湖空间动态监管，建立河湖网格化管理模式，强化河湖日常监管巡查，充分利用遥感等信息化技术，动态监测河湖资源开发利用状况，提高河湖监管效率。开展河长制信息平台建设，为河湖管理保护提供支撑。

提升河湖综合功能。统筹推进河湖综合治理，保持河湖空间完整与功能完好，实现河湖防洪、除涝、供水、航运、生态等设计功能。根据规划安排，推进流域性河湖防洪与跨流域调水工程建设；实施区域骨干河道综合治理，构建格局合理、功能完备、标准较高的区域骨干河网；推进河湖水系连通工程建设，改善水体流动条件；加固病险堤防、闸站、水库，提高工程安全保障程度。

贵州省河长制工作方案中提出 11 大任务，分别是：①统筹河湖管理保护规划；②落实最严格水资源管理制度；③加强江河源头、水源涵养区和饮用水源地保护；④加强水体污染综合防治；⑤强化水环境综合治理；⑥推进河湖生态保护与修复；⑦加强水域岸线及挖砂采石管理；⑧完善河湖管理保护法规及制度；⑨加强行政监管与执法；⑩加强河湖日常巡查和保洁；⑪加强信息平台建设。

把加强信息平台建设作为一个任务单独提出来，在全国河长制工作方案中独此一家。其内容是：建立全省河湖大数据管理信息系统，逐步实现信息上传、任务派遣、督办考核数字化管理。利用遥感、GPS 等技术，对重点河湖、水域岸线、区域水土流失等进行动态监测，实现基础数据、涉河工程、水域岸线管理、水质监测等信息化、系统化。建立"河长"即时通信平台，将日常巡查、问题督办、情况通报、责任落实等纳入信息化、一体化管理，及时发布河湖管理保护信息，接受社会监督。

辽宁省把六大任务纳入第五部分部门职责之中。根据《意见》要求和省政府 2015 年印发的《辽宁省水污染防治工作方案》及政府部门"三定"职责等确定各部门具体职责。如加强水资源保护水利部门 6 条职责，环保部门 2 条职责，阐述的非常清晰，可操作。

辽宁省河长制工作方案（摘编）

（一）加强水资源保护。

1. 水利部门主要职责。

（1）落实最严格的水资源管理制度，严守水资源开发利用控制、用水效率控制、水功能区限制纳污三条红线，强化地方各级政府责任，严格考核评估和监督。

（2）加强水功能区动态监测，建立动态调整机制，以不达标水功能区作为水污染防治的重点，强化监督管理和用途管制。

（3）实行水资源消耗总量和强度双控行动，确定重点跨界河流水量分配方案，研究保障枯水期主要河流生态基流，防止不合理新增取水，切实做到以水定需、量水而行、因水制宜。

（4）坚持节水优先，全面提高用水效率，水资源短缺地区、生态脆弱地区要严格限制发展高耗水项目，加快实施农业、工业和城乡节水技术改造，坚决遏制用水浪费现象。

（5）继续实行区域地下水禁采、限采制度，对地下水保护区、城市公共管网覆盖区、水库等地表水能够供水的区域和无防止地下水污染措施的地区，停止批建新的地下水取水工程，不再新增地下水取水指标。

（6）建立健全水资源承载能力监测评价体系，实行承载能力监测预警，对超过承载能力的地区实施有针对性的管控措施。

---

2. 环保部门主要职责。

　　（7）建立健全水环境承载能力监测评价体系，实行承载能力监测预警，对超过承载能力的地区实施水污染物削减方案。

　　（8）建立重点排污口、行政区域跨界断面水质监测体系。

四、强化分类指导

　　《方案》要求"坚持问题导向，因地制宜，着力解决河湖管理保护突出问题。对江河湖泊，要强化水功能区管理，突出保护措施，特别要加大江河源头区、水源涵养区、生态敏感区和饮用水水源地保护力度，对水污染严重、水生态恶化的河湖要加强水污染治理、节水减排、生态保护与修复等。对城市河湖，要处理好开发利用与保护的关系，维护水系完整性和生态良好，加大黑臭水体治理；对农村河道，要加强清淤疏浚、环境整治和水系连通。要划定河湖管理范围，加强水域岸线管理和保护，严格涉河建设项目和活动监管，严禁侵占水域空间，整治乱占滥用、非法养殖、非法采砂等违法违规活动"。

　　如何理解河长制《意见》中坚持问题导向、因地制宜的原则呢？我国河湖众多，根据2013年第一次全国水利普查成果，流域面积在 $50km^2$ 以上的河流共45203条；常年水面面积在 $1km^2$ 及以上的天然湖泊2865个。31个省的河湖数量悬殊，如西藏的河湖数量分别为6418条、808个，而福建的河湖数量分别为740条、1个。因此，各地在全面推行河长制时要坚持"问题导向、因地制宜"的原则。对水污染严重、水生态恶化的河湖要截污纳管，源头控制与过程控制和末端治理相结合；对城市河湖，要处理好开发利用与保护的关系，维护水系的完整性和生态良好，加大黑臭水体治理，给居民提供水清岸绿的休闲环境；对农村河道，要加强清淤疏浚、环境整治和水系连通，加大垃圾处理和农村污水的资源化利用。

五、明确工作进度

　　《方案》要求"各省（自治区、直辖市）要抓紧制定出台工作方案，并指导、督促所辖市、县出台工作方案。其中，北京、天津、江苏、浙江、安徽、福建、江西、海南等已在全省（直辖市）范围内实施河长制的地区，要尽快按《意见》要求修（制）订工作方案，2017年6月底前出台省级工作方案，力争2017年年底前制定出台相关制度及考核办法，全面建立河长制。其他省（自治区、直辖市）要在2017年年底前出台省级工作方案，力争2018年6月底前制定出台相关制度及考核办法，全面建立河长制。"

第二节　落实工作要求

　　《方案》要求建立健全河长制工作机制，落实各项工作措施，确保《意见》顺利实施。

一、完善工作机制

　　《方案》要求"各地要建立河长会议制度，协调解决河湖管理保护中的重点、难点问题。建立信息共享制度，定期通报河湖管理保护情况，及时跟踪河长制实施进展。建立工作督察制度，对河长制实施情况和河长履职情况进行督察。建立考核问责与激励机制，对成绩突出的河长及责任单位进行表彰奖励，对失职失责的要严肃问责。建立验收制度，按照工作方案确定的时间节点，及时对建立河长制进行验收"。

2015 年年底，江西省率先在全省全境实施河长制。近两年来，在河长制体系构建、制度建设、专项整治、宣传引导等基础性工作开展的扎实有效，被水利部多次点赞，并作为典型在全国范围内予以推介，20 多个省份的工作人员先后到江西省学习考察。2017 年 8 月，中央正式批复同意江西设立河长制工作表彰项目，江西省成为全国首个设立河长制表彰项目的省份。该表彰项目的主持单位是省政府，周期为 3 年，表彰名额为先进集体 15 个、优秀河长 60 名。

二、明确工作人员

《方案》要求"明确河长制办公室相关工作人员，落实河湖管理保护、执法监督责任主体、人员、设备和经费，满足日常工作需要。以市场化、专业化、社会化为方向，加快培育环境治理、维修养护、河道保洁等市场主体"。

有的省级河长办配备了较多的人员，如浙江省河长办（五水共治办）下设 7 个处室，分别为综合处、技术 1~4 处、监督处和宣传处，工作人员共计 40 多人，而有的省级河长办仅 2~3 人，相差悬殊。总的来说，各地进展情况无论是从人员配备上，还是在河湖河长制工作经费落实上，甚至河长制工作技术支撑上都很不平衡。

三、强化监督检查

《方案》要求"各地要对照《意见》以及工作方案，检查督促工作进展情况、任务落实情况，自觉接受社会和群众监督。水利部、环境保护部将定期对各地河长制实施情况开展专项督导检查"。

关于监督工作可以从以下六个方面开展：

（1）行政机构监督机制建设，从单纯的自上而下监督转变为自上而下、自下而上、平行监督三者有机结合，实现对行政部门水环境治理生态责任全方位的监督。

（2）通过人大监督政府生态责任履行情况，也就是人大的法律监督和工作监督。人大的法律监督是指人大监督政府对水环境法律法规的执行情况；人大的工作监督是指人大监督政府在工作中执行国家权力机关决定决议的情况。

（3）通过司法机关和检察机关监督。司法机关和检察机关对于政府在水环境治理中的违法案件进行处理，依法追究政府工作人员的治水责任。

（4）中国共产党的监督。中国共产党作为执政党，可以通过党纪、党章等来监督政府官员的生态行为。

（5）政协监督。政协可以通过参加政府机构组织的各种水环境治理会议，提出治理水环境的建设性意见，并通过建议、批评等方式对国家机关及其工作人员的生态治理工作进行监督。

（6）通过公众舆论及大众传媒来监督。这种监督没有强制效力，应建立系统全面的举报制度，积极鼓励民众举报水污染事件，同时借助各类媒体及时曝光各种破坏水环境的事件，督促政府部门积极践行生态责任。

四、严格考核问责

《方案》指出"各地要加强对全面推行河长制工作的监督考核，严格责任追究，确保各项目标任务有效落实。水利部将把全面推行河长制工作纳入最严格水资源管理制度考核中，环境保护部将把全面推行河长制工作纳入水污染防治行动计划实施情况考核中。

2017年11月，水利部、环保部联合印发了《全面建立河长制工作中期评估技术大纲》（办建管函〔2017〕1416号），该大纲包括六个部分及一个附表和一个附件。六个部分分别是评估背景、评估依据、技术要求、评估指标与赋分说明、评估基础信息统计、组织实施。一个附表是中期评估基础信息表，一个附件是中期自评估报告编写提纲。其中技术要求中的评估思路是：围绕"四个到位"和相关工作目标任务，采取"自评估、第三方评估"相结合的方式，以省份为评估单元，进行中期评估，提出评估意见；评估方法采用定性与定量相结合的方法，以定量评估为主。

制定河长制考核办法，建立由各级总河长牵头、河长制办公室具体组织、相关部门共同参加、第三方监测评估的绩效考核体系，实行财政补助资金与考核结果挂钩，根据不同河湖存在的主要问题实行河湖差异化绩效评价考核。省级每年对各区、市河长制工作情况进行考核，考核结果报送省委、省政府，通报省委组织部，并向社会公布，作为地方党政领导干部综合考核评价的重要依据。实行生态环境损害责任终身追究制，对造成生态环境损害的，严格按照有关规定追究相关人员责任。

五、加强经验总结推广

《方案》指出"鼓励基层大胆探索，勇于创新。积极开展推行河长制情况的跟踪调研，不断提炼和推广好做法、好经验、好举措、好政策，逐步完善河长制的体制机制。水利部、环境保护部将组织开展多种形式的经验交流，促进各地相互学习借鉴"。

2017年6月12—13日，水利部在南京市举办河长制工作专题培训班，山东淄博市水利与渔业局、四川乐山市井研县河长办、云南大理州水务局负责人介绍了河长制工作实践和经验。从2017年8月开始，水利部每月下旬召开一次全国河长制工作月推进视频会议，会上安排相关省、市、县作典型交流发言，五次视频会上安排了江苏、福建、四川、宁夏、浙江、江西、云南、河北、内蒙古、黑龙江、山东、河南、湖北、湖南、青海、吉林、安徽、海南18个省（自治区）做了交流发言。

2018年1月26日，水利部等10部委联合召开视频会议，共同推动实施湖长制工作，通报全面推行河长制工作进展情况，部署进一步实施湖长制各项工作。会上，北京市、湖北省、广东省、四川省和陕西省西安市、黑龙江省大庆市、浙江省绍兴市、湖南省娄底市、福建省大田县做了交流发言。这些交流发言起到了典型引路、示范推广的效应。

六、加强信息公开和信息报送

《方案》指出"各地要通过主要媒体向社会公告河长名单，在河湖岸边显著位置竖立河长公示牌，标明河长职责、管护目标、监督电话等内容。各地要建立全面推行河长制的信息报送制度，动态跟踪进展情况。自2017年1月起，各省（自治区、直辖市）河长制办公室（或党委、政府确定的牵头部门）每两个月将贯彻落实进展情况报送水利部及环境保护部，第一次报送时间为1月10日前；每年1月10日前将上一年年度总结报送水利部及环境保护部"。

各级河长、河段长可确定一个工作部门为牵头、联系单位，联系单位负责河长、河段长的联络、协调、督查等工作；各联系单位根据河长、河段长确定的事项，可直接向有关职能部门、责任单位发函联络、督办。承办单位要及时办理、答复；上下游地区河段长要加强沟通，建立定期会商制度，及时协调解决跨行政区的有关问题，协调有难度的及时向上级河长报告。

建设河长、河段长工作平台，通过建立易信网等方式，将日常巡查、问题督办、情况通报、责任追踪等工作信息化、一体化，每条流域的河长工作平台终端设在该流域河长联系单位或统一的共享平台，并延伸到各级河段长及联系单位。河长、河段长要组织以流域为单元建立河流档案、信息平台。

第三节　强化保障措施

一、加强组织领导

《方案》指出"各地要加强组织领导，明确责任分工，抓好工作落实。建立水利部会同环境保护部等相关部委参加的全面推行河长制工作部际协调机制，强化组织指导和监督检查，研究解决重大问题。水利部、环境保护部将与相关部门加强沟通协调，指导各地全面推行河长制工作"。

二、强化部门联动

《方案》指出"地方水利、环保部门要加强沟通，密切配合，共同推进河湖管理保护工作。要充分发挥水利、环保、发改、财政、国土、住建、交通、农业、卫生、林业等部门优势，协调联动，各司其职，加强对河长制实施的业务指导和技术指导。要加强部门联合执法，加大对涉河湖违法行为打击力度"。

河长制是以地方政府为责任主体，实行"属地管理、分级负责"，由各级政府领导担任流经辖区内河流的河长、河段长，构建"河长牵头、部门协作、分级管理、齐抓共管"的新型流域管理模式。各级河长、河段长每年定期、不定期召开专题会议或进行现场检查、暗访，发现问题，疏理问题，及时研究解决流域保护管理工作中的重大事项，及时协调解决遇到的困难和矛盾。发改、经信、公安、财政、国土、环保、住建、交通、农业、林业、水利、海洋渔业、规划、水文等部门要各尽其责，密切配合，认真履职，并及时向河长、河段长联系单位报送履行职责及督办事项完成情况。

浙江省河长制工作方案

浙江省河长制办公室与浙江省"五水共治"工作领导小组办公室合署。办公室主任和常务副主任由省"五水共治"工作领导小组办公室的主任和常务副主任兼任，省农办、省水利厅主要负责人及省发改委、省经信委、省建设厅、省财政厅、省农业厅等单位各有1名负责人兼任副主任，省水利厅、省环保厅各抽调1名副厅级干部担任专职副主任。

办公室成员单位为：省委办公厅、省政府办公厅、省委组织部、省委宣传部、省委政法委、省农办、省发展改革委、省经信委、省科技厅、省公安厅、省司法厅、省财政厅、省国土资源厅、省环保厅、省建设厅、省交通运输厅、省水利厅、省农业厅、省林业厅、省卫生计生委、省地税局、省统计局、省海洋与渔业局、省旅游局、省法制办、浙江海事局、省气象局等。

省河长制办公室下设六个工作组，分别为综合组、一组、二组、三组、宣传组、督查组，由各成员单位根据工作需要定期选派处级干部担任组长，定期选派业务骨干到省河长制办公室挂职，挂职时间2年。省委组织部可根据需要从各市选调干部到省河长制办公室挂职。

省河长制办公室：统筹协调全省治水工作。负责省级河长制组织实施的具体工作，制定河长制工作有关制度，监督河长制各项任务的落实，组织开展各级河长制考核。河长制办公室实行集中办公，定期召开成员单位联席会议，研究解决重大问题。

省委办公厅：负责协调全省河长制工作。

省政府办公厅：负责协调全省河长制工作。

省委组织部：负责动员组织领导干部下基层服务河长制工作，指导、协助河长履职情况考核。把河长履职考核情况列为干部年度考核述职内容，作为领导干部综合考核评价的重要依据。

省委宣传部：负责领导各级宣传部门加强河长制宣传，营造全社会全民治水、爱水、护水的氛围，发挥媒体舆论的监督作用。

省委政法委：负责协调河长制司法保障工作。

省农办：负责指导、监督美丽乡村建设和"千村示范、万村整治"工程建设，指导开展农村生活污水和生活垃圾处理工作。履行飞云江省级河长联系部门的职责，牵头制定飞云江流域河长制实施方案，协助河长做好年度述职工作。

省发展改革委：负责推进涉水保护管理有关的省重点项目，协调涉水保护管理相关的重点产业规划布局。履行苕溪省级河长联系部门的职责，牵头制定苕溪流域河长制实施方案，协助河长做好年度述职工作。省物价局督促指导推行居民阶梯水价、非居民差别化水价等制度的实施，完善工业污染处理费计收办法。

省经信委：负责推进工业企业去产能和优化产业结构，加强工业企业节水治污技术改造，协同处置水域保护管理有关问题。

省科技厅：指导治水新技术研究，组织科技专家下基层服务河长制工作。

省公安厅：协调、指导各地公安部门加强涉河涉水犯罪行为打击；推行"河道警长"制度，指导、协调、督促各地全面深化"河道警长"工作。

省司法厅：负责河长制法律服务和法治宣传教育工作。

省财政厅：根据现行资金管理办法，保障省级河长制工作经费，落实河长制相关项目补助资金，指导市县加强治水资金监管。

省国土资源厅：负责指导各地做好河流治理项目建设用地保障，监督指导地下水环境监测、矿产资源开发整治过程中地质环境保护和治理工作，协助做好河湖管理范围划界确权工作。省测绘与地理信息局负责省级河长制指挥用图的编制，提供河长制工作基础测绘成果，配合建设相关管理信息系统。

省环保厅：负责水污染防治的统一监督指导，负责组织实施跨设区市的水污染防治规划，监督实施国家和地方水污染物排放标准，加强涉水建设项目环境监管，开展涉水建设项目的调查执法和达标排放监督，组织实施全省地表水水环境质量监测。履行钱塘江省级河长联系部门的职责，牵头制定钱塘江流域河长制实施方案，协助河长做好年度述职工作。

省建设厅：负责城镇污水、垃圾处理的基础设施建设监督管理工作，负责指导城镇截污纳管、城镇污水处理厂和农村污水治理设施运维监管工作，会同相关部门加强城市黑臭水体整治，推进美丽乡村建设。履行瓯江省级河长联系部门的职责，牵头组织制定瓯江流域河长制实施方案，协助河长做好年度述职工作。

省交通运输厅：负责指导、监督航道整治、疏浚和水上运输船舶及港口码头污染防治。

省水利厅：负责水资源合理开发利用与管理保护的监督指导，协调实行最严格水资源管理制度，指导水利工程建设与运行管理、水域及其岸线的管理与保护、水政监察和水行政执法。履行曹娥江省级河长联系部门的职责，牵头组织制定曹娥江流域河长制实施方案，协助河长做好年度述职工作。

省农业厅：负责指导农业面源和畜禽养殖业污染防治工作。推进农业废弃物综合利用，加强畜禽养殖环节病死动物无害化处理监管。履行运河省级河长联系部门的职责，牵头制定运河流域河长制实施方案，协助河长做好年度述职工作。

省林业厅：负责指导、监督生态公益林保护和管理，指导、监督水土涵养林和水土保持林建设、河道沿岸的绿化造林和湿地保护修复工作。

省卫生计生委：负责指导、监督农村卫生改厕和饮用水卫生监测。

省地税局：负责落实治水节能减排相关企业税收减免政策。

省统计局：负责河长制相关社会调查工作，协助有关部门做好治水相关数据统计和发布工作。

省海洋与渔业局：负责水产养殖污染防治和渔业水环境质量监测，推进水生生物资源养护，依法查处开放水域使用畜禽排泄物、有机肥或化肥水养鱼和电毒炸鱼等违法行为。

省旅游局：负责指导、监督A级旅游景区内河道洁化、绿化和美化工作。协助做好水利风景区的创建工作。

省法制办：协调《浙江省河长制规定》等立法工作，为各级河长做好相关法律指导和服务。

浙江海事局：负责指导、监督出海河口水上运输船舶污染防治。

省气象局：负责气象预警、预报服务，协助相关部门开展水资源监测、预估。

三、统筹流域协调

《方案》指出"各地河湖管理保护工作要与流域规划相协调，强化规划约束。对跨行政区域的河湖要明晰管理责任，统筹上下游、左右岸，加强系统治理，实行联防联控。流域管理机构、区域环境保护督查机构要充分发挥协调、指导、监督、监测等作用"。

流域水污染防治规划是开展流域水环境保护的纲领性文件，是推进河长制各项工作落实的重要依据，也是河长制在水污染防治领域的核心任务。流域水污染防治规划是以江河湖泊水系为对象进行的优化生产力布局、加强环境治理与生态建设的规划。流域规划对流域范围内的经济社会和产业活动具有一定程度的约束和法律意义，也是我国开展流域水环境保护的纲领性文件。流域水污染防治规划从生态空间保护、治理任务落实、推进机制建立等角度为河长有序开展河湖生态环境保护提供方向指引，确保河湖治理的各项任务是在加强流域生态保护的前提和背景下开展。编制和组织实施不同尺度范围的流域水污染防治规划（方案）是各级河长加强流域保护的第一要务。

四、落实经费保障

《方案》指出"各地要积极落实河湖管理保护经费，引导社会资本参与，建立长效、稳定的河湖管理保护投入机制"。

黑臭河整治、污水处理设施建设、水生态修复等水环境治理工程势必要投入大量资金。各地区每年拿出一定比例的新增财力，专门用于河道综合治理和长效管理，建立资金专用账户。在加大财政投入的同时，积极拓宽资金筹措渠道：一是积极争取国家和上级投资；二是按照文件规定，严格落实水利发展基金；三是加大各级财政相应配套资金；四是按照"谁受益、谁投资"的原则，积极引导受益单位和受益群众筹措部分资金；五是积极鼓励沿河房地产开发商投资景观堤建设。在资金使用中，实行水行政主管部门与财政部门资金联合审核制度，进一步完善专项资金管理，确保资金安全。要建立水环境治理的专项资金账户，建立资金报批制度、资金规范运作制度、资金使用监管制度。财政部门及时将专项资金使用、考核、验收等情况，在政府网站和公示栏予以公示，便于公众监督。

五、加强宣传引导

《方案》指出"各地要做好全面推行河长制工作的宣传教育和舆论引导。根据工作节点要求，精心策划组织，充分利用报刊、广播、电视、网络、微信、微博、客户端等各种媒体和传播手段，特别是要注重运用群众喜闻乐见、易于接受的方式，深入释疑解惑，广泛宣传引导，不断增强公众对河湖保护的责任意识和参与意识，营造全社会关注河湖、保护河湖的良好氛围"。

全面推行河长制工作一年来，上下各级积极组织宣传工作。水利部网站建立了河长制专栏，绝大多数省水利厅也在各自网站建立河长制专栏；由水利环保专家策划倡议的"河长网"（http：//www.riverchief.com/）也已试运行；中国水利报开设"河长制专刊"；中国水利杂志设有"河长制专栏"；中国水利水电出版社编辑出版了科普绘画《河长治水锦囊》和方便实用的《河长巡河记事手册》等。各地在主要河湖岸边竖起"河长制牌子"。河海大学等高校成立河长制研究培训机构，组织对河长制工作人员及河长进行系统培训。河海大学、清华大学等校大学生利用暑假走出去，调研和宣传河长制工作。2017年3月，水利部河长办组织编制《河长制工作简报》第一期，供各地学习、交流、借鉴，2017年共计编写简报173期。

从某种意义上来说，水环境危机可以视为价值观危机，即人们生态伦理道德的缺失，所以政府要重视加大生态文明教育的步伐，培育公民的生态文明意识。一要重视运用宣传手段，充分利用传统媒介（广播、电视、报纸、杂志等）和新媒体（微博、微信、博客、数字等），多角度、全方位地广泛宣传各类水环境保护方面的知识，使公众深刻认识到水环境保护的必要性、重要性、迫切性，进而积极参与形式多样的水环境保护活动。二要将生态伦理知识教育贯穿于整个国民教育体系，"强化生态伦理教育，积极培植全民生态意识，强化生态文明意识启蒙和教育，成为内在推动绿色生态治理取得根本突破和质的飞跃的基础性工程"，以帮助民众在学习、生活抑或工作中养成环保的良好习惯。三要倡导"与经济发展水平、个人收入水平相一致"并且以节俭为主的适度消费，以及绿色消费（绿色消费是指以满足生态需要出发，以有益健康和保护生态环境为基本内涵，符合人的健康和环境保护标准的各种消费行为和消费方式的统称），以此来优化公民的生活方式、更新公民的生活消费观念，并最终建立与生态环境保护相一致的价值观体系。

第四章

"一河一档"基础信息

为全面推行河长制,做好相关工作的基础数据支撑,系统掌握各级河长信息和管理责任信息,动态了解掌握各级河流、湖泊现状和保护修复情况,按照中共中央办公厅 国务院办公厅《关于全面推行河长制的意见》(厅字〔2016〕42号)和水利部、环境保护部《贯彻落实〈关于全面推行河长制的意见〉实施方案》(水建管函〔2016〕449号)的要求,结合"一河一策"方案的要求,水利部水利水电规划总院特制定《河湖动态监控与"一河(湖)一档"台账建设方案》(以下简称《建设方案》),以明确河长制工作"一河一档"台账建设的目标、重点任务及相关工作的主要内容和技术要求。

第一节 目 的 与 意 义

河湖管理保护是一项复杂的系统工程,涉及上下游、左右岸、不同行政区域。为提高河湖管护成效,推动河长制信息共享,鼓励公众参与监督,促进河湖管护的长效化、信息化、透明化、智慧化,需要创新河湖管护模式。

"一河一档"台账建设是全面推行河长制,实现江河湖泊数字化、动态化、现代化管理的重要支撑,有利于掌握河湖管护治理进展,有利于编制"一河一策"保护修复方案,有利于开展河湖管护效果及河湖健康评价,有利于落实河湖管护责任。

第二节 目 标 与 任 务

一、总体目标

在梳理清楚河湖树状结构的基础上,全面掌握各级河长及河长办基本信息,系统掌握河湖基本信息及水资源、水环境、水生态等状况,明晰河湖管护目标责任及绩效考核结果,建立河湖动态监控与考核体系,为实现河湖数字化、动态化、现代化监管和实施差异化考核提供数据信息支撑。

二、主要任务

根据"一河一档"台账建设总体目标,本项工作的主要任务包括以下内容。

(1)建立河湖基础信息台账。

1)梳理完整的河湖树状结构体系。以第一次全国水利普查中的河湖普查成果为基础,对河湖水系成果进行补充修正,摸清全国河湖底数情况,梳理明晰全国河湖水系关系,建立起较为完整的河湖水系树状结构图。

2）建立完整的河湖基础信息。通过对各类普查成果、规划设计报告、实测数据等成果的梳理，建设包含河流流域面积、河流长度、湖泊水域面积等在内的自然状况、经济社会状况和涉水工程与管护情况的基础信息档案。

3）建立河湖管护职责体系与河长档案。根据全面推行河长制工作的要求和部署，基于河湖水系树状结构图，全面掌握河流湖泊省级、市级、县级、乡（镇）级河长及河长办基本档案，有条件的地区可以增加村级河长档案，建立河湖管护职责体系。

（2）建立河湖动态信息台账。通过对相关规划、公报、监测等数据成果的整理分析，建立水资源、水域岸线、水生态、水环境等信息台账，并定期更新相关信息，动态掌握河湖状况。

（3）建立河湖责任与考核台账。

1）建立河湖管护目标责任台账。基于已编制的"一河一策"保护修复方案，将河湖保护修复目标任务、主要措施、河长制责任清单等建立信息台账，并与各级河长建立对应关系，为河长绩效考核提供基础。

2）建立河湖绩效考核与监督执法台账。按照河长制考核管理办法，将逐项考核指标、考核结果、相应的河长信息等建立信息台账。根据河长制工作中执法监督实际情况，建立执法监督台账。

（4）建立河湖动态监控与考核体系。

将河湖生态空间及其资源环境的动态台账、河湖日常巡查情况与河湖保护修复目标责任台账要求进行对比，实现河湖保护修复的动态绩效评价，及时了解河湖保护修复中出现的新情况、新问题，实现河湖动态化管理。

"一河一档"台账建设主要任务示意图见图4-1。

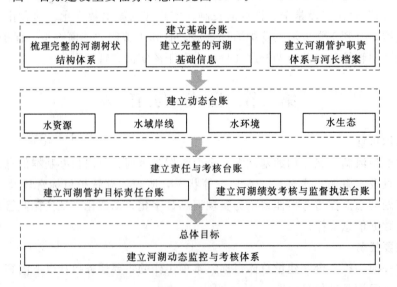

图4-1 "一河一档"台账建设主要任务

三、阶段目标

考虑到"一河一档"台账建设工作是一项复杂的任务，内容繁杂，工作量巨大，因此按照"先易后难，先静后动，先简后全，分区分级"的原则，结合河长制工作全面推进落实进程与河长制工作机制建立（河长信息填报）、"一河一策"方案编制、落实河湖治理管控行动、建立河长制绩效考核机制等工作进展，分阶段分步骤推进河湖动态监控"一河一档"台账建设。

各阶段主要任务如下：

（1）第一阶段（2017 年）：梳理完成流域面积 $50km^2$ 及以上河湖树状结构，建立全国省级、市级河长及河长办档案。

（2）第二阶段（2018 年）：梳理完成已设置河长的河湖树状结构，建立全国各级河长及河长办档案，建设完成河湖基础信息档案。

（3）第三阶段（2019 年）：建立河湖空间及资源环境信息动态台账，完成河湖管护目标责任台账，建立河湖绩效考核与监督执法台账。基本建立"一河一档"动态监控体系，实现河湖动态化监控。

第三节　"一河一档"台账框架体系

一、总体框架

"一河一档"台账主要包括河湖结构信息、河湖基本信息、动态台账、目标责任台账、绩效考核台账 5 类（详见图 4-2），其中：树状结构信息包括河湖树状结构、河长树状结构；基本信息包括河湖自然状况、河长及河长办档案、社会经济状况、涉水工程信息等；动态台账主要涉及全面推行河长制要求的任务，包括水资源动态台账、水域岸线动态台账、水环境动态台账、水生态动态台账等；目标责任台账包括"一河一策"重点的目标清单、措施清单、责任清单；绩效考核台账包括问题清单、绩效考核台账、监督执法台账等。

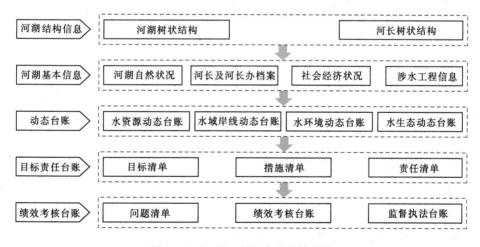

图 4-2　"一河一档"台账总体结构

二、台账结构

"一河一档"台账信息结构主要包括河湖自然状况、河长基本信息、经济社会情况、涉水工程信息、水资源动态台账、水域岸线动态台账、水环境动态台账、水生态动态台账、目标责任台账、绩效考核与监督执法台账 10 类，各类具体内容见图 4-3。

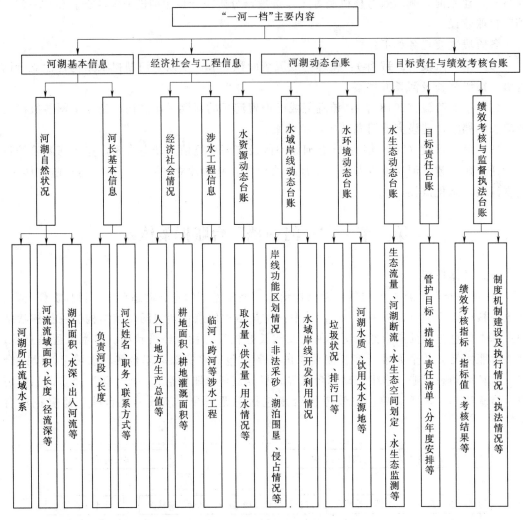

图 4-3 "一河一档"台账信息结构

三、台账数据来源与更新计划

（1）台账数据来源。

台账数据来源包括规划与普查数据、公报及统计数据、各级河长办补充调查数据、"一河一策"方案、相关系统接入数据、其他公开数据 6 类，见表 4-1。

（2）台账更新计划。

河湖水系树状结构与"一河一档"基础信息力争在 2018 年建成。

河湖动态信息台账、目标责任台账、绩效考核与执法监督台账自 2019 年起开始逐年更新，逐步实现与水资源监控管理系统、水利建设与管理信息系统等相关系统融合，逐步实现在线与遥感监测。

表 4-1

台 账 数 据 来 源

序号	数据来源	具体资料名称
1	规划与普查数据	水资源调查评价、相关水利规划、第一次全国水利普查、水污染普查、地理国情普查等
2	公报与统计数据	各级政府、相关部门的公报及统计年鉴等
3	各级河长办补充调查数据	各级河长办针对水域岸线侵占与开发利用、排污口、水质状况等开展补充调查的数据
4	"一河一策"方案	河湖及河段问题清单、目标清单、措施清单、责任清单等
5	相关系统接入数据	水资源监控管理系统、公安部门视频监控系统、环境保护部门信息化管理系统等
6	其他公开数据	公开版天地图数据、高精度遥感数据等

第四节 河湖树状结构梳理

一、梳理内容

（1）河流干支流关系与水流关系梳理。

1）对于一个水系干流不明确的情况，则遵照约定俗成或实际情况确定干流。

2）直接流入干流的河流称为一级支流，流入一级支流的河流称为二级支流，其余以此类推。

3）对于起着连通两条河流作用的河流，则以实际汇入河流作为其上级河流。

4）对于一条既有供水功能又有排涝功能的河流且水流方向不一致的河流，以排涝水汇入的河流作为其上级河流。

5）对于灌区的灌溉渠道，以其退水汇入河流作为其上级河流。

6）河流排列次序为先干流后支流，支流之间的顺序依据先上游后下游。

（2）湖泊归属与水流关系梳理。

湖泊的归属关系与流入或流出的河流一起进行梳理，对于湖泊流入或流出河流不明确的情况，则根据其地下水补给的情况综合确定。

二、梳理要求

以第一次河湖基本情况普查成果为基础，初步构建全国河流树状结构，并以中国河湖大典、相关流域防洪排涝规划、全国各级行政单位地图及中国主要江河水系要览等资料为依据对干支流关系、流域面积、河长、径流量、湖泊面积等河湖的重要基本属性进行校核和完善，并补充河湖普查成果中未统计和纳入河长制管理范围的河流。

第五节 河湖及河长基本信息

河湖及河长基本信息包括河湖自然状况、河长基本信息，该类型信息是开展河湖管护的基础或背景信息。

一、河湖自然状况

（1）主要填写内容。

河流自然状况填报已设置河长的河流名称、上级河流名称、河流长度、流域（汇水）面积、多年平均年径流深等河流基本特征。

湖泊自然状况填报已设置河长的湖泊名称、所在流域、水面面积、平均水深、入湖河流名称、出湖河流名称等湖泊基本特征。

（2）填写要求。

以第一次全国水利普查数据为基础，基于梳理完成的河湖树状结构成果填写河湖自然状况。对于在普查成果基础上新增的，或者与传统称呼、等级不一致的河流湖泊，要在备注栏中标明。

二、河长基本信息

（1）主要填写内容。

河长档案信息包括河流湖泊已设置乡（镇）级、县级、市级、省级河长姓名、职务、联系方式等信息，已设置村级河长的河湖要纳入填报范围，同时填报河段的名字、起止位置、河段长度等。

此外，还要填报各级河长办的基本信息，包括河长办主任的基本信息、牵头单位、联系人信息等。

（2）填写要求。

各级河长办根据河长设置情况，认真填报和复核河长负责河段的起讫断面、河段长度等基本情况，应保证同一条河流、同一个湖泊相同的起讫位置名称一致，某行政区境内河长管理的河流（湖泊）长度（面积）不应大于该河流在行政区内（湖泊）长度（面积）。河长联系方式可以填写本级河长办的联系方式。

第六节 经济社会与工程信息

一、经济社会情况

（1）主要填写内容。

经济社会状况填报内容主要包括常住人口、地方生产总值、耕地面积、耕地灌溉面积等。

（2）填写要求。

充分利用当年统计成果，以县级行政区为基本单元进行填写，对县级单元的数据要与省级行政区统计成果进行平衡协调。该项信息对于暂时填报有困难的地区，可以逐步完善填报。

二、涉水工程信息

（1）主要填写内容。

涉水工程信息主要填写临河工程、跨河工程等信息。其中：临河工程包括堤防、港口码头、取水口、排水口等；跨河工程包括水库/水电站、阻水建筑物等。

（2）填写要求。

以各行业统计年鉴以及各类普查数据为基础，认真复核工程基本信息，按要求填报。

第七节 河湖动态台账

河湖动态台账包括水资源动态台账、水域岸线动态台账、水环境动态台账、水生态动态台账,该类信息是直接体现河湖管护成效,是制定"一河一策"、绩效考核办法的基础。

一、水资源动态台账

(1)主要填写内容。

主要填写河长所管辖河段来水量,以及县级行政区内的取水量、供水量、用水量等情况。

(2)填写要求。

以省级、市级水资源公报为基础,并结合各省水资源综合规划等资料填写本省境内水资源动态台账,上级河长办要对下级河长办提交的水资源动态台账进行平衡协调。

二、水域岸线动态台账

(1)主要填写内容。

水域岸线状况主要填报水域岸线功能区划定、非法采砂、湖泊围垦、水域岸线开发利用情况(滨水景观、涉河工程、种植/养殖等)。

(2)填写要求。

根据岸线保护利用规划、河道确权划界等基本资料,填报水域岸线划定情况,同时通过实地查勘填报水域岸线侵占面积、河段等基本情况,组织相关部门填报景观、跨河工程等水域岸线开发利用状况。岸线开发利用率要小于100%。

三、水环境动态台账

(1)主要填写内容。

水环境动态台账主要填写垃圾情况、排污口状况、河流湖泊水质状况、集中式饮用水水源地保护情况、黑臭水体分布、水环境监测等。

(2)填写要求。

主要基于水资源公报、环境状况公报等公报数据进行填写,黑臭水体分布应当在实地查勘的基础上填写,并调查分析污染源。相关数据填写应当在统一协调不同部门数据后进行。

四、水生态动态台账

(1)主要填写内容。

水生态状况评估较难,主要填报易观测调查获得的、河长制工作中要求的要素,包括生态环境流量状况情况、水生态空间划定情况、断流情况、水生态监测等。

(2)填写要求。

对于生态流量信息,有条件的地区可以根据实际情况在已有断面数据基础上,加密控制断面。各地在实地查勘基础上填写断流状况。

第八节 目标责任与绩效考核台账

一、目标责任台账

(1)主要填写内容。

基于"一河一策"方案,将其中的目标任务、主要措施、责任清单、分年度目标及工作安排等作为管护目标责任台账。

(2)填写要求。

台账信息在"一河一策"方案编制完成后全部完成,目标任务、责任清单、分年度目标等信息应当与"一河一策"方案一致,而相关措施应填写主要方面。

二、绩效考核与监督执法台账

(1)主要填写内容。

根据河长绩效考核办法,将其中的绩效考核指标、河长考核各指标值、最终结果等作为绩效考核台账。

监督执法台账围绕河长制工作进展情况,主要填写河长制工作中的制度机制建设与执法整治情况,其中制度机制建设包括河长会议制度、信息共享制度、信息报送制度、工作督查制度、考核问责和激励制度、验收制度及各地根据实际建立的其他制度机制等的建设情况及执行情况。执法整治情况包括联合执法次数、违法行为处罚与整改情况。

(2)填写要求。

填写完成信息后应进行详细复核,确保填写的信息与考核办法确定的指标,以及考核结果完全一致。各地根据实际情况,选择适当指标进行考核,应当包括水资源保护、水域岸线管理保护、水环境治理、水生态保护、执法监管等方面的指标。

制度机制建设情况应填写清楚制度机制相关文件发布的名称、时间、文号等信息,制度机制执行情况与执法整治情况应定量和定性信息填写相结合。

第九节 组织方式与工作步骤

一、组织方式

采取"自上而下、自下而上"的方式,由水利部河长制工作领导小组办公室统一领导,组织全国河湖水系树状关系梳理,并下发到各省级河长办。由省级、市级、县级河长制办公室逐级组织填报"一河一档"相关信息,上一级河长制办公室负责组织下一级河长制办公室填报,并审核下级河长办上报的信息。县级河长办组织填报县级、乡(镇)级相关信息。填报基本单元为乡(镇)级河长负责河段,已设置村级河长的则以村级河长负责河段为基本单元,并汇总到省级河长办。省级河长办将"一河一档"相关信息报送水利部河长制工作领导小组办公室。

二、主要工作步骤

主要工作步骤见图4-4,具体内容如下。

(1)明确填报单位和分工。根据"一河一档"台账信息填报内容,各级河长办指定专门人员长期负责信息填报,并做好填报分工,明确各自职责和责任,形成长期较固定的填报模式。

(2)收集整理相关基础数据。各级河长办根据填报内容,收集整理涉及相关部门的数据,主要包括第一次水利普查、水资源公报、水资源综合规划、水资源保护规划、污染物普查、监测与统计结果等。

（3）数据合理性分析。填报人员对收集到的基础数据进行协调性、合理性分析，剔除其中错误的数据；对于数据由于统计口径不一致而存在的差异情况，要分析协调，统一标准填报。

（4）数据填写上报与更新。对填写完成的数据，要指定相关人员进行复核，然后上报到上级河长办进行质量审核，根据审核后的数据对以前的数据进行更新。

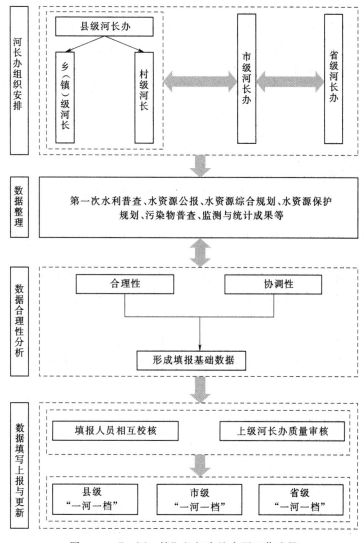

图 4-4 "一河一档"组织实施主要工作步骤

三、填报范围

填报范围为已设置河长的河流湖泊，包括省、市、县、乡（镇）4 级河长管辖的河湖，已设置村级河长的河湖也要纳入填报范围。

四、填报方式

"一河一档"相关信息台账将通过河湖动态监控与考核系统填写、上报、审核及更新。

第十节 "一河一档"实际案例

一、银川市河长制办公室关于加快"一河一档"编制工作的通知

各县(市)区河长办:

"一河一档"是编制"一河一策"治理方案和河长手册的基础工作。为了规范我市"一河一档"编制工作,推进"一河一策"工作进程,服务各级河长部署、落实、考核河湖管理保护工作,现就"一河一档"编制工作安排如下:

一、时间要求

市级河湖"一河一档"编制在 2017 年 10 月 16 日前完成,县级河湖"一河一档"编制在 2017 年 10 月 31 日前完成。

二、任务分工

(一)市级河湖

黄河银川段:由兴庆区、永宁县、贺兰县、灵武市河长办分别负责各自岸界段落编制工作。

艾依河银川段:由金凤区、西夏区、永宁县、贺兰县河长办分别负责各自境内段落编制工作。

永二干沟:由兴庆区、永宁县河长办分别负责各自境内段落编制工作。

银新干沟、第二排水沟:由兴庆区、贺兰县河长办分别负责各自境内段落编制工作。

桑园沟:由西夏区、金凤区河长办分别负责各自境内段落编制工作。

阅海、万家湖、华雁湖、七子连湖、宝湖、西湖沟:由金凤区河长办负责编制工作。

高家闸沟、芦花沟、西大沟、犀牛湖、开发区范围内水系:由西夏区河长办负责编制工作。

四二干沟:由贺兰县河长办负责编制工作。

水洞沟、兵沟:由滨河新区建设园林水务局负责编制工作。

绿博园湖:由金凤区河长办负责编制工作,银川市林业局(园林管理局)配合。

北塔湖:由兴庆区河长办负责编制工作,银川市林业局(园林管理局)配合。

鸣翠湖:由兴庆区河长办负责编制工作,鸣翠湖旅游公司配合。

(二)县级河湖

县级河湖按照属地管理原则,由本级河长办负责编制。

三、编制要求

(一)市级河湖"一河一档"编制采用统一文本格式,县级河湖"一河一档"建议采用此格式。

(二)河湖"一河一档"编制以 2017 年为现状年,河湖各项数据以 2017 年实测数据为准。

（三）"一河一档"编制应覆盖设立县级及以上河长的所有河流。对跨县（市）区的河湖由涉及县区完成各自境内段落编制工作。

（四）"一河一档"编制工作要在规定时间内完成，编制成果同时报银川市河长办备案。

银川市河长制办公室

二、社旗县河长制办公室关于加快建立河长制"一河一档"的通知

各乡镇（街道）党委（党工委）和人民政府（办事处），县河长制办公室成员单位：

全面推行河长制是中央部署的重大改革，是一项重要的政治任务。按照《社旗县全面推行河长制工作方案》要求，为进一步加快河长制工作进度，确保河长制工作高质量有序开展，从细从实加快建立"一河一档"固定档案，现将有关要求通知如下：

一、"一河一档"主要内容

（一）河流（水库）概况

1. 河流名称（采用水利普查数据）。

2. 河道编号（采用水利普查数据）。

3. 河道等级（采用水利普查数据）。

4. 境内所有河流起止点；××河总干流长度；（××河干流流经××县的长度、流经××乡镇的长度）；起止位置明确到村。

5. 河道比降。

6. 积雨面积（境内集雨面积和特征断面集雨面积）。

7. 水文资料（历年特征水位、流量、降雨量，最大值、最小值等）。

8. 沿河两岸（库区）所有乡镇、行政村数量、人口数量、基本经济社会情况等。

9. 两岸沿河排污口、取水口数量及位置、沿河畜禽养殖场和水产网箱养殖数量及位置，采砂场数量及位置，涉河建筑物（拦河坝、水电站、码头）基本情况、数量及位置。

10. 水质情况。

（二）问题清单

在全面开展河库管理调查摸底的基础上，结合经济社会发展需求，分行业、分区域全面排查影响河库健康的问题，主要包括：

1. 水质方面（黑臭水体、污水直排情况）。

2. 截污方面（排污口监管、污水管网铺设、乡镇污水处理设施建设等）。

3. 畜禽养殖（规模化养殖场规范生产情况）。

4. 工业企业污染情况（污水集中处理设施、监测建设、污水处理厂建设等）。

5. 农业面源污染方面（农业专业化统防统治、废弃物资源化利用、减少化肥、农药新技术推广等）。

6. 河道综合治理方面（河道清淤、疏浚、河道生态修复、退耕还林还湿、常态化保洁等）。

7. 沿河垃圾治理。

（三）河道影像数据采集

各乡镇（街道）要对主要河流保留直观、完整影像资料，对有污染隐患急需处理的和治理好需要保持的河段进行事前拍照。档案中要加大影像资料的比例，针对每条河流情况，定期实地采集并及时更新河道影像数据（图片资料）。

（四）水系分布图

要标明水系分布和流向，出入境断面的位置和名称，功能区范围和类型；标出重要水利工程、环保基础设施；标出交通干线、行政区名称等。水系分布图要简洁明快、一目了然。

（五）河长及管护人员基本情况

河长姓名、职务、联系方式等。

河道警卫员、巡查员、保洁员的姓名、联系方式等。

二、具体要求

各乡镇（街道）要高度重视"一河一档"的建立，进行实地查勘，积极主动与有关单位进行对接，全面摸清河流概况、调查流域范围内各类污染源、两岸排污口、河道水质、各类环保基础设施，以及流域地理、水文和水环境等基本信息，确保数据真实可靠，为"一河一策"的制定打牢基础。

建立县级河长的 12 条河流及城区 2 条内河、10 座小型水库，由沿线各乡镇（街道）河长办负责建立本区域内的河流档案信息，务必于 10 月 31 日前报县河长办。

"一河一档"的建立要按照先建立、后完善的原则进行，全县"一河一档"的建立要在 10 月 31 日前全部完成。县河长办各有关成员单位要积极协助指导各乡镇（街道）"一河一档"的建立。

县河长办将不定期对各乡镇（街道）"一河一档"建立的情况进行通报，通报情况作为河长制验收的重要参考。

社旗县河长制办公室

第五章

"一河一策"编制指南

中共中央办公厅 国务院办公厅印发《关于全面推行河长制的意见》的通知（厅字〔2016〕42号，以下简称《意见》），要求立足不同地区、不同河湖实际，统筹上下游、左右岸，实行"一河一策""一湖一策"，解决好河湖管理保护的突出问题。

"一河（湖）一策"方案编制工作是全面落实推行河长制，加强河湖治理与保护的重要基础工作与不可或缺的重要环节。编制"一河（湖）一策"方案，有利于摸清河湖开发治理与保护现状、查找河湖存在的突出问题，有利于科学确定河湖治理与保护工作的目标和主要任务，有利于因地制宜提出水资源保护、河湖水域岸线管理保护、水污染防治、水环境治理、水生态修复等方面的措施和相应的执法监管对策。

第一节 概　　况

为明晰"一河（湖）一策"方案编制思路、范围和目标任务，规范方案编制流程和内容要求，水利部水利水电规划总院起草了"一河（湖）一策"方案编制指南，2017年9月7日，水利部办公厅正式印发《"一河（湖）一策"方案编制指南（试行）》。

该指南包括两大部分，即一般规定与方案框架，还有附件中的5张表。

一般规定部分包括8个小部分，即适用范围、编制原则、编制对象、编制主体、编制基础、方案内容、方案审定、实施周期。

方案框架部分包括6个内容，即综合说明、管理保护现状与存在问题、管理保护目标、管理保护任务、管理保护措施、保障措施。

附件中的5个表分别是××河湖（河段）管理保护问题清单、目标清单、目标分解表、任务清单、措施及责任清单。

此外，部分省市也结合河长制工作的实际情况，编制印发了相关的"一河（湖）一策"方案编制指南，供当地开展工作时参考。

延 伸 阅 读

2017年5月，太湖流域管理局印发《太湖流域片河长制"一河一策"编制指南（试行）》。

2017年5月，浙江省河长制办公室印发《浙江省河长制"一河（湖）一策"编制指南（试行）》。

2017年6月，安徽省全面推行河长制办公室印发《省级"一河（湖）一策"实施方案编制大纲（试行）》。

2017年6月，江苏省河长制工作办公室印发《江苏省河长制"一河一策"行动计划编制指南》。

2017年8月，广东省全面推行河长制工作领导小组办公室印发《广东省全面推行河长制"一河一策"实施方案（2017—2020年）编制指南（试行）》。

2017年11月，北京市河长制办公室印发《北京市河长制"一河一策"方案编制指南（试行）》。

第二节 目 标 任 务

一、工作目标

根据《意见》对加强水资源保护、河湖水域岸线管理保护、水污染防治、水环境治理、水生态修复和执法监管六大任务要求，针对各地河湖实际和存在的突出问题，通过"一河（湖）一策"方案编制，制定各级河湖及河段治理保护与监管的行动路线计划，以期实现以下目标。

（1）摸清河湖主要问题。从水资源、水域岸线、水环境和水生态等多个方面，根据维护河湖健康生命的要求，对治理与保护现状进行分析梳理，查清河湖治理与保护存在的主要问题及其原因。

（2）明确治理保护目标。根据相关规划和上位河湖治理保护方案的总体目标和控制性指标要求，分解落实河湖以及河段、支流治理保护目标和控制性指标，明确治理与保护的主要任务。

（3）制定行动路线计划。根据河湖治理保护目标与任务要求，从水资源保护、河湖水域岸线管理保护、水污染防治、水环境治理、水生态修复等方面，从治理和管控两方面，因地制宜提出河湖治理保护对策措施和实施计划，明确责任分工和进度要求。

二、主要任务

"一河（湖）一策"方案编制的主要工作任务是形成河湖治理保护的问题清单、目标清单、措施清单、责任清单，以及河段目标任务分解表和实施计划安排表。各地在编制具体河湖治理保护方案时，可结合当地河湖的自身特点和实际工作需要，对各类清单内容进行适当调整。

（1）摸清河湖治理保护现状与存在的问题。

充分利用河湖已有普查、规划和方案等成果，结合必要的补充调查分析，梳理河湖治理保护现状的基本情况，并针对水资源、河湖水域岸线、水污染、水环境和水生态等重点领域，分析梳理河湖治理保护存在的突出问题及产生的原因，提出问题清单。

（2）制定河段治理保护目标任务。

根据河湖相关涉水规划与方案成果，结合河湖及河段实际，以问题为导向，确定河湖治理保护目标，查找河湖治理保护现状情况与其目标要求的差距，明确河湖治理保护的主要任务，制定目标清单。按照河湖治理保护的整体性要求，结合河湖不同分段（分片）的特点和功能定位，分段确定各河段及支流入河口的治理保护目标任务与控制性指标和要求，形成河段目标清单和任务分解表。

（3）提出河湖治理与管控措施。

根据已确定的各项目标与任务，结合河湖治理保护的已有成果和成功经验，从治理和管控两方面入手，提出具有针对性、可操作性的治理保护措施，确定河湖不同分段（分片）各类禁止和限制的行为事项等负面清单内容，制定措施清单。根据各项措施的实施需要，按照部门业务领域特点与优势，结合河长制工作的部门联动、联合执法的总体要求，明确各项措施执行的牵头部门和配合部门，落实相关责任人与责任单位，制定责任清单。

（4）制定河段实施计划安排。

按照河湖治理保护的总体目标和分阶段目标，制定分河段的治理保护措施，细化分阶段实施计划、责任分工和实施安排等，理清需优先安排的措施项，制定实施计划安排表。

第三节　编制流程与技术路线

一、编制思路

方案编制工作要围绕以下四个层次展开。

（1）根据水资源、水生态、水环境等方面的特点和现状情况，以及水资源、水环境承载状况和河湖、河段的功能定位，结合已有规划和方案确定的相关成果内容，摸清河湖治理保护存在的主要问题，找准河湖各类问题产生的主要原因。

（2）针对河湖存在的突出问题，根据国家和流域区域总体要求，以及河湖治理保护的迫切需求，从维护河湖健康、保障水资源可持续利用、促进生态环境建设等方面，合理确定河湖治理保护总目标与六大任务的主要目标和控制性指标以及分阶段目标，明确河湖治理保护的主要任务。

（3）根据河湖治理保护目标任务，针对水资源保护、河湖水域岸线管理保护、水污染防治、水环境治理、水生态修复等方面，从治理和管控两方面入手，提出河湖治理保护的相关措施。

（4）按照河湖治理保护工作的紧迫性，确定治理保护措施的实施安排和分阶段计划，明确各级河长、河长办公室及有关部门的责任，分解各河段及支流的目标任务，形成实施计划安排表和河段目标任务分解表。

"一河（湖）一策"方案编制思路框图如图 5-1 所示。

二、工作流程

（1）明确编制单元。根据各省河湖名录及河湖水系树状结构关系，逐级梳理确定方案编制单元。

（2）确定编制主体和单位。根据已确定的编制单元，按照河湖的最高级河长设置和跨行政区情况，选定同级或上一级河长办公室作为编制主体，负责方案编制的组织工作，并由各级河长办公室确定具体编制单位。

（3）收集和整理基础资料。根据方案的编制单元和编制范围，收集和整理河湖基础资

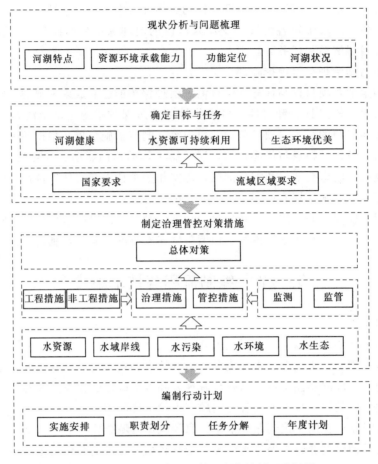

图 5-1 "一河(湖)一策"方案编制思路框图

料及相关涉水规划、方案成果。

(4)开展方案编制。根据已下达的编制任务要求,由各级河长牵头领导,同级河长办公室负责组织所辖河湖治理保护方案的编制。

(5)跨区方案协调。涉及跨地市、跨县方案的(指无更高一级河长的情况),由上一级河长办公室负责协调。

(6)成果审查与批复。由同级河长办公室负责组织方案的审查,审查通过后报总河长,获批准后执行。成果批复后,可结合各地实际情况对社会公布,接受社会监督。

三、技术路线

在系统收集整理河湖基础调查资料及相关规划成果的基础上,结合必要的现状调查补充分析,从水资源、水域岸线、水环境和水生态等多个方面,对河湖治理保护现状进行系统分析与评价,梳理河湖治理保护中存在的主要问题,查找问题产生的原因。

在对已有规划和上位方案中目标和指标进行分析的基础上,以问题为导向,围绕六大任务要求,通过分解相关规划和方案确定的河湖治理保护目标和指标,确定本河湖治理保护的总体目标和主要控制性指标。系统查找河湖现状与治理保护目标要求的差距,确定河湖治理保护的主要任务。

按照系统治理的要求，考虑需要和可能，因地制宜制定河湖保护治理与管控措施，落实责任分工与进度安排，分解各河段与支流管控目标与任务，制定行动路线与计划。

技术路线如图5-2所示。

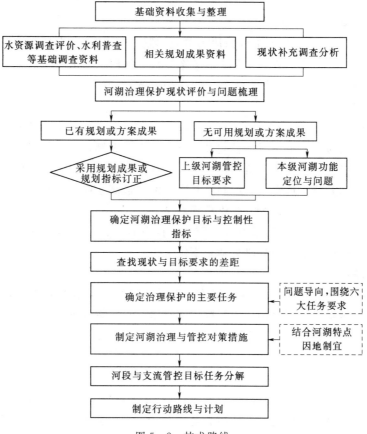

图5-2 技术路线

第四节 编制指南一般规定

一、适用范围

适用于指导设省级、市级河长的河湖编制"一河（湖）一策"方案。只设县级、乡级河长的河湖，"一河（湖）一策"方案编制可予以简化。

二、编制原则

（1）坚持问题导向。围绕《意见》提出的六大任务，梳理河湖管理保护存在的突出问题，因河（湖）施策，因地制宜设定目标任务，提出针对性强、易于操作的措施，切实解决影响河湖健康的突出问题。

（2）坚持统筹协调。目标任务要与相关规划、全面推行河长制工作方案相协调，妥善处理好水下与岸上、整体与局部、近期与远期、上下游、左右岸、干支流的目标任务关系，整体推进河湖管理保护。

（3）坚持分步实施。以近期目标为重点，合理分解年度目标任务，区分轻重缓急，分步实施。对于群众反映强烈的突出问题，要优先安排解决。

（4）坚持责任明晰。明确属地责任和部门分工，将目标、任务逐一落实到责任单位和责任人，做到可监测、可监督、可考核。

三、编制对象

"一河一策"方案以整条河流或河段为单元编制，"一湖一策"原则上以整个湖泊为单元编制。支流"一河一策"方案要与干流方案衔接，河段"一河一策"方案要与整条河流方案衔接，入湖河流"一河一策"方案要与湖泊方案衔接。

四、编制主体

"一河（湖）一策"方案由省、市、县级河长制办公室负责组织编制。最高层级河长由省级领导担任的河湖，由省级河长制办公室负责组织编制；最高层级河长由市级领导担任的河湖，由市级河长制办公室负责组织编制；最高层级河长由县级及以下领导担任的河湖，由县级河长制办公室负责组织编制。其中，河长最高层级为乡级领导的河湖，可根据实际情况采取打捆、片区组合等方式组织编制。

"一河（湖）一策"方案可采取自上而下、自下而上、上下结合等方式进行编制，上级河长确定的目标任务要分级分段分解至下级河长。

五、编制基础

编制"一河（湖）一策"，在梳理现有相关涉水规划成果的基础上，要先行开展河湖水资源保护、水域岸线管理保护、水污染、水环境、水生态等基本情况调查，开展河湖健康评估，摸清河湖管理保护中存在的主要问题及原因，以此作为确定河湖管理保护目标任务和措施的基础。

六、方案内容

"一河（湖）一策"方案内容包括综合说明、现状分析与存在的问题、管理保护目标、管理保护任务、管理保护措施、保障措施等。其中，要重点制定好问题清单、目标清单、任务清单、措施清单和责任清单，明确时间表和路线图。

（1）问题清单。针对水资源、水域岸线、水污染、水环境和水生态等领域，梳理河湖管理保护存在的突出问题及其原因，提出问题清单。

（2）目标清单。根据问题清单，结合河湖特点和功能定位，合理确定实施周期内可预期、可实现的河湖管理保护目标。

（3）任务清单。根据目标清单，因地制宜提出河湖管理保护的具体任务。

（4）措施清单。根据目标任务清单，细化分阶段实施计划，明确时间节点，提出具有针对性、可操作性的河湖管理保护措施。

（5）责任清单。明晰责任分工，将目标任务落实到责任单位和责任人。

七、方案审定

"一河（湖）一策"方案由河长制办公室报同级河长审定后实施。省级河长制办公室组织编制的"一河（湖）一策"方案应征求流域机构意见。对于市、县级河长制办公室组织编制的"一河（湖）一策"方案，若河湖涉及其他行政区的，应先报共同的上一级河长制办公室审核，统筹协调上下游、左右岸、干支流目标任务。

八、实施周期

"一河（湖）一策"方案实施周期原则上为2～3年。省级、市级的河湖，方案实施周期一般为3年；县级、乡级的河湖，方案实施周期一般为2年。

第五节　编制指南方案框架的综合说明

（1）编制依据。包括法律法规、政策文件、工作方案、相关规划、技术标准等。

（2）编制对象。根据"一般规定"中明确的编制对象要求，说明河湖名称、位置、范围等。其中，以整条河流（湖泊）为编制对象的，应简要说明河流湖泊的名称、地理位置、所属水系（或上级流域）、跨行政区域情况等。以河段为编制对象的，应说明河段所在河流名称、地理位置、所属水系等内容，并明确河段的起止断面位置（可采用经纬度坐标、桩号等）。

（3）编制范围。包括入河（湖）支流部分河段的，需要说明该支流河段起止断面位置。

（4）编制主体。根据"一般规定"中明确的编制主体要求，明确方案编制的组织单位和承担单位。

（5）实施周期。根据"一般规定"的有关要求明确方案的实施期限。

（6）河长组织体系。包括区域总河长、本级河湖河长和本级河长制办公室设置情况及主要职责等内容。

第六节　管理保护现状与存在问题

概要说明本级河长负责河湖（河段）的自然特征、资源开发利用状况等，重点说明河湖级别、地理位置、流域面积、长度（面积）、流经区域、水功能区划、河湖水质、涉河建筑物和设施等基本情况。

一、管理保护现状

说明水资源、水域岸线、水环境、水生态等方面保护和开发利用现状，概述河湖管理保护体制机制、河湖管理主体、监管主体、日常巡查、占用水域岸线补偿、生态保护补偿、水政执法等制度建设和落实情况，河湖管理队伍、执法队伍能力建设情况等。对于河湖基础资料不足的，可根据方案编制工作需要适当进行补充调查。其中包括以下内容。

（1）水资源保护利用现状。一般包括本地区最严格水资源管理制度落实情况，工业、农业、生活节水情况，河湖提供水源的高耗水项目情况，河湖取排水情况（取排水口数量、取排水口位置、取排水单位、取排水水量、供水对象等），水功能区划及水域纳污容量、限制排污总量情况，入河湖排污口数量、入河湖排污口位置、入河湖排污单位、入河湖排污量情况，河湖水源涵养区和饮用水水源地数量、规模、保护区划情况等。

（2）水域岸线管理保护现状。一般包括河湖管理范围划界情况、河湖生态空间划定情况、河湖水域岸线保护利用规划及分区管理情况，包括水工程在内的临河（湖）、跨河

69

（湖）、穿河（湖）等涉河建筑物及设施情况，围网养殖、航运、采砂、水上运动、旅游开发等河湖水域岸线利用情况，违法侵占河道、围垦湖泊、非法采砂等乱占滥用河湖水域岸线情况等。

（3）河湖污染源情况。一般包括河湖流域内工业、农业种植、畜禽养殖、居民聚集区污水处理设施等情况，水域内航运、水产养殖等情况，河湖水域岸线船舶港口情况等。

（4）水环境现状。一般包括河湖水质、水量情况，河湖水功能区水质达标情况，河湖水源地水质达标情况，河湖黑臭水体及劣Ⅴ类水体分布与范围等；河湖水文站点、水质监测断面布设和水质、水量监测频次情况等。

（5）水生态现状。一般包括河道生态基流情况，湖泊生态水位情况，河湖水体流通性情况，河湖水系连通性情况，河流流域内的水土保持情况，河湖水生生物多样性情况，河湖涉及的自然保护区、水源涵养区、江河源头区、生态敏感区的生态保护情况等。

二、存在问题分析

针对水资源保护、水域岸线管理保护、水污染、水环境、水生态存在的主要问题，分析问题产生的主要原因，提出问题清单。参考问题清单如下。

（1）水资源保护问题。一般包括本地区落实最严格水资源管理制度存在的问题，工业农业生活节水制度、节水设施建设滞后、用水效率低的问题，河湖水资源利用过度的问题，河湖水功能区尚未划定或者已划定但分区监管不严的问题，入河湖排污口监管不到位的问题，排污总量限制措施落实不严格的问题，饮水水源保护措施不到位的问题等。

（2）水域岸线管理保护问题。一般包括河湖管理范围尚未划定或范围不明确的问题，河湖生态空间未划定、管控制度未建立的问题，河湖水域岸线保护利用规划未编制、功能分区不明确或分区管理不严格的问题，未经批准或不按批准方案建设临河（湖）、跨河（湖）、穿河（湖）等涉河建筑物及设施的问题，涉河建设项目审批不规范、监管不到位的问题，有砂石资源的河湖未编制采砂管理规划、采砂许可不规范、采砂监管粗放的问题，违法违规开展水上运动和旅游项目、违法养殖、侵占河道、围垦湖泊、非法采砂等乱占滥用河湖水域岸线的问题，河湖堤防结构残缺、堤顶堤坡表面破损杂乱的问题等。

（3）水污染问题。一般包括工业废污水、畜禽养殖排泄物、生活污水直排偷排河湖的问题，农药、化肥等农业面源污染严重的问题，河湖水域岸线内畜禽养殖污染、水产养殖污染的问题，河湖水面污染性漂浮物的问题，航运污染、船舶港口污染的问题，入河湖排污口设置不合理的问题，电毒炸鱼的问题等。

（4）水环境问题。一般包括河湖水功能区、水源保护区水质保护粗放、水质不达标的问题，水源地保护区内存在违法建筑物和排污口的问题，工业垃圾、生产废料、生活垃圾等堆放河湖水域岸线的问题，河湖黑臭水体及劣Ⅴ类水体的问题等。

（5）水生态问题。一般包括河道生态基流不足、湖泊生态水位不达标的问题，河湖淤积萎缩的问题，河湖水系不连通、水体流通性差、富营养化的问题，河湖流域内水土流失问题，围湖造田、围河湖养殖的问题，河湖水生生物单一或生境破坏的问题，河湖涉及的自然保护区、水源涵养区、江河源头区、生态敏感区的生态保护粗放、生态恶化的问题等。

（6）执法监管问题。一般包括河湖管理保护执法队伍人员少、经费不足、装备差、力量弱的问题，区域内部门联合执法机制未形成的问题，执法手段软化、执法效力不强的问题，河湖日常巡查制度不健全、不落实的问题，涉河涉湖违法违规行为查处打击力度不够、震慑效果不明显的问题等。

第七节 管理保护目标与任务

一、管理保护目标

针对河湖存在的主要问题，依据国家相关规划，结合本地实际和可能达到的预期效果，合理提出"一河（湖）一策"方案实施周期内河湖管理保护的总体目标和年度目标清单。各地可选择、细化、调整下述供参考的总体目标清单。同时，本级河长负责的河湖（河段）管理保护目标要分解至下一级河长负责的河段（湖片），并制定目标任务分解表。

（1）水资源保护目标。一般包括河湖取水总量控制、饮用水水源地水质、水功能区监管和限制排污总量控制、提高用水效率、节水技术应用等指标。

（2）水域岸线管理保护目标。通常有河湖管理范围划定、河湖生态空间划定、水域岸线分区管理、河湖水域岸线内清障等指标。

（3）水污染防治目标。一般包括入河湖污染物总量控制、河湖污染物减排、入河湖排污口整治与监管、面源与内源污染控制等指标。

（4）水环境治理目标。一般包括主要控制断面水质、水功能区水质、黑臭水体治理、废污水收集处理、沿岸垃圾废料处理等指标，有条件地区可增加亲水生态岸线建设、农村水环境治理等指标。

（5）水生态修复目标。一般包括河湖连通性、主要控制断面生态基流、重要生态区域（源头区、水源涵养区、生态敏感区）保护、重要水生生境保护、重点水土流失区监督整治等指标。有条件地区可增加河湖清淤疏浚、建立生态补偿机制、水生生物资源养护等指标。

二、管理保护任务

针对河湖管理保护存在的主要问题和实施周期内的管理保护目标，因地制宜提出"一河（湖）一策"方案的管理保护任务，制定任务清单。管理保护任务既不要无限扩大，也不能有所偏废，要因地制宜、统筹兼顾，突出解决重点问题、焦点问题。参考任务清单如下。

（1）水资源保护任务。落实最严格水资源管理制度，加强节约用水宣传，推广应用节水技术，加强河湖取用水总量与效率控制，加强水功能区监督管理，全面划定水功能区，明确水域纳污能力和限制排污总量，加强入河湖排污口监管，严格入河湖排污总量控制等。

（2）水域岸线管理保护任务。划定河湖管理范围和生态空间，开展河湖岸线分区管理保护和节约集约利用，建立健全河湖岸线管控制度，对突出问题排查清理与专项整治等。

（3）水污染防治任务。开展入河湖污染源排查与治理，优化调整入河湖排污口布局，开展入河排污口规范化建设，综合防治面源与内源污染，加强入河湖排污口监测监控，开展水污染防治成效考核等。

（4）水环境治理任务。推进饮用水水源地达标建设，清理整治饮用水水源保护区内违法建筑和排污口，治理城市河湖黑臭水体，推动农村水环境综合治理等。

（5）水生态修复任务。开展城市河湖清淤疏浚，提高河湖水系连通性；实施退渔还湖、退田还湖还湿；开展水源涵养区和生态敏感区保护，保护水生生物生境；加强水土流失预防和治理，开展生态清洁型小流域治理，探索生态保护补偿机制等。

（6）执法监管任务。建立健全部门联合执法机制，落实执法责任主体，加强执法队伍与装备建设，开展日常巡查和动态监管，打击涉河涉湖违法行为等。

第八节 管理保护措施

根据河湖管理保护目标任务，提出具有针对性、可操作性的具体措施，明确各项措施的牵头单位和配合部门，落实管理保护责任，制定措施清单和责任清单。参考措施清单如下。

（1）水资源保护措施。加强规模以上取水口、取水量监测监控监管；加强水资源费（税）征收，强化用水激励与约束机制，实行总量控制与定额管理；推广农业、工业和城乡节水技术，推广节水设施器具应用，有条件地区可开展用水工艺流程节水改造升级、工业废水处理回用技术应用、供水管网更新改造等。已划定水功能区的河湖，落实入河（湖）污染物削减措施，加强排污口设置论证审批管理，强化排污口水质和污染物入河湖监测等；未划定水功能区的河湖，初步确定河湖河段功能定位、纳污总量、排污总量、水质水量监测、排污口监测等内容，明确保护、监管和控制措施等。

（2）水域岸线管理保护措施。已划定河湖管理范围的，严格实行分区管理，落实监管责任；尚未编制水域岸线利用管理规划的河湖，也要按照保护区、保留区、控制利用区和开发利用区分区要求加强管控。加大侵占河道、围垦湖泊、违规临河跨河穿河建筑物和设施、违规水上运动和旅游项目的整治清退力度，加强涉河建设项目审批管理，加大乱占滥用河湖岸线行为的处罚力度；加强河湖采砂监管，严厉打击非法采砂行为。

（3）水污染防治措施。加强入河湖排污口的监测和整治，加大直排、偷排行为处罚力度，督促工业企业全面实现废污水处理，有条件地区可开展河湖沿岸工业、生活污水的截污纳管系统建设、改造和污水集中处理，开展河湖污泥清理等。大力发展绿色产业，积极推广生态农业、有机农业、生态养殖，减少面源和内源污染，有条件地区可开展畜禽养殖废污水、沿河湖村镇污水集中处理等。

（4）水环境治理措施。清理整治水源地保护区内排污口、污染源和违法违规建筑物，设置饮用水水源地隔离防护设施、警示牌和标识牌；全面实现城市工业生活垃圾集中处理，推进城市雨污分流和污水集中处理，促进城市黑臭水体治理；推动政府购买服务，委托河湖保洁任务，强化水域岸线环境卫生管理，积极吸引社会力量广泛参与河湖水环境保护；加强农村卫生意识宣传，转变生产生活习惯，完善农村生活垃圾集中处理措施等。有条件的地区可建立水环境风险评估及预警预报机制。

（5）水生态修复措施。针对河湖生态基流、生态水位不足，加强水量调度，逐步改善河湖生态；发挥城市经济功能，积极利用社会资本，实施城市河湖清淤疏浚，实现河湖水系连通，改善水生态；加强水生生物资源养护，改善水生生境，提升河湖水生生物多样性；有条件地区可开展农村河湖清淤，解决河湖自然淤积堵塞问题；加强水土流失监测预防，推进河湖流域内水土流失治理；落实河湖涉及的自然保护区、水源涵养区、江河源头区、生态敏感区的禁止开发利用管控措施等。

第九节 保 障 措 施

保障措施包括组织保障、制度保障、经费保障、队伍保障、机制保障和监督保障六个方面。

（1）组织保障。各级河长负责方案实施的组织领导，河长制办公室负责具体组织、协调、分办、督办等工作。要明确各项任务和措施实施的具体责任单位和责任人，落实监督主体和责任人。

（2）制度保障。建立健全推行河长制各项制度，主要包括河长会议制度、信息共享制度、信息报送制度、工作督察制度、考核问责和激励制度、验收制度等。

（3）经费保障。根据方案实施的主要任务和措施，估算经费需求，说明资金筹措渠道。加大财政资金投入力度，积极吸引社会资本参与河湖水污染防治、水环境治理、水生态修复等任务，建立长效、稳定的经费保障机制。

（4）队伍保障。健全河湖管理保护机构，加强河湖管护队伍能力建设。推动政府购买社会服务，吸引社会力量参与河湖管理保护工作，鼓励设立企业河长、民间河长、河长监督员、河道志愿者、巾帼护水岗等。

（5）机制保障。结合全面推行河长制的需要，从提升河湖管理保护效率、落实方案实施各项要求等方面出发，加强河湖管理保护的沟通协调机制、综合执法机制、督察督导机制、考核问责机制、激励机制等机制建设。

（6）监督保障。加强同级党委政府督察督导、人大政协监督、上级河长对下级河长的指导监督；运用现代化信息技术手段，拓展、畅通监督渠道，主动接受社会监督，提升监督管理效率。

动态链接

编写河长制"一河（湖）一策"方案参考提纲

前言

介绍方案编制背景、目的、意义、编制依据、主要任务内容等。

1. 河湖概况

简要介绍所需编制河（湖）的基本信息、水资源及其开发现状、水生态环境状况等。结合河长制体系设置情况，说明本级河流与上下级河流之间的关系。

2. 河湖治理保护存在的主要问题

说明河湖治理保护存在的主要问题及问题产生的主要原因，明确河湖治理与保护的

工作方向。

3. 目标任务

3.1 总体目标

根据河湖相关规划和方案的成果，围绕六大任务要求，确定河湖的治理保护总体目标和控制性指标。

3.2 主要任务

根据河湖治理保护存在的主要问题，结合治理保护总体目标要求，梳理河湖治理与保护的主要任务和总体对策。

4. 重点治理与保护措施

根据河湖治理保护存在的实际问题，结合治理保护目标与任务要求，确定河湖治理与保护的重点措施内容（可不包含以下五个部分的某项内容），制定措施清单。

4.1 水资源保护

主要包括落实制定高耗水项目负面清单、开展节水技术改造、加强水质监测等内容。

4.2 河湖水域岸线管理保护

主要包括河湖水域岸线空间范围与红线划定、河湖水域岸线管理保护措施制定等内容。

4.3 水污染防治

主要包括入河湖污染源排查、入河湖排污口整治、面源污染控制、河湖内源治理等内容。

4.4 水环境治理

主要包括细化河湖水功能分区、饮用水水源地保护、水环境综合整治等内容。

4.5 水生态修复

主要包括河湖健康评估、水生态系统综合治理、生态补偿机制建设等内容。

5. 监管措施与监管责任

5.1 监管措施

主要包括监控监测建设、监管制度建设、监管能力建设，制定负面清单等内容。

5.2 监管责任

主要包括制定部门联动、综合执法方案，明确相关责任主体和各项措施实施的牵头部门和配合部门等。

6. 河湖分段（分片）目标任务分解

分解本河湖治理保护目标与任务到各河湖分段（分片）以及支流入干流河口断面，明确河湖分段（分片）以及下一级支流的治理与保护目标任务要求，制定河段目标任务分解表。

7. 实施安排

根据河湖治理保护的各项措施特点与实施要求，分轻重缓急，明确实施步骤，给出关键时间节点及预期效果，编制实施安排表。

第十节 "一河一策"实际案例

一、安徽省淮河干流

淮河因为其特殊的地理位置、复杂的河流特性及突出的水资源、水污染、水生态等问题,实施"一河一策"受到安徽省的高度重视。安徽省淮河干流地处淮河中游,涉及蚌埠、淮南等5市19个县(区)、24条主要支流和12座重要湖泊。经过多年治淮建设,干流沿岸已建成堤防981km,二级以上水功能区11个,水源地10处,取水口119处,排污口66处,干流管理与保护体系日趋完善。但是,按照全面推行河长制和"五大发展"美好安徽建设要求,仍然存在诸多问题。因此,编制《安徽省淮河干流"一河一策"方案》具有重要的现实意义。方案编制组按照"问题导向、干支统筹、行业统筹、区域统筹"的总体要求,明确河长管护范围,设置监测断面与控制指标,确定了重点管护措施。

(1)淮河干流与保护存在的突出问题。

其问题突出表现在4个方面,即:水资源管理体制机制不完善形成的供需矛盾问题;点源面源污染处理能力不足导致的水环境问题;监管机制不健全导致的违法违规开发利用问题;"重开发、轻保护"导致的河湖水生态问题。

(2)淮河干流"一河一策"的总体要求。

总体要求以下四个坚持。

1)坚持问题导向。立足于淮河特点,根据工作方案要求,围绕河湖治理保护管理工作实际,抓住河流河段管护的主要矛盾,重点解决影响河湖健康的突出问题,落实相关目标和要求,做到"有的放矢"。

2)坚持干支统筹。立足于淮河干流,统筹干支流关系,重点把控干流上的跨界断面、取水口、排污口、支流入河(湖)口,通过分级分段设置河长,落实分级责任,实现省对市、对河湖沿岸的管控考核。

3)坚持行业统筹。立足于行业统筹、水域与陆域统筹,以最严格水资源管理制度、水污染防治行动计划、环境保护规划、湿地规划等各行业规划,以及正在实施的排污口整治、农村三大革命等重点工作为依据,合理制定目标指标与任务措施,确保方案的针对性和实效性。

4)坚持区域统筹。立足于区域统筹,建立省市县乡四级组织体系,加强上下游、左右岸联防联控,明确管护责任,确保水面、岸线、堤防、滩地、建筑物等全面覆盖。

(3)淮河干流"一河一策"管理与保护体系。

管理与保护范围。"一河一策"是河长治河、巡河、管河、护河的重要依据,明确管理范围与保护范围是落实各级管护责任、细化问题清单、制定管护措施的基础工作。管理范围依据《安徽省水工程管理和保护条例》等法律法规,结合沿岸主要支流、湖泊、堤防和行蓄洪区分布合理划定。河道范围有堤防段以临淮岗北副坝、淮北大堤、城市防洪圈堤和行蓄洪区堤防等重要堤防为界,无堤防段以设计洪水位为界;24条主要支流入河口

（沿淮湖泊），有控制工程的以最后一级控制工程为界，无控制工程的以接近入河口处现状和增设的监测断面为界。考虑行蓄洪区地理位置和重要性，干流沿岸 14 处行洪区和蒙洼蓄洪区划为管理范围。

保护范围是解决"根源在岸上"问题的重要落脚点，原则上为取水口、排污口向陆域延伸的用水单元与纳污对象。但考虑到省级"一河一策"是省级河长对全省淮河流域进行全面管护，尤其是解决流域突出的水资源供需矛盾、支流水污染和水环境问题，保护范围包括干流沿岸五市境内淮河流域，见表 5-1。

表 5-1   **"一河一策"管理范围**

岸别	地市		起 讫 点	长度/km	干 流 堤 防
左岸	阜阳市	西段	洪河口—老淮河上堵口	91	临淮岗北副坝
		东段	道郢子—陆家沟	33	淮北大堤饶荆段
	六安市		老淮河上堵口—道郢子	13	—
	淮南市		陆家沟—曹尹村	67	淮北大堤饶荆段
	蚌埠市		曹尹村—东卡子	152	淮北大堤饶荆段、淮北大堤涡下段
	滁州市		大柳巷船闸—下草湾皖苏界碑	7	泊岗圈堤
右岸	六安市		临水集—溜口子	82	临王段大堤、城西湖蓄洪大堤、东湖坝
	淮南市		寿县正阳关孟家湖—大通区洛河湾横坝孜	99	城市工矿堤
	蚌埠市	西段	大通洛河湾横坝孜—沫河口	64	蚌埠城市圈堤、方邱湖行洪堤
		东段	花园湖闸—浮山	29	香浮段行洪堤
	滁州市	西段	沫河口—小溪集	49	花园湖行洪堤
		东段	浮山—洪山头	43	潘村洼行洪区淮堤

监测断面与水质目标。按照干流与主要支流入河口"水十条"国控考核断面、国家重要水功能区和省市水功能区监测断面现状分布，并结合支流河口管控要求，共设置监测断面 32 个，其中干流 8 个，支流入河口 24 个；"水十条"国控断面 13 个，水环境国控断面 2 个，水功能区监测断面 12 个，新设断面 5 个。结合各断面现状水质、水功能区与国考目标要求，除颍河、涡河和鲍家沟水质目标为Ⅳ类外，其余均为Ⅲ类，见表 5-2。

管理与保护控制指标。根据"行业区域统筹、水域陆域共治"工作要求，围绕水资源保护、水域岸线管护、水污染防治、水环境治理和水生态保护 5 项任务，共细化分解控制指标 31 项，其中分解到干流和支流入河口的河流型指标 10 项，分解到沿淮五市淮河流域的面上型指标 21 项。对于分解至各市的面上型指标，或依托监测断面、排污口和现场勘查资料，可以明确管护责任的排污口整治、岸线功能分区和确权划届等 4 项河流型指标，将严格作为省级河长考核下一级的主要依据。对于控制断面水质达标率、饮用水水源地水质达标率和入河污染物化学需氧量、氨氮削减比例等 4 项河流型指标，由于职责界定难度大，经计算分析后近期将作为推进河长制工作和年度考核参考指标，见表 5-3、表 5-4。

表 5-2　　　　　　　　　　　"一河一策"监测断面与水质目标

左岸支流	监测断面	考核行政区	右岸支流	监测断面	考核行政区	干支流	监测断面	考核行政区
濛河分洪道（谷河）	●阜南	阜阳	史河	●固始李畈（叶集大桥）	六安	淮河干流	■王家坝	—
润河下段	★入淮河口	阜阳		▼陈村	—		●鲁台孜	淮南
颍河	●杨湖	阜阳	沣河、城西湖	●工农兵大桥	六安		▼淮河大桥	淮南
老墩沟（焦岗湖）	▼焦岗湖闸上	淮南（上游阜阳）	汲河、城东湖	●东湖闸	六安		●新城口	淮南
西淝河下段	●西淝河闸下	淮南（上游亳州）	淠河	●大店岗	六安		●蚌埠闸上	蚌埠
永幸河	★永幸河闸	淮南	东淝河（瓦埠湖）	●五里闸	淮南		●沫河口	蚌埠
架河	▼架河闸	淮南	窑河（高塘湖）	▼窑河闸上	淮南（上游滁州）		▼临淮关	蚌埠
泥河	▼入淮河口	淮南、蚌埠	天河	▼天河湖区	蚌埠		●小柳巷	滁州、出境断面
茨淮新河	▼上桥闸	蚌埠（上游淮南、亳州、阜阳）	龙子河	★曹山闸	蚌埠	小溪河（花园湖）	★花园湖闸	滁州（右岸）
涡河	▼怀远三桥	蚌埠	鲍家沟	★姚河口	滁州（上游蚌埠）	池河	▼女山湖闸	滁州（右岸）
北淝河下段	▼沫河口闸上	蚌埠	濠河	■太平桥	滁州			

注　●代表"水十条"国考断面，▼代表水功能区监测断面，★代表新设断面，■代表水环境国控断面；除颍河、淠河、鲍家沟水质目标为Ⅳ类外，其他监测断面水质目标均为Ⅲ类。

表 5-3　　　　　　　　　　　"一河一策"控制性指标（河流型）

任务	控制指标	2020 年目标	牵头部门
水资源保护	淮河干流水功能区水质达标率/%	100	水利
水域岸线管护	河道管理范围划界率/%	100	水利
	河道管理范围土地确权率/%	80	国土/水利
	岸线功能分区管理执行率/%	70	水利/国土
水污染防治	入河排污口整治完成率/%	100	水利
水环境治理	干流控制断面水质达标率/%	100	环保/水利
	主要入河支流控制断面水质达标率/%	90	环保/水利
	城镇饮用水水源地水质达标率/%	100	环保
水生态修复	干支流水系连通性	良好	水利
	湿地保护修复面积/hm²	3064	林业

表 5-4 "一河一策"控制性指标（面上型）

任 务	控 制 指 标	2020 年目标	牵头部门
水资源保护	1. 用水总量/亿 m³	90.3	水利
	2. 万元 GDP 用水量降幅/%	各市依据水资源双控方案分别制定	水利
	3. 万元工业增加值用水量降幅/%		水利
	4. 灌溉水有效利用系数		水利
水污染防治	1. 化学需氧量排放总量削减比例/%	各市依据水污染防治工作方案制定	环保
	2. 氨氮排放总量削减比例/%		环保
	3. 点源污染治理		
	（1）城市生活污水集中处理率/%	95	住建
	（2）县城生活污水集中处理率/%	95	住建
	（3）乡镇生活污水集中处理率/%	70	住建
	（4）工业集聚区污水集中处理设施建成率/%	100	环保
	4. 生活垃圾无害化处理率		
	（1）城市生活垃圾无害化处理率/%	100	住建
	（2）县城生活垃圾无害化处理率/%	95	住建
	（3）乡镇生活垃圾无害化处理率/%	70	住建
	5. 农业面源污染治理		
	（1）规模养殖场配套建设粪污处理设施比例/%	95	农业
	（2）主要农作物测土配方施肥技术覆盖率/%	90	农业
水环境治理	1. 城市黑臭水体消除比例/%	100	住建
	2. 农村生活污染治理/%		
	（1）农村生活垃圾无害化处理率/%	70	住建
	（2）中心村生活污水集中处理率/%	70	住建
水生态修复	1. 干流及沿河地区湿地保存面积/万 hm²	32.3	林业
	2. 新增水土流失治理面积/km²	24.4	水利
	3. 沿线新增造林绿化面积/hm²	172	林业

（4）淮河干流"一河一策"重点措施。

根据河湖管理保护总体要求，按照"细化管控要求、实化项目措施"的思路，经统筹各行业相关规划与方案成果，围绕六大任务，制定淮河管理与保护重点措施。

1）水资源保护。出台《安徽省淮河干流和主要支流水量分配方案》，加快推进节水型社会建设和县域水资源监测预警机制建设；开展入河排污口整治和取水口监控能力建设，推进市级水功能区监测评价全覆盖。

2）水域岸线管理保护。出台《安徽省长江岸线保护和开发利用总体规划》《河湖与水利工程管护范围划定工作方案》，修订《淮河河道采砂管理规定》；开展非法采砂、码头、堆场、违章建筑等专项整治，构建河湖管理保护长效机制。

3）水污染防治。开展入河污染源排查，加强工业污染、城镇生活、农业面源与农村生活、船舶港口污染防治;加快推进不达标水体达标治理建设;强化水污染联防联控,确保支流水质显著好转。

4)水环境治理。开展饮用水水源地规范化建设和备用水源建设;消除城市黑臭水体,建设亲水生态岸线;开展农村水环境集中整治,加快推进农村生活污水和生活垃圾处理设施建设。

5)水生态修复。落实《安徽省生态保护红线划定方案》,制定《干流及主要支流生态用水调度方案》;开展湿地保护与恢复、水土保持与绿化造林,加强水生生物养护和水产种质资源保护;建立省际上下游、省内市与市之间生态补偿机制。

6)执法监管。建立健全淮河干流水域占用补偿、涉河项目建设等行政许可制度,建立河湖监管、河湖健康评价制度;健全联合执法机制,完善行政与司法衔接机制;建立跨省跨市河流联席会议制度,完善跨界联防联控机制;建立全省"一河一策"管理保护信息系统。

二、浙江省台州市南官河

南官河水域面积 0.96km²,河道全长 32.67km,其中黄岩段长度 8.18km,路桥段长度 17.89km,温岭段长度 6.6km。河道平均河宽约 26m,河底高程 -1.19~-0.74m,水深 1.82~3.8m。南官河流经行政村居 60 个并有主要支流 46 条。浙江省台州市环境设计研究院于 2017 年完成了《南官河流域"一河一策"实施方案》编制工作。

该方案包括五个部分,分别为现状调查、问题分析、总体目标、主要任务、保障措施。

(1)现状调查。

分为污染源调查、涉河(沿河)构筑物调查、饮用水源及供水情况、水环境质量调查。特别是污染源调查分得更为细化,包括以下 5 个内容。

1)涉河工矿企业概况。

2)农林牧渔业概况。

3)涉水第三产业概况。

4)污水处理概况。

5)农业用水概况。

对涉河工矿企业调查得比较清楚,见表 5-5。

表 5-5　　　　　　　　南官河两侧企业行业分布情况

行业类别	数量/家			行业合计 /家
	黄岩	路桥	温岭	
塑料制品	45	4	4	53
工艺品制造	1	—	—	1
电机、泵制造	—	3	7	10
汽摩配制造	—	13	2	15
纺织	1	2	—	3
机械铸造	—	17	1	18
金属制品	2	2	—	4
表面处理	10	—	—	10
金属回收处理	—	3	—	3

续表

行业类别	数量/家			行业合计 /家
	黄岩	路桥	温岭	
食品	1	2	1	4
包装印刷造纸	1	4	4	9
设备制造	2	4	—	6
皮革制造	1	—	1	2
涂料制造	1			1
电器器材制造	1	3	—	4
其他	2	10	2	14
合计	58	77	22	157

南官河沿河主要工业集聚区有黄岩南城街道南城工业区、路桥桐屿街道桐屿塑胶工业园区、路桥路南街道肖谢工业园区和温岭泽国镇下周工业园区。

（2）问题分析。

存在的问题主要有5个方面，即水环境污染仍然较为严重，污染源仍需整治，岸线管理与保护仍需加强，水生态修复工作需要重视，执法监管能力有待提升。

（3）总体目标。

1）2017年年底，全面剿灭劣Ⅴ类水体，南官河流域水质达到Ⅴ类水；

2）2018—2019年，坝头闸、下里桥、峰江、和尚桥断面水质保持在Ⅴ类水以上，力争达到Ⅳ类水；

3）到2020年，坝头闸、下里桥、峰江、和尚桥断面水质达到Ⅳ类，水鉴洋湖和下埭头断面水质分别维持Ⅲ类和Ⅱ类的现状。

（4）主要任务。

主要任务仍是6项，但每项中的重点有所不同。如南官河流域水环境治理任务中提出综合治理工程设计思路，如图5-3所示。

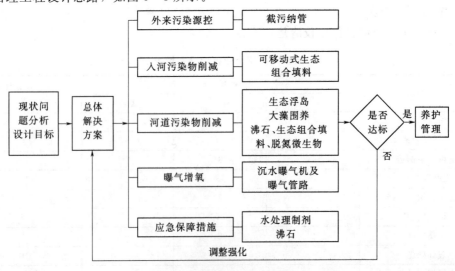

图5-3　南官河流域综合治理工程设计思路

（5）保障措施。

提出了组织保障、监督考核保障、资金保障、科技保障、宣传保障等。例如，强化技术保障中提出：加大对河道清淤、轮疏机制、淤泥资源化利用以及生态修复技术等方面的科学研究，解决"一河一策"实施过程中的重点和难点问题。加强对水域岸线保护利用、排污口监测审核等方面的培训交流。

三、浙江省余杭区五常街道上埠河

浙江省开展河长制工作较早，因此相关地级市及下属区县和街道相应制定了河湖的"一河一策"方案。

上埠河沿线治理方案案例

根据区委、区政府制定下发的×××文件精神，结合上埠河沿线污染源现状，特制定方案如下。

一、河道基本情况

河道概况。上埠河涉及五常段荆山桥至沿山河，全长约450m，河面宽10～15m，流入沿山河。周边雨污合流。西侧沿线为与荆长路沿街商铺相连，水质因生活污水排放而被污染。

河道水质。该河道水质主要受两岸居住点污水排放，以及高速高架沿线抛洒等影响。目前河道表现为黑、臭，现状水质为劣Ⅴ类水体。

河长与河长单位。根据街道办事处×××文件精神，上埠河的河长是×××同志，副河长是×××同志。

河道治理目标。通过三年整治，上埠河要稳定达到Ⅳ类及以上水质的治理总体目标。其中，2014年消除上埠河漂浮物、垃圾现象，2015年达到Ⅴ类水质目标，2016年稳定达到Ⅳ类及以上水质的治理目标。

二、河道污染排查情况

（一）城乡污水治理方面

主要存在以下问题：

1. 荆长路沿河分布的商业店面因污水管网未覆盖，雨污合流，涉及商户20余户。

2. 上埠河流经友谊社区2个社区，连带周边居民10户，涉及外来居民户较多，总人口200余人，有40余根污水管产生的生活污水直接排入河道，其他居民生活污水间接通过化粪池渗入河道。

（二）河道整治保洁及引配水方面

根据现场初步排查的情况，主要存在以下问题：

1. 上埠河侵占河道现象较为严重，水体发黑发臭，沿线河床淤积比较严重，漂浮垃圾较多。

2. 上埠河生活垃圾污染随处可见，特别是餐饮店油污影响较重，还有洗车店、浴场等，另还有容顺电子等企业作坊、外来人员公寓租住，环境复杂凌乱。

三、河道治理方案

根据存在的污染源初步排查情况,该河道的整治主要集中在各类污水纳管、河道拓宽、整治、绿化、垃圾清理与长效保洁等方面。具体整治措施是:

1. 对友谊社区沿街商铺进行截污纳管,按照80％的治理率,计划2014—2015年实施农村生活污水治理。

2. 对侵占河道的违章建筑进行拆除。对白庙工业区沿河建筑进行拆除,进行河道拓宽。对荆长大道沿河拓宽5m拆违进行绿化改造,将荆长大道与白庙工业区进行连接。

3. 河道保洁落实环境长效管理。通过沿山河与上埠河清淤疏浚,增加水体流动,改善水质。

四、资金预算

先期投入38万元进行疏浚清淤;同时对沿线房屋、排污口进行排摸;规划上埠河整治设计宽度为20m,对两侧钢架房、简易棚等违章建筑占道予以拆除;概算初步投入2500万元,清障后进行绿化整治并统一纳入河道市场化保洁,预计全部工程于2014年内完工。

五、保障措施

(一)全面实施河长制

(二)财政资金保障

(三)健全工作机制

(四)严格监督考核

四、江苏省连云港市、苏州市

(1)连云港市。自《连云港市全面推行河长制的实施方案》印发以来,迅速成立河长制办公室,组织抽调技术骨干,围绕治水管河中的突出问题,深化研究,精心部署,果断行动,全力推进,率先完成市级20条河库河长制"一河一策"行动方案编制工作。2017年6月,连云港市召开全省首个"一河一策"部署会,对东盐河、排淡河河长制工作进行全面部署。

市级20条骨干河库,分布在连云港市境内的10个县区、功能板块,岸线总长1660km。方案编制人员划片分组,协同河湖管理机构、环保、建设、农委等部门对河库的水质、沿线节点排污企业、排污口门、农业面源污染、畜禽养殖、水面及堤岸的环境卫生、河库乱占乱建行为等进行全面细致的调查摸底,并分别以文字、图表等形式登记立档。同时,市河长制办公室对存在的问题进行梳理归类,围绕江苏省《实施意见》明确的河长制目标任务,根据《"一河一策"行动计划编制指南》,制定每条河的任务目标、任务分工,并将具体工作内容细化成任务清单。先后多次组织县区进行讨论修改,广泛征求市河长制成员单位的意见或建议,最终形成河长制"一河一策"行动方案,并报送市级河长。

(2)苏州市。2017年4月24日,苏州市出台《关于全面深化河长制改革的实施方案》,确立河长制组织架构,落实市、县、乡、村四级河长体系,制定会议、信息、督查、验收四项制度,各级河长按照认河、巡河、治河、护河履职标准化流程认真履职,完成

"一河一策"行动计划编制。目前,苏州河长制工作转入全面治河阶段。

"一河一策"行动计划按照问题排查全面、原因分析透彻、措施责任清晰的标准,坚持"统一、规范、可行"的原则,结合现有相关规划、实施方案、行动计划,以近期(2017—2020年)目标为重点,列出问题清单、任务清单、责任清单、"一事一办"工作清单,作为近期治河行动指南。

五、广东省深圳市

深圳市于2017年6月底完成了茅洲河、深圳河、龙岗河、观澜河、坪山河及大沙河等六条河流"市级河长工作手册",11月完成了深圳市重点河流茅洲河、观澜河、深圳河、坪山河、龙岗河、大沙河、双界河7条主要河流"一河一策"治理实施方案。编制项目组通过资料收集、现场查勘和调研座谈,全面掌握了深圳市七条市级重点河流的流域概况及其水资源保护、水污染防治、水环境治理、水生态修复、水域岸线管理保护、执法监管等基础现状,深入剖析了各条河流治理保护中存在的主要问题,结合7条河流特色功能定位,分别提出了河流治理保护工作目标、任务和对策措施,分解了责任分工和年度实施计划,最终形成了深圳市重点河流"一河一策"实施方案。

第六章

河长制信息化需求

第一节 河长制信息化背景

2016年4月5日，水利部召开网络安全与信息化领导小组第一次全体会议，审议通过了《全国水利信息化"十三五"规划》《水利部信息化建设与管理办法》。会议要求要强化领导、完善机制、落实措施，推动水利网络安全和信息化建设取得实实在在的成效，以水利信息化带动水利现代化，以水利现代化推动水利信息化。

与此同时，水利部印发了《关于推进水利大数据发展的指导意见》的通知（水信息〔2017〕178号），要求充分发挥大数据在水利改革发展中的重要作用，促进水利大数据发展，有利支撑和服务水利现代化。《意见》也明确指出"加强河湖水环境综合整治，推进水环境治理网格化和信息化建设"。物联网技术为河长制管理信息平台的建设提供了技术手段，大数据的发展为河长制管理信息平台数据的挖掘提供了途径，以物联网思维为新引擎，以大数据技术为支撑，推动河长制管理信息化成为当前一个新的重要课题。

河长制工作的开展涵盖省、市、县、乡、村等多级行政区划的党政主要负责人，涉及水利、环保、城建、公安、发改委等多个不同的行政部门，包括水资源、水污染、水生态、水环境等在内的多项任务，关乎国家、地方及人民的切身利益，整个作业过程复杂、内容丰富、覆盖面广，如何实现河长制工作过程中上级河长对下级河长及工作人员的任务交办、督办，实现不同部门、不同层级之间任务的协同互办，实现河长制工作的高效管理与考核尤为重要。物联网的推进，大数据技术的发展给河长制工作的开展带来了科技的手段，给河长制工作的科学化、常态化运作带来了机遇。

开展基于大数据的河长制挖掘工作，建立河长制管理信息化平台，以信息化技术和科技化手段来丰富管理手段，加强河长制管理的技术支撑力量。以河长制管理模式为核心，紧密结合先进的物联网和大数据挖掘等信息化技术手段开展河湖管护综合信息化平台的建设工作，切实为河湖管护工作中遇到的责权划分难、协调沟通不顺、制度落实与管理不到位等一系列问题提供信息化的支撑手段和解决方案，构建一套对河湖科学的监督、监管和保护的信息化综合管理平台，实现河湖管护工作的高效性、便捷性、长效性、实时性，为河长制管理模式在全国的推行和落实保驾护航。

2018年1月，水利部办公厅印发了《河长制湖长制管理信息系统建设指导意见》和《河长制湖长制管理信息系统建设技术指南》的通知（办建管〔2018〕10号），对河长制信息化进行了顶层设计，提出了明确要求。

第二节 总 体 要 求

一、指导思想

深入贯彻落实党的十九大精神和习近平新时代中国特色社会主义思想，落实新时期水利工作方针，强化顶层设计，利用现有资源，明确中央与地方分工，建设统分结合、各有侧重、上下联通的系统，加强整合共享，实现应用协同，全面支撑各级河长制管理工作。

二、基本原则

（1）需求导向，功能实用。

以全面推行河长制各项任务落实为目标，以各级河长、河长办实际工作管理需求为导向，以信息报送、信息展示发布、巡河管理、事件处理、督导检查、考核评估、公众监督等为应用，建设实用管用好用的系统。

（2）统分结合，各有侧重。

以水利部现有"水利一张图"为基础，开展系统基础数据建设。涉及中央和地方协同管理的功能由水利部组织统一开发，各省（自治区、直辖市）结合实际管理工作需要开发其他功能。

（3）资源整合，数据共享。

充分利用现有网络、计算、存储、数据库等水利信息化资源，实现与水资源管理、防汛抗旱指挥、水土保持、水利建设管理、水政执法等相关水利业务应用系统的数据共享。

（4）标准先行，保障安全。

制定系统相关管理办法与技术规范，保障水利部和各省（自治区、直辖市）系统贯通、系统与其他业务系统应用协同。加强安全体系建设和管理，确保系统安全稳定运行。

第三节 主 要 目 标

在充分利用现有水利信息化资源的基础上，根据系统建设实际需要，完善软硬件环境，整合共享相关业务信息系统成果，建设河长制管理工作数据库，开发相关业务应用功能，实现对河长制基础信息、动态信息的有效管理，支持各级河长履职尽责，为全面科学推行河长制提供管理决策支撑。

（1）管理范围全覆盖。

系统应实现省、市、县、乡四级河长对行政区域内所有江河湖泊的管理，并可支持村级河长开展相关工作，做到管理范围全覆盖。

（2）工作过程全覆盖。

系统可满足各级河长办工作人员对信息报送、审核、查看、反馈全过程，以及各级河长和巡河员对涉河湖事件发现到处置全过程的管理需要，做到工作过程全覆盖。

（3）业务信息全覆盖。

系统应实现对河湖名录、"四个到位"要求、基础工作、河长工作支撑、社会监督、河湖管护成效等所有基础和动态信息的管理，做到业务信息全覆盖。

第四节　主　要　任　务

系统建设任务主要包括建设管理数据库、开发管理业务应用、编制技术规范、完善基础设施四个方面。

一、建设河长制管理数据库

在"水利一张图"基础上，建设包括河流、湖泊、河长、河长办、工作方案和制度、"一河一策"等信息在内的基础信息数据库，以及包括巡河管理、考核评估、执法监督、日常管理等信息在内的动态信息数据库。

基础信息数据库由水利部和各省（自治区、直辖市）共同建设，水利部统一管理，服务于各级河长及河长办；动态信息主要由各省（自治区、直辖市）建设和管理，服务于水利部和各级管理工作。

二、开发管理业务应用

河长制管理业务应用至少应包括信息管理、信息服务、巡河管理、事件处理、抽查督导、考核评估、展示发布和移动平台八个方面。

水利部组织建设信息管理、信息服务、抽查督导、展示发布等业务应用，主要服务于水利部河长制管理工作，管理支持地方各级河长制管理工作；事件处理、巡河管理、考核评估、移动平台等业务应用主要由地方建设，相关结果信息汇总至水利部。

（1）信息管理。

支持各级河长办对河长制基础信息和动态信息的报送及管理，主要包括河湖名录、河长、河长办、工作方案和制度、"一河一档"、"一河一策"、巡河管理、事件处置、督导检查、考核评估、项目跟踪、社会监督、河湖管护成效等信息，以及其他业务应用系统有关信息。

（2）信息服务。

构建信息服务体系，整合水资源管理、防汛抗旱指挥、水政执法、工程调度运行、水土保持、水事热线等水利业务应用，共享环境保护等相关部门数据，积极利用卫星遥感等监测信息，为各地河长管理工作提供信息服务。

（3）巡河管理。

支持各级河长和巡河员对巡查河湖过程进行管理，主要包括水体、岸线、排污口、涉水活动、水工建筑物等巡查内容，以及巡查时间、轨迹、日志、照片、视频、发现问题等巡查记录。

（4）事件处理。

支持对通过巡查河湖、遥感监测、社会监督、相关系统推送等方式发现（接受）的涉河湖事件进行立案、派遣、处置、反馈、结案以及全过程的跟踪与督办。

（5）抽查督导。

支持水利部和各级河长按照"双随机、一公开"原则开展督导工作，包括督导样本抽取、督导信息管理、督导信息汇总统计等。

（6）考核评估。

支持县级及以上河长依据考核指标体系对相应河湖下一级河长进行考核，对其在水资源保护、水域岸线管理保护、水污染防治、水环境治理、水生态修复和执法监管等方面的工作及其成果进行考核评估，并将考核评估结果汇总至上级，服务于上级的管理工作。

（7）展示发布。

支持各级河长办对河长制基础信息和动态信息的查询和展示，采用表格、图形、地图和多媒体等多种方式展示。同时向社会公众发布工作进展和成效等信息，开展工作宣传，便于社会监督。

（8）移动平台。

支持各级河长在移动终端上进行相关信息查询、业务处理等；为各级河长和巡河员巡查河湖提供工具；通过 APP 和微信公众号等方式为社会监督提供途径。

三、编制技术规范

水利部出台系统相关技术规范，主要包括系统建设技术指南、河流（段）编码规则、河长制管理数据库表结构与标识符、系统数据访问与服务共享技术规定、系统用户权限管理办法、系统运行维护管理办法等。各地参照执行并根据实际需要制定细则或相关制度。

四、完善基础设施

根据系统建设需要，在充分利用现有信息化资源基础上，对网络、计算、存储等基础设施进行完善。按照网络安全等级保护要求，完善系统安全体系，严格用户认证和授权管理。

第五节　保　障　措　施

（1）加强组织领导。

切实加强组织领导和协调，明确部门及相关人员职责，建立协调机制。河长办和系统建设单位要加强需求交流，共同做好系统建设。

（2）保障建设资金。

将系统建设及运行管理经费纳入年度预算，积极争取资金投入，保障系统建设和运行管理需要。

（3）做好运行管理。

开展系统应用培训，建立健全信息报送制度、信息共享制度和系统运行管理制度，保障系统正常运行。

第六节　技　术　要　求

为了规范全国范围内河长制管理信息系统的建设，水利部通过制定指导意见和技术指南，指导各地开展河长制管理信息化建设，同时开展了全国河长制信息管理系统的设计和建设工作。

在充分利用现有水利信息化资源的基础上，适当补充采集相关信息并开发相关管理系统和信息服务,通过统分结合的方式构建全国河长制信息管理系统与多级业务应用系统,支持省、市、县、乡、村五级管理,提升各级河长制信息系统建设的规范化与标准化,实现跨层级的信息共享,保障河长制六项主要任务间的应用协同,为全面推行河长制工作提供全程信息支撑。

一、总体架构

(一) 基本组成

河长制管理信息系统主要由基础设施、数据资源、应用支撑服务、业务应用、应用门户、技术规范和安全体系等构成,其逻辑关系见图6-1。

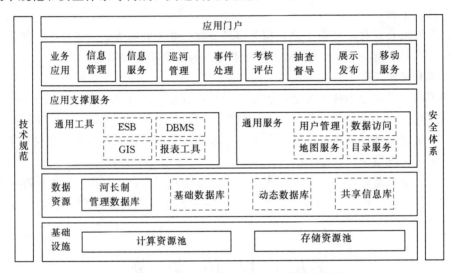

图6-1 河长制管理信息系统逻辑结构示意图

(1) 基础设施。是支撑河长制管理信息系统运行的主要软硬件环境。

(2) 数据资源。是河长制管理数据库,用来存储河长制相关的基础信息、动态信息以及其他业务应用系统共享的相关信息。

(3) 应用支撑服务。是河长制管理业务应用乃至其他相关业务应用共用的通用工具和通用服务,供开发河长制管理业务应用的调用。

(4) 业务应用。是河长制管理信息系统的主要内容,支撑河长制主要业务工作开展,主要包括信息管理、信息服务、巡河管理、事件处理、抽查督导、考核评估、展示发布和移动服务等。

(5) 应用门户。是包括河长制管理业务应用在内的所有业务应用门户,对于已经建立业务应用门户的单位只要将河长制管理业务应用纳入其中,不应另行建立河长制管理业务应用门户,对于还没有建立业务应用门户的单位应按照构建统一的业务应用门户,也可服务于其他业务应用。

(6) 技术规范。是主要包括河流(段)编码规则、河长制管理数据库表结构与标识符、河长制管理信息系统数据访问与服务共享技术规定、河长制管理信息系统用户权限管理办法、河长制管理信息系统运行维护管理办法等内容。

(7) 安全体系。是主要包括物理安全、网络安全、主机安全、应用安全、数据安全和安全管理制度等内容。

（二）基础设施

各地河长制管理信息系统基础设施要根据各地实际情况建立，主要模式如下：

（1）利用现有计算资源池和存储资源池为该系统分配必要的计算资源和存储资源。

（2）充分利用现有基础设施资源，并作适当补充，实现计算资源动态调整和存储资源的按需分配。

（3）利用公有云租用计算资源和存储资源。

（4）建立相对独立的计算与存储环境。

（三）数据资源

有效利用现有数据资源，构建数据资源体系，与已建水利信息系统实现信息资源共享，为相关业务协同打下数据基础，主要要求如下：

（1）按照各地河流、湖泊、河长、河长办、工作方案、工作制度以及"一河一档、一河一策"要求，建设河长制基础数据库。

（2）按照巡河管理、事件处置、抽查督导、考核评估等河长制管理要求，建设河长制动态数据库。

（四）应用支撑服务

在面向服务体系架构（SOA）下，应用支撑服务主要提供通用工具和通用服务两类支撑服务，主要内容如下：

（1）通用工具主要有企业服务总线（ESB）、数据库管理系统（DBMS）、地理信息系统（GIS）、报表工具等。

（2）通用服务主要有统一用户管理、统一地图服务、统一目录服务、统一数据访问等。

（五）业务应用

河长制管理业务应用，在应用支撑服务支撑下，至少应支撑以下主要业务：①信息管理；②信息服务；③巡河管理；④事件处理；⑤抽查督导；⑥考核评估；⑦展示发布；⑧移动服务等，需要其他相关业务应用信息的，应通过业务协同实现信息共享。

（六）业务应用门户

业务应用门户利用现有门户或构建新的应用门户，至少应实现单点登录、内容聚合、个性化定制等功能，并实现河长制管理业务工作待办提醒。

二、河长制管理数据库

（一）一般要求

河长制管理数据库是支撑河长制管理业务应用的基础，为了与其他业务应用之间实现信息共享和业务协同，数据库设计与建设应遵守以下要求：

（1）应采用面向对象方法，贯穿河长制管理数据库设计建设的全过程，实现河长制相关数据时间、空间、属性、关系和元数据的一体化管理。

（2）在全国范围内采用统一对象代码编码规则，确保对象代码的唯一性和稳定性，为各级河长制管理信息系统信息共享提供规范、权威和高效的数据支撑。

（3）在全国范围内采用统一的信息分类与代码标准，并针对每类对象及其相关属性，明确编码规则和具体代码。

（4）应按照河长制对象生命周期和属性有效时间设计全时空的数据库结构，保障各种信息历史记录的可追溯性。

河长制管理数据库的设计与建设按照以下方式完成：

（1）根据河长制管理业务需要梳理相关承载信息的对象，如河流（河段）、湖泊、行政区划、河长（总河长）、事件等。

（2）构建河长制管理业务相关对象、对象基础、对象管理业务、对象之间关系等信息。

（3）装载该地区（系统服务范围）相关对象基础信息，动态信息由河长制管理信息系统在运行过程中同步更新。

（4）与相关业务系统实现共享信息的自动同步更新，或采用服务调用方式相互提供数据服务。

（二）基础数据库

河长制基础数据库主要包括以下信息：

（1）河湖（河段）信息、行政区数据、河长（总河长）数据、数据、遥感影像数据、国家基础地理数据等基本信息。

（2）联席会议以及成员、河长树结构、河长办树结构等组织体系信息。

（3）工作方案、会议制度、信息报送制度、工作督查制度、考核问责制度、激励制度等制度体系信息。

（4）"一河一档"的水资源动态台账、水域岸线动态台账、水环境动态台账、水生态动态台账等。

（5）"一河一策"的问题清单、目标清单、任务清单、责任清单、措施清单，以及考核评估指标体系与参考值等。

（三）动态数据库

河长制动态数据库主要包括以下信息：

（1）巡河管理、事件处理等工作过程信息。

（2）抽查督导的工作方案、抽查样本、工作过程、检查结果等信息。

（3）考核评估指标实测值、考核评估结果等信息。

（4）社会监督、卫星遥感、水政执法等监督信息。

（5）水文水资源、水政执法、工程管理、水事热线等水利业务应用系统推送的信息，以及环境保护等部门共享的信息。

（四）属性数据库

河长制属性数据库建设要求如下：

（1）河长制对象表：用来按类存储系统内对象代码及生命周期信息。

（2）河长制对象基础表：用来按类存储系统内对象基础信息，用于识别和区别不同对象。

（3）河长制主要业务表：用来按类和业务存储管理河长制管理业务信息。

（4）河长制对象关系表：用来存储河长制对象之间的关系。

（5）河长制元数据库表：用来存储元数据信息。

（五）空间数据库

河长制空间数据主要包括遥感影像数据、基础地理数据、河长制对象空间数据、河长制专题图数据、业务共享数据等，主要内容与技术要求如下：

（1）遥感影像数据主要包括原始遥感影像、正射处理产品、河长制管理业务监测产品等。

（2）基础地理数据包括居民地及设施、交通、境界与政区、地名等内容。

（3）河长制对象空间数据主要包括行政区划、河流湖泊、河湖分级管理段、监督督察信息点等数据。

（4）河长制专题数据主要包括河长公示牌、水域岸线范围等。

（5）业务共享数据主要包括水功能区、污染源、排污口、取水口、水文站（含水量水质监测）等。

（6）空间数据库采用 CGCS 2000 国家大地坐标系，坐标以经纬度表示，高程基准采用 1985 国家高程基准，地图分级遵循《地理信息公共服务平台电子地图数据规范》（CH/Z 9011—2011），地图服务以 OGC WMTS、WMS、WFS、WPS 等形式提供。

三、河长制管理业务应用

（一）一般要求

河长制管理业务应用应本着服务河长、服务河长制及其六项主要任务和四项保障措施落实为宗旨，关注主要业务，加强业务协同，具体要求如下：

（1）河长制管理业务应用应围绕河长及其工作范围和实际需要开展工作，重点关注河长制管理主要业务，避免将其他业务应用纳入河长制管理信息系统，造成系统过于复杂和庞大。

（2）河长制管理业务应用主要开展信息管理、信息服务、巡河管理、事件处理、抽查督导、考核评估、展示发布、移动服务等。

（3）河长制管理业务应用开发应按照面向服务体系结构，将河长制管理主要业务开发形成服务组件，在应用支撑服务基础上，完成业务应用。

（二）信息管理

信息管理支持各级河长办对河长制基础信息和动态信息的管理，实现各种信息填报、审核、逐级上报，以表格、图示和地图等方式进行显示，并提供汇总、统计和分析功能，主要信息内容如下：

（1）河长制基础信息：河湖（河段）信息、行政区数据、河长（总河长）数据、遥感影像数据、国家基础地理数据等基本信息；联席会议以及成员、河长树结构、河长办树结构等组织体系信息；工作方案、会议制度、信息报送制度、工作督查制度、考核问责制度、激励制度等制度体系信息，"一河一档"的水资源动态台账、水域岸线动态台账、水环境动态台账、水生态动态台账等，"一河一策"的问题清单、目标清单、任务清单、措施清单、责任清单等信息以及考核评估指标体系与参考值。

（2）河长制动态信息：巡河管理、涉河事件处理等工作过程信息；考核评估指标实测值、考核评估结果等信息；抽查督导的工作方案、抽查样本、督导过程、抽查结果等信息；社会监督、卫星遥感、水政执法等监督信息；水文水资源、水政执法、工程管理、水事热线等水利业务应用系统推送的信息，以及环境保护等部门共享的信息。

（三）信息服务

信息服务整合水文水资源、防汛抗旱、水政执法、工程管理、水事热线等水利业务应用系统，共享环境保护等相关部门数据，积极利用卫星遥感监测信息，并会同河长制管理数据库，一同构建河长制信息服务体系，为各地提供所关注的各种信息，服务于河长制管理工作。

（四）巡河管理

巡河管理支持各级河长和巡河（湖）员对巡查河湖过程进行管理，主要包括巡查任务、范围、周期等巡查计划，水体、岸线、排污口、涉水活动、水工建筑物、公示牌等巡查内容，以及巡查时间、轨迹、日志、照片、视频、发现问题等巡查记录。

（五）事件处理

事件处理支持各级河长办对通过巡查河湖、督导检查、遥感监测、社会监督、相关系统推送等方式发现的涉河湖问题和事件进行立案、派遣、处置、反馈、结案以及全过程的跟踪与督办。

（六）抽查督导

抽查督导支撑水利部和各级河长对相关部门和下一级河长履职情况开展督导工作，抽查督导的主要内容包括河长制实施、河长履职、责任落实、工作进展、任务完成等情况，主要提供以下功能：

（1）样本抽取：在所辖行政区范围内，按照"双随机、一公开"原则进行抽查督导样本的抽取。

（2）督导信息管理：对督导方案、督导过程和督导结果等信息进行录入和管理。

（3）督导信息汇总统计：对历次督导的成果信息进行汇总统计。

（七）考核评估

考核评估支持县级及以上河长依据考核指标体系对相应河湖下一级河长进行考核，考核评估结果汇总至上级，服务于上级的管理工作。主要考核指标如下：

（1）水资源保护情况：水资源保护制度、用水量、用水效率、纳污量等。

（2）河湖水域岸线保护情况：河湖水域岸线保护制度、水面面积、河湖管理岸线范围及其土地利用、涉河湖建设项目等。

（3）水污染防治情况：水污染防治制度、饮用水水质、行政断面水质、工业与生活污水处理、黑臭水体等。

（4）水环境治理情况：水环境治理制度、面污染源、点污染源、垃圾清理、截污治理、水体垃圾清理（水生生物、动植漂浮物等）、清淤疏浚等。

（5）水生态修复情况：水生态修复制度、生态红线、水系联通、岸带植被环境、山林水生植物、水生生物、生态修复措施等。

（6）执法监管情况：水政执法制度、制度落实及其保障措施、部门联合执法、设施维修养护、水政执法案件处理等。

（7）河长制工作情况：巡河管理、社会监督处置、遥感监测信息处置、执法巡查信息处置等工作情况以及相应效果等。

（八）展示发布

展示发布对内以可视化方式提供相关信息展示，对社会公众提供河长制信息发布，为接受社会监督创造条件，主要内容要求为：

（1）采用表格、图形、地图和多媒体等多种方式为各级河长办提供河长制基础信息和动态信息的查询和展示。展示内容主要有河湖（河段）信息、工作方案、组织体系、制度体系、管护目标、责任落实情况、工作进展、工作成效、监督检查和考核评估情况等。

（2）向社会公众发布河长制管理工作信息，开展河长制管理工作宣传，发布内容主要有河湖（河段）信息、河长信息、管护目标、工作动态、治河新闻公告等。

（3）接受社会监督，受理社会公众对于河长制工作开展情况及河湖治理问题的投诉与建议。

（九）移动服务

移动服务主要服务于移动环境下的信息采集和信息查询，主要功能如下：

（1）为各级河长提供在移动终端上进行河长制相关信息的查询，主要包括河湖（河段）信息、管护目标、工作进展、工作成效、监督检查和考核评估情况等信息。

（2）为各级河长提供在移动终端上进行河长制相关业务的处理，主要包括巡河管理、事件处理、考核评估等业务。

（3）为各级河长和巡河员巡查河湖提供工具，对巡查河湖过程进行记录，主要包括巡查时间、轨迹、日志、照片、视频、发现问题等内容。

（4）通过 APP 和微信公众号等方式为社会监督提供途径，包括治河新闻公告推送、河长制信息查询、公众投诉建议等功能。

四、相关业务协同

河长制管理信息系统建设应根据信息化资源整合共享的原则，按照"大数据、互联网＋、云计算"等相关要求，充分共享、积极协同，要求如下：

（1）河长制管理信息系统应重点关注河长制管理业务应用，避免开展其他水利业务或其他部门应该进行的信息化建设，确有需要也要共建共享。

（2）河长制管理信息系统建设应积极开展与水文水资源、水政执法、工程管理、水事热线等信息系统对接，充分利用已有建设成果，共享河长制管理业务需要的信息。各地根据实际情况还可以与其他相关业务应用系统开展业务协同。

五、信息安全

河长制管理信息系统的信息安全建设应按照国家网络安全等级保护要求，开展定级备案、安全建设整改及测评工作。同时，信息安全应在原有网络安全基础上，进一步从物理安全、网络安全、主机安全、应用安全、数据安全五个方面完善系统安全建设，并制定安全管理制度，构建网络安全纵深防御体系。

河长制管理信息系统应根据《中华人民共和国网络安全法》《信息系统安全等级保护基本要求》（GB/T 22239—2008）制定河长制管理信息系统安全管理制度。主要包括安全管理制度、安全管理机构、人员安全管理、系统建设管理、系统运维管理及应急预案等。

（1）安全管理制度：制定安全管理制度，说明安全工作的总体目标、范围、原则和安全框架等。

（2）安全管理机构：设立专门的安全管理机构，对岗位、人员、授权和审批、审核和检查等方面进行管理和规范。

（3）人员安全管理：制定人员安全管理规定，在人员录用、离岗、考核、安全教育和培训、外部人员访问管理等方面制定管理办法。

（4）系统建设管理：在系统定级、安全方案设计、产品采购和使用、软件开发、工程实施、测试验收、系统交付等方面制定管理制度和手段。

（5）系统运维管理：在系统运维过程中应有环境、资产、介质、网络安全、系统安全、恶意代码防范、密码、变更、备份与恢复、安全事件、应急预案等方面的管理制度和规定。

（6）应急预案：制定信息安全应急预案，包括预案启动条件、应急处理流程、系统恢复流程、事后教育培训等内容。

六、其他要求

河长制管理信息系统应依据水利部出台的指导意见和技术指南进行建设。原则上水利部、31个省（自治区、直辖市）及新疆生产建设兵团实现两级部署，支持五级（部、省、市、县、乡）应用。各级系统应参照中央开发的应用系统，在符合水利部、省、市、县各级系统互联互通、协同共享的基础上，结合各自业务需求进行定制开发。河长制管理信息系统部署方式见图6-2所示。

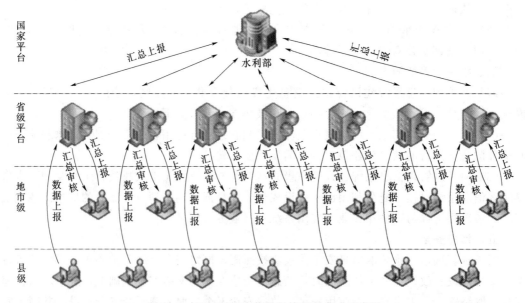

图6-2 河长制管理信息系统部署方式示意图

系统软硬件分别部署在中央及各省级单位，乡级单位可通过网络直接访问省级平台进行数据上报，也可以进行数据的离线填报；县级单位对所属各乡镇的数据进行汇总、审核，以在线填报或本地编辑远程传输的方式上报；地市级单位对所属各县的数据进行汇总、审核，以在线填报或本地编辑远程传输的方式报送到省级；省级单位汇总审核全省数据，并通过远程传输的方式报送到水利部。

第七节　省级河长制信息化平台总体框架建议

省河长制信息化平台的总体设计是以国家和省河长制主要任务为导向，考虑综合应用多种信息化技术、大数据挖掘技术，充分共享已有数据基础、系统资源，通过设计标准统一、功能健全、科学使用的河长制信息化平台，以实现河湖管护工作的高效性、便捷性、长效性、实时性，为河长制管理模式的推行和落实保驾护航。

一、总体框架

系统总体架构自下而上分为四层，分别为数据获取层、数据资源层、数据服务层和业务应用层，如图6-3所示。系统在统一架构下，层层支撑，保证各应用系统的可靠运行、资源共享与一体化管理。

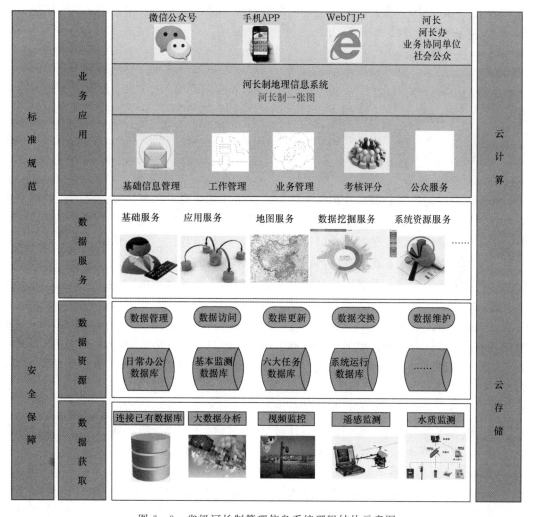

图6-3　省级河长制管理信息系统逻辑结构示意图

二、功能框架

(一) 数据获取层

数据获取层是省河长制信息化平台的数据支撑。系统的数据获取方式主要有三种,一是通过建设统一规范的共享数据接口,接入环保、住建、交通等部门已有的基础数据、监测数据、在建项目、已建或在建信息系统等;二是通过互联网爬虫、大数据分析等技术,获取互联网中的河长制相关数据,为舆情分析等服务提供数据基础;三是综合考虑视频监测设备及水质监测设备情况,选择试点区域建设摄像机设备、无人机遥感监测以及水质自动监测站。

(二) 数据资源层

数据资源层是河长制信息化平台建设的核心内容,其任务一是连接已有的水利数据库和业务协同单位数据库,对通过数据采集方式获取的数据补充建立新数据库,主要包括工作办公数据库、基本监测数据库、六大任务数据库和系统运行数据库等;二是为了便于数据的统一展示、调用和服务,建立统一的数据管理平台,以实现数据管理、数据访问、数据更新、数据交换、数据维护等功能。

(三) 数据服务层

数据服务层是省河长制信息化平台的应用支撑。数据服务层通过统一的接口、服务组件和面向水利业务应用的标准规范,实现统一的服务接口,提供基础服务、应用服务、地图服务、数据挖掘服务、系统资源服务等。数据服务平台接口需要根据业务应用需求,按照统一的接口标准开发通用服务接口,实现各应用系统之间的互联互通和互操作,支撑业务应用系统的快速开发与运行。

(四) 业务应用层

业务应用层是省河长制信息化平台的用户应用功能的集中体现。业务应用层主要包括基础信息管理系统、工作管理系统、业务管理系统、考核评分系统及公众服务系统等五个部分。其中,基础信息管理系统是河道自然状况、河长信息、一河一策等各类基础数据的管理与展示;工作管理系统包括与河长制管理工作相关的组织管理、公文发布、会议管理等行政管理服务,实现各系统间信息共享和业务协同;业务管理系统基于河长制六项任务工作的信息化需求,通过资源整合与共享、数据挖掘与分析、业务集成与开发,形成统一的信息化业务管理服务,以满足各级河长之间、各级河长办之间及业务协同单位间的业务管理需求;考核评分系统是以河长和行政区域分配的目标任务为依据对考核指标完成情况进行考核和评价,建设完善日常监控、考核流程管理和考核查询与分析等考核管理体系;公众服务系统为公众提供了河长制信息化服务接口,既能使政府部门接收到公众的举报监督,也能使公众获取到各类河长制的信息服务。三个系统以统一的门户为入口,主要通过河长制一张图的形式为用户提供服务。针对河长、河长办、业务协同部门以及社会公众等用户群体,提供 Web 端、APP 端和微信公众号三种使用方式。

(五) 标准规范体系

标准规范体系和安全保障体系是系统运行的重要基础支撑,其中标准规范体系包括 SL 249—2012《中国河流代码》、SL 701—2014《水利信息分类》、SL 427—2008《水资源监控管理系统数据传输规约》、SL 458—2009《水利科技信息数据库表结构及标识符》、

SL 444—2009《水利信息网运行管理规程》等相关文件。安全保障体系包括网络安全、设备安全及数据安全等。

(六) 运行环境

云计算与云存储体系是运行省河长制信息化平台的系统运行环境。从项目建设的先进性出发,为提高河长制决策支持平台的运行与管理效率,系统的建设基于省水利厅数据中心和省政府电子政务云,包括系统的数据共享接入与日常运行。根据不同的用户需求,提供专网和外网的访问途径。

第七章

河 长 制 的 制 度 建 设

根据《中共中央办公厅　国务院办公厅印发〈关于全面推行河长制的意见〉的通知》（厅字〔2016〕42号）和《水利部　环境保护部贯彻落实〈关于全面推行河长制的意见〉实施方案》（水建管函〔2016〕449号）的要求，2017年5月19日，水利部办公厅印发了《关于加强全面推行河长制工作制度建设的通知》（办建管函〔2017〕544号），目的是为贯彻落实党中央、国务院关于全面推行河长制的决策部署，建立健全河长制相关工作制度。

制度建设是一个制定制度、执行制度并在实践中检验和完善的动态过程。结合各地实践经验，水利部研究提出了全面推行河长制相关工作制度清单，要求各地结合实际，抓紧建立完善河长制相关工作制度，并将"相关制度和政策措施"是否到位作为验收全面建立河长制"四个到位"的重要内容。

第一节　中央明确要求的工作制度

根据《意见》《方案》要求，国家明确提出了六项工作制度，具体包括河长会议制度、信息共享制度、信息报送制度、工作督察制度、考核问责和激励制度、验收制度。

一、河长会议制度

河长会议制度内容十分丰富，包括总河长会议、河长会议、河长办会议等，主要任务是研究部署河长制工作，协调解决河湖管理保护中的重点难点问题，制度内容包括河长会议的出席人员、议事范围、议事规则、决议实施形式等内容。

（一）总河长会议

总河长会议包括省级、市级、区县级、乡镇级总河长会议。

以省级总河长会议为例，省级总河长会议由省级总河长或副总河长主持召开。出席人员包括：省级河长、省级河长对口副秘书长、相关专委会主任委员，设区市总河长、副总河长，省级责任单位主要负责人，省河长制办公室负责人等，其他出席人员由省级总河长、副总河长根据需要确定。会议原则上每年年初召开一次，也可以根据实际工作需要适时召开。会议主要事项：传达党中央国务院对河长制工作的指示和要求；研究决定河长制重大决策、重要规划、重要制度；研究确定河长制年度工作要点和考核方案；研究河长制表彰、奖励及重大责任追究事项；协调解决全局性重大问题；经省级总河长或副总河长同意研究的其他事项。会议研究决定事项为河长制工作重点督办事项，由各省级河长牵头调度，省河长制办公室负责组织协调督导，有关省级责任单位及市、县（市、区）总河长、副总河长、河长承办。

以上海市青浦区总河长会议为例，由区第一总河长、区总河长或区副总河长主持召开，出席人员包括区级河长，区河长制办公室主任、常务副主任，各镇、街道总河长、副总河长，各镇、街道河长制办公室负责人等，其他出席人员由区第一总河长、区总河长、区副总河长根据需要确定。会议原则上每年年初、年中各召开一次。会议主要事项：研究决定河长制重大政策、重要规划、重要制度；研究确定河长制年度工作要点和考核方案；研究河长制表彰、奖励及重大责任追究事项；协调解决全局性重大问题；经区第一总河长、区总河长、区副总河长同意研究的其他事项。会议形成的会议纪要经区第一总河长、区总河长、区副总河长审定后印发。

（二）河长会议

河长会议由河长主持召开，具体可包括省级、市级、区县级、乡镇级、村级河长。会议根据需要召开。

以省级河长会议为例，出席人员包括省级河长对口的省委或省政府副秘书长，河流所经有关的市河长，相关省级责任单位主要负责人或责任人，省河长制办公室负责人等，其他出席人员由省级河长根据需要确定。会议主要事项：贯彻落实省级总河长会议工作部署；专题研究所辖河湖保护管理和河长制工作重点、推进措施；研究部署所辖河湖保护管理专项整治工作；经省级河长同意研究的其他事项。会议研究决定事项为河长制工作重点督办事项，由各省级河长对口副秘书长、相关专委会主任委员牵头调度，省河长制办公室负责组织协调督导，有关省级责任单位及市河长、县河长承办。

（三）河长办会议

河长办会议由各级河长办主任（或委托常务副主任）主持召开，河长制办公室成员参加。会议原则上每季度召开一次，也可根据实际工作需要适时召开。

省级河长制办公室会议的主要内容一般包括：落实省级总河长、副总河长、河长交办的事项，通报河长制工作进展情况，研究制定季度工作任务和计划，部署日常督查和考核，研究讨论考核结果等。

市级河长制办公室会议的主要内容一般包括：贯彻落实市级总河长、副总河长、河长交办事项；协调解决河长制工作中遇到的问题；通报河长制工作进展情况并提出下一步工作意见；协调督导相关专项整治行动；部署日常督查和年度考核，研究讨论督查及考核结果；研究报市级河长和市级总河长会议研究的事项等。市河长制办公室安排专人负责会议记录，并对议定事项进行跟踪落实。

（四）其他会议

（1）责任单位联席会议。由河长制办公室负责人主持召开，出席人员为相关责任单位责任人和联络人。会议定期或不定期召开。会议主要事项：协调调度河长制工作进展；协调解决河长制工作中遇到的问题；协调督导河湖保护管理专项整治工作；研究报请河长和总河长会议研究的事项等。

（2）河长办专题会议。由河长制办公室负责人主持召开。出席人员包括成员单位责任人、河长办主任。会议根据需求不定期召开。主要事项：协调解决临时性、突发性且单一部门无法处置的涉河重大问题。会议形成的会议纪要经河长制办公室负责人审定后印发。

河长制办公室负责各项会议的落实、定期跟踪、书面上报。

（五）会议制度案例（以江苏省为例）

根据《关于在全省全面推行河长制的实施意见》，江苏省制定省级总河长会议、省河长制工作领导小组会议、省级河长会议、省河长制办公室会议、省河长制办公室联络员会议五项会议制度。

（1）江苏省级总河长会议。

1）会议人员。会议由省级总河长（或委托副总河长）主持召开。会议出席人员：省级河长，设区市总河长、副总河长、河长，省河长制工作领导小组成员等，其他出席人员由省级总河长确定。

2）会议频次。会议原则上每年召开一次，也可根据实际工作需要适时召开。

3）会议组织。会议方案由省河长制办公室编制，报省级总河长或副总河长审批。会议由省河长制办公室承办。

4）会议内容。传达党中央国务院和省委省政府对河长制工作指示和要求，全面部署全省河长制工作，研究决定河长制重大事项等。

（2）江苏省河长制工作领导小组会议。

1）会议人员。会议由省河长制工作领导小组组长（或委托副组长）主持召开，省河长制工作领导小组成员参加，其他出席人员由组长确定。

2）会议频次。会议原则上每年召开一次，也可根据实际工作需要适时召开。

3）会议组织。会议方案由省河长制办公室编制，报省河长制工作领导小组组长或副组长审批。会议由省河长制办公室承办。

4）会议内容。总结汇报工作进展情况，研究确定全省河长制工作目标，部署落实河长制工作各项任务，统筹解决河长制工作中的重大问题等。

（3）江苏省级河长会议。

1）会议人员。会议由省级河长主持召开。会议出席人员：河湖所在设区市、县（市、区）河长，省河长制工作领导小组成员单位有关负责人，省级河长助理，其他出席人员由省级河长确定。

2）会议频次。根据工作实际，由省级河长确定召开。

3）会议组织。会议方案由河长助理所在单位会同省河长制办公室编制，报省级河长审批。会议由河长助理所在单位主办，省河长制办公室协办。

4）会议内容。贯彻落实省级总河长工作要求，研究解决河湖管理中的突出问题，部署河湖督查、考核等重要事项。

（4）江苏省河长制办公室会议。

1）会议人员。会议由省河长制办公室负责人主持召开，河长制办公室负责人和工作人员参加。

2）会议频次。会议原则上每季度召开一次，也可根据实际工作需要适时召开。

3）会议内容。落实省级总河长、副总河长、河长交办事项，通报河长制工作进展情况，研究制订季度工作计划和任务，部署日常督查和考核，研究讨论督查及考核结果等。

（5）江苏省河长制办公室联络员会议。

1）会议人员。会议由省河长制办公室负责人（或委托秘书处负责人）主持召开，省河长制办公室联络员参加。

2）会议频次。会议原则上每季度召开一次，也可根据实际工作需要适时召开。

3）会议内容。通报河长制工作进展情况，分析工作推进过程中存在的问题，提出相关建议和措施等。

二、信息共享制度

信息共享制度主要包括信息公开、信息通报和信息共享等内容。①信息公开，主要任务是向社会公开河长名单、河长职责、河湖管理保护情况等，应明确公开的内容、方式、频次等；②信息通报，主要任务是通报河长制实施进展、存在的突出问题等，应明确通报的范围、形式、整改要求等；③信息共享，主要任务是对河湖水域岸线、水资源、水质、水生态等方面的信息进行共享，应对信息共享的实现途径、范围、流程等作出规定。

例如，江西省河长制办公室承办省级河长制工作通报，专职副主任负责对通报内容审签，重要事项需由主任签发。通报内容包括：省级责任单位和市、县（市、区）对上级有关省河长制工作、重要部署落实情况；年度工作目标、工作重点推进情况；对重点督办事项的处理进度和完成效果；危害河湖保护管理的重大突发性应急事件处置；奖励表彰、通报批评和责任追究。

三、信息报送制度

水利部办公厅、环境保护部办公厅联合发文，明确了河长制工作进展情况信息报送制度的具体要求。各省市县河长办都规定了信息报送制度和内容，明确了河长制工作信息报送主体、程序、范围、频次以及信息主要内容、审核要求等。

国家要求，各省（自治区、直辖市）河长制办公室每两个月需将贯彻落实进展情况报送水利部及环境保护部，有重大情况的需要随时报送。每年的1月10日前，各省（自治区、直辖市）河长制办公室将本省（自治区、直辖市）河长制工作情况总结报告报送水利部及环境保护部。同时要求各地确定信息报送工作联络员。

例如，上海市青浦区制定了信息报送制度包括以下内容。

（1）各镇、街道河长制办公室和区河长制办公室成员单位作为信息专报的主体单位。主要内容包括：贯彻落实区委、区政府的决策、措施和工作部署；贯彻落实区总河长会议、区河长办工作例会、区河长办专题会议的决策部署或区第一总河长、区总河长、区副总河长批办事项；河湖保护管理工作中出现的重大突发性事件；跨街镇、跨部门的重大协调问题；反映街镇创新性、经验性、苗头性、问题性及建议性等重要政务信息；新闻媒体、网络反映的涉及河湖保护管理和"河长制"工作的相关信息。

（2）各镇、街道河长制办公室和区河长制办公室成员单位作为信息简报的主体单位。主要内容包括：贯彻落实上级重大决策、部署等工作推进；河长制重要工作进展、阶段性目标成果、河长制工作方案；河长制组织机构建设，河长制制度、机制建设等；河长制任务进展情况，包括年度工作计划执行情况，主要是河长制实施方案中确定的五大类任务：水污染防治和水环境治理、河湖水面积控制、河湖水域岸线管理保护、水资源保护、水生态修复和执法监管。重点突出河长制工作中的新思路、新举措、典型做法、先进经验以及工作创新、特色和亮点。

（3）在信息共享方面建立了区河长制工作平台，利用政务网站、政务微博、微信公众号等各种媒体渠道发布河长制工作信息。区河长制办公室设专人负责区河长制工作平台发布信息的审核和日常运行的管理。

四、工作督查制度

主要任务是对河长制实施情况和河长履职情况进行督查，应明确督查主体、督查对象、督查范围、督查内容、督查组织形式、督查整改、督查结果应用等内容。

水利部办公厅2017年2月印发水利部全面推行河长制工作督导检查制度，目的是全面、及时掌握各地推行河长制工作进展情况，指导、督促各地加强组织领导，健全工作机制，落实工作责任，按照时间节点和目标任务要求积极推行河长制，确保2018年年底前全面建立河长制。

督导检查的内容，一是河湖分级名录确定情况，各省（自治区、直辖市）根据河湖的自然属性、跨行政区域情况以及对经济社会发展、生态环境影响的重要性等，提出需由省级负责同志担任河长的河湖名录情况，市、县、乡级领导分级担任河长的河湖名录情况。二是工作方案制定情况，各省（自治区、直辖市）全面推行河长制工作方案制定情况、印发时间，工作进度、阶段目标设定、任务细化等情况。北京、天津、江苏、浙江、安徽、福建、江西、海南等已在全省（直辖市）范围内实施河长制的地区，2017年6月底前出台省级工作方案，其他省（自治区、直辖市）在2017年年底前出台省级工作方案。各省（自治区、直辖市）要指导、督促所辖市、县出台工作方案。三是组织体系建设情况，包括：省、市、县、乡四级河长体系建立情况，总河长、河长设置情况，县级及以上河长制办公室设置及工作人员落实情况；河湖管理保护、执法监督主体、人员、设备和经费落实情况；以市场化、专业化、社会化为方向，培育环境治理、维修养护、河道保洁等市场主体情况；河长公示牌的设立及监督电话的畅通情况等。四是制度建立和执行情况，河长会议制度、信息共享和信息报送制度、工作督查制度、考核问责制度、激励机制、验收制度等制度的建立和执行情况。

各地也制定了相应的制度，本书以浙江省瑞安市为案例介绍相关督查制度。

浙江省瑞安市河长制的督查对象主要是各镇人民政府、各街道办事处、经济开发区管委会和各有关成员单位。督查主要包括：①镇街级河长制工作落实情况。镇街级河长制是否全覆盖；河长制的机构建设是否健全；河长制常态化工作机制是否建立；河长制工作资料台账是否齐全；河道整治工作是否有力推进等。②镇街级河长办工作开展情况。河长办是否做好治河的政策支持工作；是否协助河长做好治河工程中上下游、左右岸间协调工作；是否做好镇街治河信息、报表的及时上报工作。③上级单位督查发现的问题整改落实情况。对浙江省、温州市、瑞安市督查发现的问题，媒体报道的问题是否及时整改落实。

主要采取到各单位实地抽查河道整治情况、查阅河长制工作资料台账、听取汇报、综合评定等环节。市治水办对河长制督查中发现的问题提出整改意见，明确整改期限，督促整改工作。每次的镇街级河长制工作督查及考核情况，市治水办将以通报形式报市委市政府主要领导、分管领导。每次的镇街级河长制工作督查及考核情况，市治水办将以通报形式报市委市政府主要领导、分管领导。

五、考核问责和激励制度

考核问责是上级河长对下一级河长、地方党委政府对同级河长制组成部门履职情况进行考核问责，包括考核主体、考核对象、考核程序、考核结果应用、责任追究等内容。

激励制度主要是通过以奖代补等多种形式，对成绩突出的地区、河长及责任单位进行表彰奖励，应明确激励形式、奖励标准等。

从考核主体和考核对象来讲，可以将河长制考核分为三类：上级河长对下级河长的考核；上级政府对下级政府的考核；地方党委政府对同级河长制组成部门的考核。

考核指标设立原则是以顶层制度设计为导向、以地区水治理实践为基础、定量与定性考核相结合、以阶段性目标任务为要点。

《意见》指出，各级河长对相关部门和下一级河长履职情况进行督导，对目标任务完成情况进行考核。考核内容至少应包括河长履职情况、任务的完成情况两大块。将领导干部自然资源资产离任审计结果和整改工作落实情况作为考核的重要参考、地方党政领导干部综合考核评价的重要依据、生态环境损害责任终身追究制。

例如，江西省制定了工作考核制度，其考核对象主要是各市、县（市、区）人民政府。根据河长制年度工作要点，省河长制办公室负责制定年度考核方案报总河长会议研究确定。方案主要包括考核指标、考核评价标准及分值、计分方法及时间安排等。

根据考核方案，省河长制办公室、省级责任单位根据分工开展考核。计算各市、县（市、区）单个指标的分值和综合得分，公布考核结果。省河长制办公室负责河长制考核的组织协调工作，统计及公布考核结果。省统计局（省考评办）负责将河长制考核纳入市、县科学发展综合考核评价体系，指导河长制工作考核。省发改委（省生态办）负责将河长制考核纳入省生态补偿体系。相关省级责任单位根据考核方案中的职责分工制定评分标准和确定分值，并承担相关考核工作。考评结果纳入市县科学发展综合考核评价体系并纳入生态补偿机制。

在激励政策方面上海市青浦区村居制定了以奖代拨奖励制度，该项制度由区河长制办公室组织实施，纳入区对村居以奖代拨总体考核。考核内容主要包括村居河长制制度落实情况、河湖常态管护情况、河湖水质状况、群众满意度测评情况等4个方面。考核按照村居自查、申报，街镇核定，区河长制办公室考核方式实施，采取听汇报、看现场、查台账方式开展。考核设置27名村河长制工作优秀奖、30名居委会河长制工作优秀奖。奖励标准按照15万元/村、4万元/居。相关经费列入区政府对村居以奖代拨经费，区级财政将根据年度考核结果于次年一季度一次性拨付。

六、验收制度

水利部、环保部出台《全面建立河长制工作中期评估技术大纲》，各省按照中央要求，出台相应的河长制工作验收办法。各地按照一定时间段的工作安排，由河长办或相关牵头部门对全面建立河长制工作进行验收。验收工作主要从组织领导到位、规章制度健全、队伍建设规范、管理成效显著、台账资料齐全、群众满意度高等方面进行，考核组按照查看现场、走访群众、检查资料、听取汇报等步骤进行考核，并依照本地区的河长制考核评分细则逐项量化评分。

例如，江苏省河长办出台《江苏省河长制验收办法》，制定具体工作方案。省级验收对象为各设区市，省级验收工作由省河长制工作办公室组织，省河长制工作领导小组成员单位相关人员参加。验收内容主要包括市、县、乡河长制实施方案制定情况，市、县、乡总河长和市、县、乡、村河长设立情况，市、县、乡河长制工作办公室建立情况，河长制配套制度建立情况，河长制各项工作开展情况等。验收步骤包括听取汇报、查阅资料、抽查现场、问题质询、交流反馈、形成意见。验收通过的，由省河长制工作办公室具文确认；验收未通过的，应整改到位后重新申请验收。

另外，各地还积极探索河长制验收过程中的第三方评估方式。例如上海市青浦区第三方评估由区河长制办公室通过政府购买服务的方式，择优选择具备相关资质和能力的第三方机构开展。评估对象为全区各级河湖日常管护情况。

评估评价的内容分为河道管护、水质感官、群众满意度、社会投诉、处置效率 5 大项，其中河道管护包括水域、陆域保洁，绿化、水生植物、河道设施养护等；水质感官包括河道水质达标状况、改善率和体表感官等；群众满意度通过问卷调查方式掌握河道沿线居民对河道管理和目前现状的满意度；社会投诉包括 12345 市民服务热线、新闻媒体报道等相关资料；处置效率包括检查发现问题和市民投诉问题的整改时效和成效等。区河长制办公室将对第三方评估提供的相关数据进行定期通报，并作为年度考核评分重要依据。

第二节　结合各地实际的工作制度

在全面推行河长制工作中，一些地方探索实践河长巡查、重点问题督办、联席会议等制度，有力推进了河长制工作的有序开展。各地可根据本地实际，因地制宜，选择或另行增加制定出台适合本地区河长制工作的相关制度。

一、河长巡查制度

通过各级河长履行河长职责，对河道进行全面巡查，重点以清除河道垃圾、提高河流水质为目的。坚持以问题为导向，以务实抓推进，以责任促落实，进一步强化工作措施，协调各方力量，形成"河长总牵头，层层抓落实"的工作合力，加快推进河湖水生态治理工作。

例如，浙江省瑞安市河长日常巡查工作由河长牵头，巡查人员包括镇街级河长、督查长、河道警长、驻村干部、村干部等。镇街级河长对挂钩联系河道的巡查不少于每旬（10天）一次。除日常巡查外，河长可以结合挂钩联系河道实际情况进行不定期巡查，并做好巡查记录和河长工作日志。此外，河长要督促河道保洁员、网格化监管员结合保洁、监管等日常工作每天开展巡查，发现问题及时报告。

巡查内容主要包括：河道截污纳管工程进度和保洁工作是否到位；基层站所对于河道存在问题的监督和执法情况；生活垃圾是否有效收集集中处理；工业企业、畜禽养殖场、污水处理设施、服务业企业等是否存在偷排漏排及超标排放等环境违法行为；是否存在各类污水直排口、涉水违法（构）建筑物、弃土弃渣、工业固废和危险废物等；河道整治工程质量进度情况；村规民约的执行情况。

河长在巡查中发现问题的处置：①处置权限属于河长的，马上进行处置；②处置权限属于部门的，河长应第一时间联系或督促有关部门进行查处。若发现责任部门对问题查处不力的，应第一时间以督办函形式转交相关部门在规定的时间内予以查处，并进行跟踪落实，督促反馈结果，确保整改到位。

二、工作督办制度

需对河长制工作中的重大事项、重点任务及群众举报、投诉的焦点、热点问题等进行督办，对主体、对象、方式、程序、时限以及督办结果进行通报。

例如，江西省河长制办公室负责协调、实施督办工作。省级责任单位负责对职责范围内需要督办事项进行督办。督办对象为对口下级责任单位。

省河长制办公室负责对省级总河长、副总河长、河长批办事项，涉及省级责任单位、市政府、县（市、区）政府需要督办的事项，或责任单位不能有效督办的事项进行督办。督办对象为省级责任单位、下级河长制办公室。

省级总河长、副总河长、河长对河长制办公室不能有效督办的重大事项进行督办。督办对象为省级责任单位主要负责人和责任人，下级总河长、副总河长、河长。

督办主要分为：日常督办，河长制日常工作需要督办的事项，主要采取"定期询查""工作通报"等形式督办；专项督办，河长制省级会议要求督办落实的重大事项，或者省级总河长、副总河长、河长批办事项，由有关省级责任单位抽调专门力量专项督办；重点督办，对河湖保护管理中威胁公共安全的重大问题，主要采取会议调度、现场调度等形式重点督办。

三、联席会议制度

强化部门间的沟通协调，需明确联席会议制度的主要职责、组成部门、召集人、部门分工、议事形式、责任主体、部门联动方式等。

浙江省瑞安市根据当地实际制定了上下游河长联席会议制度，上下游、左右岸河长在治水办主持协调下召开会议，求同存异，着力形成上下游紧密协作、责任共担、问题共商、目标共治的联防联治格局。上下游河长联席会议由河长办负责召集，原则上每季度一次，在遇到重大问题时可视情况随时召开，河长办主任负责实施。河长办听取相关汇报和建议意见后针对存在的困难和问题进行协调，上下游各部门做好对接，加强沟通联系，协力解决问题。河长办做好会议记录，会后根据会上协调结果做好与各相关单位的衔接工作，跟踪落实，定期向河长汇报工作进展，并做好会议纪要备案。

四、重大问题报告制度

就河长制工作中的重大问题进行报告，需明确向总河长、河长报告的事项范围、流程、方式等。

例如，江西省设立信息专报制度，具体内容如下。

（1）专报信息报送方式。各责任单位和市、县（市、区）应将重要、紧急的河长制相关政务信息第一时间整理上报至省河长制办公室。省河长制办公室负责信息的整理选取、编辑、汇总、上报。

（2）专报信息处理。各责任单位和市、县（市、区）责任人或联络人应事先将上报信息梳理清楚，确保重要事项表述清晰、关键数据准确无误，省河长制办公室对上报信息进行校对、审核。专报信息实行一事一报，由省河长制办公室主任签发。

（3）专报信息内容。包括需立即呈报省委、省政府和省级总河长、副总河长、河长的工作信息，需专报省委、省政府的政务信息。主要事项有：贯彻落实省委、省政府决策、措施和工作部署；省级总河长、副总河长、河长批办事项；河湖保护管理工作中出现的重大突发性事件；跨流域、跨地区、跨部门的重大协调问题；反映地方创新性、经验性、苗头性、问题性及建议性等重要政务信息；舆情信息纳入编报范围。对新闻媒体、网络反映的涉及河湖保护管理和河长制工作的热点舆情；其他专报事项。

五、部门联合执法制度

部门联合执法制度需明确部门联合执法的范围、主要内容、牵头部门、责任主体、执法方式、执法结果通报和处置等。

例如，江西省会昌县设立了河流保护管理联合执法工作领导小组。组长由县政府分管领导担任，副组长由县水利局局长担任，成员由县水利局、县环保局、县委农工部、县规划建设局、县矿管局、县农粮局、县果业局、县交通运输局、县海事处、县国土局、县水保局、县林业局、县城管局、县工信局、县公安局等部门组成。

联合执法联席会议在联合执法工作领导小组领导下组织召开，主要负责研究解决全县河流保护管理联合执法工作中的重大问题和难点问题，协调解决涉及相关部门在执法中的协作配合等问题。各成员单位要按照职责分工，主动担当涉及河流保护工作的有关执法工作，认真落实联席会议布置的工作任务，按要求及时向联席会议办公室报送工作情况。

各成员单位主要职责及联合执法工作内容如下：

（1）县水利局牵头组织对非法侵占河道水域及岸线、非法设置入河排污口、河道非法采砂等水事违法违规行为的查处和整治（县环保局、县城管局、县国土局、县交通运输局、县海事处、县农粮局、县规划建设局、县公安局等配合）。

（2）县环保局牵头组织对工矿企业及工业聚集区水污染防治（县矿管局、县工信局、县水利局、县公安局等配合）。

（3）县农粮局牵头组织开展对畜禽养殖污染的整治和农业化学肥料、农药零增长专项治理、全县渔业资源保护专项整治行动（县环保局、县水利局、县林业局、县果业局、县公安局等配合）。

（4）县城管局牵头组织开展县城生活污水整治（县环保局、县规划建设局、县水利局等配合）。

（5）县矿管局牵头组织开展河流周边矿山地质环境保护与恢复治理整治（县林业局、县水保局、县水利局、县国土局等配合）。

（6）县委农工部牵头开展农村生活垃圾专项治理、农村生活污水治理和整治（县城管局、县农粮局、县规划建设局等配合）。

（7）县交通运输局牵头开展船舶港口污染防治和治理（县环保局、县海事处、县水利局等配合）。

（8）县国土局牵头组织开展土地资源开发环境保护专项整治（县林业局、县果业局、县矿管局、县公安局等配合）。

（9）县水保局牵头组织开展水土流失专项整治（县矿管局、县环保局、县水利局、县交通运输局等配合）。

（10）县林业局牵头开展河流沿岸绿化及湿地保护专项整治（县水利局、县公安局配合）。

六、公示牌制度

各级河长办要负责在省、市、县、乡级河道流经的显要位置设置河长公示牌，标明河长职责、整治目标和监督电话等内容，接受公众监督。为规范河长公示牌的制作，各地河长制办公室研究确定了公示牌的规范和参考格式。

（一）浙江省公示牌制度

（1）省级河长公示牌图示。

1）正面。

浙江省省级河长 公示牌	
河道名称：	省级河长：
河道起点：	市级河长：
河道终点：	县级河长：
河道长度：　　　　　　　　m	乡（镇）级河长：
河长职责：各级河长负责牵头组织开展挂钩联系河道的水质和污染源现状调查、制定水环境治理规划和实施方案，推动重点工程项目落实，协调解决重点难点问题，做好工作督促检查，确保完成水环境治理的目标任务。	
整治目标：河道范围内污水无直排、水域无障碍、堤岸无损毁、河底无淤积、河面无垃圾、绿化无破坏、沿岸无违建。	
监督电话：0577××××，13××××××××公示牌编号：0302××	
（网址或二维码）	
×××××人民政府××年××月	

公示牌说明：

a. 公示牌采用不锈钢管框架和铝反光面板，框架高 2.3m，面板安装于顶端，宽 1.4m，高 1m，由左右、上下四根不锈钢管支撑，地下埋深不小于 0.5m，采用混凝土浇筑固定；

b. 正面底色为蓝色；顶端标题居中，为方正小标宋简体字体，字为红色；项目名称为雅黑字体，字为黄色。标题和项目名称全省统一。项目内容为雅黑字体，字为白色，河道名称、起讫地点及长度各县（市、区）根据实际情况填写，市、县、乡三级河长根据地方公示填写。监督电话为所在县（市、区）的举报电话。公示牌编号前 4 位为各县（市、区）行政代码，其中，市级功能区 0301，鹿城 0302，龙湾 0303，瓯海 0304，洞头 0322，永嘉 0324，平阳 0326，苍南 0327，文成 0328，泰顺 0329，瑞安 0381，乐清 0382，功能区按所在行政区域编码，第 5、6 位代码由各县（市、区）根据街道、乡镇编码。正面右下角留出空间，待河长制相关信息系统建立后，增加网址或二维码信息。

2）反面（以瓯江永嘉段为例）。

瓯江永嘉段示意图

（水系图）

公示牌说明：反面底色为白色；顶端标题居中，为正方小标宋简体，字为蓝色；下面绘制水系示意图，并标注以下内容：水系分布和流向、出入境断面的位置和名称、饮用水源保护区范围和类型、省市县 3 级监测断面位置、重要交通干线和河边基础设施、该县（市、区）政府和水系流经乡镇驻地、周边行政区名称。示意图要简洁明快、一目了然。

（2）市级河长公示牌图示。

1）正面。

温州市市级河长
公示牌

河道名称：　　　　　　　　　　　　　　　　市级河长：

河道起点：　　　　　　　　　　　　　　　　县级河长：

河道终点：　　　　　　　　　　　　　　　乡（镇）级河长：

河道长度：　　　　　m

河长职责：各级河长负责牵头组织开展挂钩联系河道的水质和污染源现状调查、制定水环境治理规划和实施方案，推动重点工程项目落实，协调解决重点难点问题，做好工作督促检查，确保完成水环境治理的目标任务。

整治目标：河道范围内污水无直排、水域无障碍、堤岸无损毁、河底无淤积、河面无垃圾、绿化无破坏、沿岸无违建。

监督电话：0577××××，13×××××××公示牌编号：0302××

（网址或二维码）

×××××人民政府××年××月

公示牌说明：

a. 公示牌采用不锈钢管框架和铝反光面板，框架高 2.3m，面板安装于顶端，宽 1.4m，高 1m，由左右、上下四根不锈钢管支撑，地下埋深不小于 0.5m，采用混凝土浇筑固定；

b. 正面底色为蓝色；顶端标题居中，为方正小标宋简体字体，字为红色；项目名称为雅黑字体，字为黄色。标题和项目名称全省统一。项目内容为雅黑字体，字为白色，河道名称、起讫地点及长度各县（市、区）根据实际情况填写，市、县、乡三级河长根据地方公示填写。监督电话为所在县（市、区）的举报电话。公示牌编号前 4 位为各县（市、区）行政代码，其中，市级功能区 0301，鹿城 0302，龙湾 0303，瓯海 0304，洞头 0322，永嘉 0324，平阳 0326，苍南 0327，文成 0328，泰顺 0329，瑞安 0381，乐清 0382，功能区按所在行政区域编码，第 5、6 位代码由各县（市、区）根据街道、乡镇编码。正面右下角留出空间，待河长制相关信息系统建立后，增加网址或二维码信息。

2）反面（以温瑞塘河鹿城段为例）。

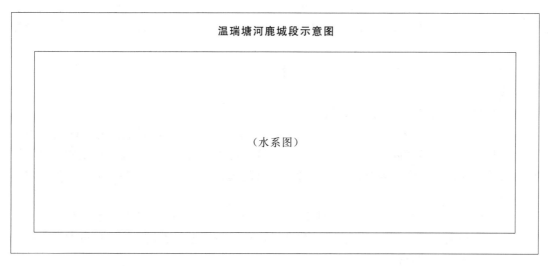

公示牌说明：反面底色为白色；顶端标题居中，为正方小标宋简体，字为蓝色；下面绘制水系示意图，并标注以下内容：水系分布和流向、出入境断面的位置和名称、饮用水源保护区范围和类型、省市县 3 级监测断面位置、重要交通干线和河边基础设施、该县（市、区）政府和水系流经乡镇驻地、周边行政区名称。示意图要简洁明快、一目了然。

（二）福建省河长公示牌设置指导意见

（1）河长公示牌类别及公开内容。河长公示牌设置分省、市、县、乡四级。

1）省级河长公示牌。闽江、九龙江、敖江流域干支流流经的每个县（市、区），沿河所有乡镇（街道）应当设置一块。省级河长公示牌正面公开内容应包括：①河流名称，标注为××河××县（市、区）××乡镇（街道）段；②河段起止点、长度；③流域省级河长姓名、职务；流域市级河长姓名、职务；④流域县级河长姓名、职务、联系电话；⑤流域乡级河长姓名、职务、联系电话；⑥县级河长联系部门，联系人姓名、职务、联系电话；⑦河长职责；⑧整治目标；⑨县级统一设立的监督举报电话；⑩二维码信息。河流水系示意图。

2）市级河长公示牌。干支流流经的每个县（市、区），沿河所有乡镇（街道）应当设置不少于一块。市级河长公示牌相关内容参照省级河长公示牌，标注设区市、县（市、区）、乡镇（街道）三级河长信息。

3）县级河长公示牌。干支流流经的每个乡镇（街道）应当设置不少于一块。县级河长公示牌相关内容参照市级河长公示牌，标注县（市、区）、乡镇（街道）两级河长信息。

4）乡级河长公示牌，河流流经的每个行政村（社区、居委会）设置应不少于一块，河流名称标注为××河××乡镇（街道）××村（社区、居委会）段。乡镇级河长公示牌相关内容参照县（市、区）级河长公示牌，标注乡镇（街道）河长、河道专管员信息并公开手机号码。

5）各地要对河长公示牌进行编号，公示牌编号为9位，前2位为设区市代码：福州01，厦门02，宁德03，莆田04，泉州05，漳州06，龙岩07，三明08，南平09，平潭综合实验区10；第3、4位为县（市、区）代码；第5、6位为乡镇代码；最后3位为行政村代码。

6）设有河道警长的市、县、乡三级河长公示牌上应标注河道警长姓名、联系方式等信息。

7）各地可根据实际，采取"主牌＋辅牌"的形式，增设一些简易实用的辅助牌，规格内容自定。

（2）河长公示牌规格和点位设置。

1）各地要本着"安全、简明、适用、醒目、美观"的原则，因地制宜，确定河长公示牌规格、样式，县域内相对统一。河长公示牌应使用坚固耐用、不易变形变质的材料制作，尺寸大小应满足内容需要，高度应适合公众阅读，内容应字迹清楚、颜色醒目，与周围景观协调。

2）河长公示牌应设置在河岸醒目位置，便于群众查看，优先设立在主要公路边、桥边、居住人口密集或人流相对集中的河岸边。各地还应根据河流长度、人口分布等实际情况，酌情增设公示牌点位。

3）省、市、县三级公示牌设置点位由县（市、区）河长办负责确定；乡级公示牌设置点位由乡镇（街道）河长办负责确定。省级河长公示牌的制作、安装和管护由县（市、区）具体负责。市、县、乡三级公示牌的制作、安装和管护由各地自行确定。

（3）河长公示牌更新和管护要求。

1）河长公示牌上的信息要素要保持准确和完整，若河长调整、电话更改及其他公示信息发生变动的，由相应的河长联系部门及时通知所在县（市、区）进行更改。

2）各地要加强河长公示牌日常管护，定期组织检查，发现有倾斜、破损、变形、变色、老化等问题时，应第一时间修整或更换。

3）各地应以县（市、区）为单位建立河长公示牌档案台账，内容包括公示牌编号、类别、数量、位置、照片等。

第三节 辅 助 性 制 度

各地在实践的过程中还结合实际工作需求，及时组织制定相关制度，作为主要工作制度的辅助，进一步推动了河长制工作的开展。如水质监测制度、举报受理制度等。

一、水质监测制度

例如，上海市青浦区河长制水质监测由区河长制办公室牵头组织，环保、水务等相关部门具体实施。监测断面布设范围包括 2 个国考断面、17 个市考断面、102 个区考断面、40 个省（市）界断面、55 个区界断面。285 个村（居）挑选不少于 2 个典型断面。

监测指标按照地表水常规监测指标落实，如有需要根据实际需求进行调整。监测分为定期监测和应急监测，定期监测按照每个断面每月监测一次的频率开展，全年监测 12 次。应急监测主要应对水污染事件、蓝藻水华等各类突发事件，经区河长制办公室负责人批准后落实。水质状况分别根据水质达标情况和水质改善情况进行综合评定。

二、河长投诉举报受理制度

例如，浙江省瑞安市镇街级河长及责任单位均设置举报电话并在河长公示牌上公布，一旦挂钩联系河道被投诉举报必须受理，河长需要及时到现场，听取举报人和群众意见，进行实地探勘调查，并及时交办有关部门立即解决处置；不能现场立即处置的，要以督办函形式转交相关部门在规定的时间内予以查处，并抓好跟踪落实和情况反馈，确保整改到位。

鼓励实名举报下列违法行为：①排污单位偷排、直排废水；②随意倾倒泥浆等建筑垃圾；③违反规定设置排污口或私设暗管排污；④河道周边禁养区内的规模化畜禽养殖场；⑤河道周边存在涉水违法（构）建筑物；⑥河岸垃圾乱堆放，未有效集中处置。

对实名举报的问题，河长对投诉举报做到件件受理，事事回应。由接报地的河长牵头会同有关部门单位进行核查，把事件处理的结果要及时反馈给举报人，向社会公开。

三、河道保洁长效管理制度

例如，浙江省平阳县怀溪镇按照分级管理、逐级负责的原则，成立镇、村二级河长机制。镇长担任总河长，镇级河长担任一级河长，村委会书记或主任担任二级河长。镇政府成立治水工作领导小组，下设办公室并确定专人负责治水工作。

明确本单位所保洁的河道名称、河道长度、河长。镇政府统一发包保洁承包单位，签订保洁协议，明确工作职责，落实工作任务，接受指导监督。对河道保洁承包单位实行镇监督管理，不定期抽查，保洁管理人员不在岗一次，扣除当月承包费用 30%，年终实行综合评定，评为优秀的给予适当奖励，评定结果差的扣除承包费用。

四、河道警长工作制度

河道警长是打击河道污染违法犯罪行为的第一责任人，以河道警长制为平台，立足公安机关职责，牵头组织包干河道的相关工作，并密切联系河长，及时向河长请示汇报，当好河长的参谋助手。

河道警长要全面搜集、掌握包干河道特别是饮用水源保护区内的重点排污点等相关情报信息；配合党委、政府，排查化解因治水工作引发的不稳定因素；依法严厉打击涉嫌污染环境的违法犯罪行为，以及盗窃破坏治水设备和河道安全设施、黑恶势力插手干扰破坏涉水工程等违法犯罪行为；组织开展包干河道周边区域及村居的日常治安巡查，依法维护治水工作现场秩序；配合职能部门宣传涉水法律法规知识，进一步提高全社会环境保护意识。

五、相关制度

要把水资源保护、水域岸线管理、水污染防治、水环境治理等职责落到实处，在全面推行河长制过程中，还需不断建设相应的制度。

（1）责任范围的划分制度。河湖管理保护是一项复杂的系统工程，在划分、确定河长职责范围的过程中，要充分遵循河湖自然生态系统的规律，忌一河多策；要把握河流整体性与水体流向，忌多头管理。要注重河流的整体属性，遵循河流的生态系统性及其自然规律。制定流域环境保护开发利用、调节与湖泊休养生息规划，合理分配流经区域地方政府的用水消耗量和污染物排放总量，实现发展与保护的内在统一。要合理设置断面点位，目前河长职责范围的确定以断面点位为依据，而断面点位的设置、划定基本是以各行政区域的交界处划分的。这种划分方式对上下游、左右岸管辖问题考虑较多，对水流变化等原因则考虑较少。断面点位设置要在统筹流域水系的基础上，充分考虑水流变化和流域工农业发展实际，合理划分河长们的职责范围。

（2）资金使用的管理制度。黑臭河整治、污水处理设施建设、水生态修复等水环境治理工程势必投入大量资金。因此在资金分配使用上，要建立严格的管理制度，确保资金安全。要建立水环境治理的专项资金账户，建立资金报批制度，建立资金规范运作制度，建立资金使用监管制度。财政部门及时将专项资金使用、考核、验收等情况，在政府网站和公示栏予以公示，便于公众监督。

（3）生态资金的横向补偿制度。国家提出全面推行河长制，就是把生态自然资源利用过程中产生的社会成本用行政手段实现内部化。通过行政权力分割和考核问责，解决上下游、左右岸的水环境治理成本外部性问题。因此，在强化河长责任考核的同时，还需完善生态资金补偿制度。一个是纵向补偿，对那些为了保护生态环境而丧失许多发展机会、付出机会成本的地区，提供自上而下的财政纵向生态补偿资金，确保区域环境基础设施建设。另一个是横向补偿，即根据"谁污染，谁治理""谁受益谁补偿，谁污染谁付费"的原则，对上游水质劣于下游水质的地区，通过排污权交易或提取一定比例排污费，纳入生态建设保护资金，补偿下游地区改善水环境质量。

（4）其他相关制度。其他河长制相关制度主要涉及支撑河长制稳步落实的行政与管理制度，分为河长制行政审批机制、水域岸线管理机制和河湖保护机制等；政策法律体系主要涉及保障河长制稳步落实的政策制度支撑和法律法规支撑，分为河道管理法律制度、水权制度、水环境保护法律制度、生态环境用水政策法律、涉水生态补偿机制和水事纠纷处理机制等，以上制度需要逐步完善和落实。

附录 云南省河长制相关重要文件

附录1 云南省全面推行河长制的实施意见

全面推行河长制，是党中央、国务院为加强河湖管理保护作出的重大决策部署，是落实绿色发展理念、推进生态文明建设的内在要求。为全面贯彻《中共中央办公厅、国务院办公厅印发〈关于全面推行河长制的意见〉的通知》（厅字〔2016〕42号）精神，进一步加强河湖库渠管理保护工作，落实属地责任，健全长效机制，结合我省实际，提出以下实施意见。

一、总体要求

（一）指导思想

全面贯彻党的十八大和十八届三中、四中、五中、六中全会精神，深入学习贯彻习近平总书记系列重要讲话和考察云南重要讲话精神，以及省第十次党代会精神，紧紧围绕统筹推进"五位一体"总体布局和协调推进"四个全面"战略布局，牢固树立新发展理念，坚持节水优先、空间均衡、系统治理、两手发力，以保护水资源、防治水污染、改善水环境、修复水生态为主要任务，在全省河湖库渠全面推行河长制，构建责任明确、协调有序、监管严格、保护有力的河湖库渠管理保护机制，为维护河湖库渠健康生命、实现河湖库渠功能永续利用提供保障，为把云南建设成为我国民族团结进步示范区、生态文明建设排头兵、面向南亚东南亚辐射中心，与全国同步全面建成小康社会提供有力的水安全保障。

（二）基本原则

坚持生态优先、绿色发展。牢固树立尊重自然、顺应自然、保护自然的理念，处理好河湖库渠管理保护与开发利用的关系，强化规划约束，促进河湖库渠休养生息、维护河湖库渠生态功能。

坚持党政领导、部门联动。建立健全以党政领导负责制为核心的责任体系，明确各级河长职责，强化工作措施，协调各方力量，形成一级抓一级、层层抓落实的工作格局。

坚持属地管理、分级负责。各州（市）、县（市、区）、乡（镇）党委和政府及村级组织对行政区域内的河湖库渠管理保护负主体责任，省级负责协调跨州（市）河湖库渠管理保护工作，并做好河长制监督、检查、考核工作。

坚持问题导向、因地制宜。立足不同地区、不同河湖库渠实际，实行"一河一策""一湖一策""一库一策""一渠一策"，解决河湖库渠管理保护的突出问题。

坚持城乡统筹、水陆共治。加强区域合作，统筹城市与农村发展需求，上下游、左右岸协调推进，水域与陆地共同治理，河湖库渠整体联动，系统推进河湖库渠保护和水生态环境整体改善，切实解决问题在水里、根子在岸上的水环境治理痼疾。

坚持强化监督、严格考核。依法治水管水，建立健全河湖库渠管理保护监督考核和责任追究制度，拓宽公众参与渠道，营造全社会共同关心和保护河湖库渠的良好氛围。

（三）实施范围

全省的河湖库渠全面推行河长制。六大水系、牛栏江及九大高原湖泊设省级河长。《云南省水功能区划》确定的162条河流、22个湖泊和71座水库，《云南省水污染防治目标责任书》确定考核的18个不达标水体，大型水库（含水电站）设立州（市）级河长。其他河湖库渠，纳入州（市）、县（市、区）、乡（镇）、村各级河长管理。

（四）主要目标

到2017年年底，全面建立省、州（市）、县（市、区）、乡（镇）、村五级河长体系。到2020年，基本实现河畅、水清、岸绿、湖美的目标。重要河湖库渠水功能区水质达标率达到87%，县级以上城市集中式饮用水水源地水质达标率达到100%，纳入国家考核的地表水优良水体（达到或优于Ⅲ类）比例提升到73%以上；消除滇池草海、西坝河、鸣矣河、龙川江、螳螂川、以礼河等6个丧失使用功能（劣于Ⅴ类）的水体。抚仙湖、泸沽湖保持Ⅰ类水质，洱海、程海、阳宗海水质保持稳中向好，滇池、星云湖、杞麓湖、异龙湖富营养化水平持续降低，杞麓湖、异龙湖逐步恢复传统水量；全面完成州（市）级城市黑臭水体治理目标。

二、主要任务

（五）加强水资源保护

落实《云南省人民政府关于实行最严格水资源管理制度的意见》（云政发〔2012〕126号），严守水资源开发利用控制、用水效率控制、水功能区限制纳污三条红线，强化地方各级政府责任；以治理规划和治理方案为推手，落实各级河长职责；严格考核评估和监督。实行水资源消耗总量和强度双控行动，防止不合理新增取水，以水定需、量水而行、因水制宜。坚持节水优先，加强节水型社会建设，全面提高用水效率，水资源短缺地区、生态脆弱地区要严格限制发展高耗水项目，加快实施农业、工业和城乡节水技术改造，坚决遏制用水浪费。严格水功能区管理监督，根据水功能区划确定的河流水域纳污能力和限制排污总量，落实污染物达标排放要求，切实监管入河湖库渠排污口，严格控制入河湖库渠排污总量。严格管控地下水开采。

（六）加强岸线管理保护

组织编制河湖水域岸线规划和河道采砂规划。严格水域岸线等水生态空间管控，依法划定河湖管理范围。落实规划岸线分区管理要求，强化岸线保护和节约集约利用。严禁以各种名义侵占河道、围垦湖泊、非法采砂，对岸线乱占滥用、多占少用、占而不用等突出问题开展清理整治，恢复河湖库渠行洪和水域岸线生态功能。落实防汛抗旱责任制，提高江河湖泊的防洪标准，增强城乡供水及抗旱应急保障能力。

（七）加强水污染防治

落实《云南省水污染防治工作方案》，建立健全行政区水污染防治协作机制，推动形成"统一监管、分工负责"的水污染防治工作新格局，统筹水上、岸上污染治理，完善入河湖库渠排污管控机制和考核体系。全面加强重要水功能区排污口监督管理，排查入河湖库渠污染源，加强综合防治，严格治理工矿企业污染、城镇生活污染、畜禽养殖污染、水产养殖污染、农业面源污染，船舶、港口污染，改善水环境质量。优化入河湖库渠排污口布局，实施入河湖库渠排污口整治。

（八）加强水环境治理

强化水环境质量目标管理，组织实施不达标水体达标方案，确保《云南省水污染防治目标责任书》确定的水质目标如期实现。按照水功能区确定各类水体的水质保护目标。切实保障饮用水水源安全，开展饮用水水源地规范化建设，依法清理饮用水水源保护区内违法建筑和排污口。加强河湖库渠水环境综合整治，推进水环境治理网格化和信息化建设，建立健全水环境风险评估排查、预警预报与响应机制。结合城市总体规划，因地制宜建设亲水生态岸线，加大黑臭水体治理力度，实现河湖库渠环境整洁优美、水清岸绿。以生活污水处理、生活垃圾处理为重点，综合整治农村水环境，推进美丽宜居乡村建设。

（九）加强水生态修复

推进河湖库渠生态修复和保护，禁止侵占自然河湖、湿地等水源涵养空间。在规划的基础上稳步实施退田还湖还湿、退渔还湖，恢复河湖库渠水系的自然连通。加强水生生物资源保护，提高水生生物多样性。开展河湖库渠健康评估。强化山水林田湖系统治理，加大江河源头区、水源涵养区、生态敏感区保护力度，对滇池、洱海、抚仙湖等高原湖泊实行更严格的保护。积极推进建立生态保护补偿机制，加强水土流失预防监督和综合整治，建设生态清洁型小流域，维护河湖生态环境。

（十）加强执法监管

健全地方性法规、规章，及时制定水利工程管理、河道管理等方面的制度规定。加大河湖库渠管理保护监管力度，建立健全部门联合执法机制，完善行政执法与司法衔接机制。建立河湖库渠日常监管巡查制度，实行河湖库渠动态监管。结合深化行政执法体制改革，加强环保、水政等监察执法队伍建设，建立水政与环保综合执法机制。落实河湖库渠管理保护执法监管责任主体、人员、设备和经费。严厉打击涉河湖库渠违法行为，坚决清理整治非法排污、设障、捕捞、养殖、采砂、采矿、围垦、侵占水域岸线等活动。

三、全面建立河长制体系

（十一）建立河长制领导小组

建立以各级党委主要领导担任组长的河长制领导小组。省级河长制领导小组组长由省委书记担任，第一副组长由省长担任，常务副组长由省委副书记担任，副组长由分管水利、环境保护的副省长分别担任，领导小组成员单位为省委组织部、省委宣传部、省委政法委、省委农办、省发展改革委、省工业和信息化委、省教育厅、省科技厅、省公安厅、省财政厅、省国土资源厅、省环境保护厅、省住房城乡建设厅、省交通运输厅、省农业厅、省林业厅、省水利厅、省卫生计生委、省审计厅、省外办、省旅游发展委、省国资委、省工商局、省法制办、云南电网公司等。各成员单位确定1名厅级领导为成员、1名处级领导为联络员。

省河长制办公室设在省水利厅，办公室主任由省水利厅厅长兼任，副主任分别由省环境保护厅、省水利厅分管负责同志担任。州（市）、县（市、区）要参照设立河长制办公室。

（十二）实行五级河长制

全省河湖库渠实行省、州（市）、县（市、区）、乡（镇）、村五级河长制。省、州（市）、县（市、区）、乡（镇）分级设立总河长、副总河长，分别由同级党委、政府主要负责同志担任。各河湖库渠分级分段设立河长，分别由省、州（市）、县（市、区）、乡（镇）党政及村级组织有关负责同志担任。河湖库渠所在州（市）、县（市、区）、乡（镇）党委、政府及村级组织为河湖库渠保护管理的责任主体；村组设专管员、保洁员或巡查员，城区按现有城市管理体制落实专管人员。

省级总河长由省委书记担任，副总河长由省长担任。六大水系、牛栏江和九大高原湖泊省级河长由省委、省政府有关领导分别担任，相应河湖段的州（市）级河长由河湖所在州（市）党委或政府主要负责同志担任。

（十三）实行分级负责制

河长制领导小组：负责全面推行河长制的组织领导，推进河长制管理机构建设，审核河长制工作计划，组织协调河长制相关综合规划和专业规划的制定与实施，协调处理部门之间、地区之间的重大争议，统筹协调其他重大事项。

总河长、副总河长：负责领导本区域河长制工作，承担总督导、总调度职责。

河长：各级河长是相应河湖库渠管理保护的直接责任人，要主动作为，建立现场工作制度，对相应河湖库渠开展定期不定期巡查巡视，及时发现问题，以问题为导向，组织专题研究，制定治理方案，落实一河一策、一湖一策、一库一策、一渠一策，协调督促开展治理、修复、保护等工作，确保河湖库渠治理、管理、保护到位。省级河长负责组织领导相应河湖管理保护工作。州（市）、县（市、区）级河长全面负责河长制工作的落实推进，组织制定相应河湖库渠河长制工作计划，建立健全相应河湖库渠管理保护长效机制，推进相应河湖库渠的突出问题整治、水污染综合防治、巡查检查、水生态修复和保护管理，协调解决实际问题，定期检查督导下级河长和相关部门履行工作职责，开展量化考核。乡（镇）、村级河长职责由所在县（市、区）予以明确细化，具体负责相应河湖库渠的治理、管理、保护和日常巡查、保洁等工作。

河长制办公室：负责河长制工作具体组织实施，落实总河长、副总河长和河长确定的事项，落实总督察、副总督察交办的事项。

省级河长制领导小组成员单位职责在下一步出台的行动计划中细化明确。

（十四）建立河长制工作机制

建立河长会议制度，负责协调解决河湖库渠管理保护中的重点难点问题。建立部门联动制度，协调水利、环境保护、发展改革、工业和信息化、财政、国土资源、住房城乡建设、交通运输、农业、卫生计生、林业等部门，加强协调联动，各司其职，共同推进。建立信息共享制度，定期通报河湖库渠管理保护情况，及时跟踪河长制实施进展情况。建立工作督察制度，全面督察河长制工作落实情况。建立验收制度，按照确定的时间节点，及时对河长制工作进行验收。

（十五）落实河长制专项经费

将河长制工作专项经费纳入各级财政预算，重点保障水质水量监测、规划编制、信息平台建设、河湖库渠划界确权、突出问题整治及技术服务等工作经费。积极引导社会资本参与，建立长效、稳定的河湖库渠管理保护投入机制。

四、建立技术支撑体系

（十六）建立河湖库渠分级名录

根据河湖库渠自然属性、跨行政区域情况，以及对经济社会发展、生态环境影响的重要程度等因素，建立州（市）、县（市、区）、乡（镇）、村级河长及河湖库渠名录。

（十七）建立完善监测评价体系

加强河湖库渠跨界断面、主要交汇处和重要水功能区、入河湖库渠排污口等重点水域的水量、水质、水环境监测，建立突发水污染事件处置应急监测机制。加强省、州（市）水环境监测中心建设，统一技术要求和标准，统筹建设与管理，建立体系统一、布局合理、功能完善的河湖库渠监管网络。按照统一的标准规范开展水质水量监测和评价，按规定及时发布有关监测结果。建立水质恶化倒查机制。

（十八）建立信息系统平台

按照"统一规划、统一平台、统一接入、统一建设、统一维护"原则，建立全省河湖库渠管理大数据信息平台，实现各地区各有关部门信息共享。建立河湖库渠管理信息系统，逐步实现任务派遣、督办考核、应急指挥数字化管理。建立河湖库渠管理地理信息系统平台，加强河湖库渠水域环境动态监管，实现基础数据、涉河工程、水质监测、水域岸线管理信息化、系统化。建立实时、公开、高效的河长即时通信平台，将日常巡查、问题督办、情况通报、责任落实等纳入信息化一体化管理，提高工作效能，接受社会监督。

五、建立考核监督体系

（十九）建立三级督察体系

全面建立省、州（市）、县（市、区）三级督察体系。省级由省委副书记担任总督察，省政协主席、省人大常委会常务副主任担任副总督察；州（市）、县（市、区）分别由党委副书记担任总督察，人大、政协主要负责同志担任副总督察。总督察、副总督察协助总河长、副总河长对河长制工作情况和河长履职情况进行督察、督导。

省人大常委会负责九大高原湖泊的河长制督察、督导，省政协负责六大水系及牛栏江的河长制督察、督导。州（市）、县（市、区）人大、政协督察、督导工作细则由各地区根据实际明确。

（二十）建立责任考核体系

建立河长制责任考核体系，制定考核评价办法和细则。针对不同河湖库渠，实行差异化绩效评价考核。县级及以上党委、政府负责组织对下级党委、政府落实河长制情况进行考核。上级河长负责组织对相应河湖库渠下级河长进行考核。考核结果作为各级党政领导干部考核评价的重要依据，作为上级政府对下级政府实行最严格水资源管理和水污染防治行动考核的重要内容。

（二十一）建立激励问责机制

建立考核问责与激励机制，对成绩突出的河长及党委、政府进行表扬奖励，对失职失责的严肃问责。实行生态环境损害责任终身追究制，对造成生态环境损害的，严格按照有关规定追究责任。将领导干部自然资源资产离任审计结果及整改情况作为考核的重要参考。

(二十二) 建立社会参与监督体系

加强宣传舆论引导，精心策划组织，充分利用报刊、广播、电视、网络、微信、微博和手机客户端等各种媒体和传播手段，特别是要注重运用群众喜闻乐见、易于接受的方式，深入释疑解惑，广泛宣传引导，在全社会加强生态文明和河湖库渠保护管理教育，不断增强公众的责任意识和参与意识，营造全社会关注、保护河湖库渠的良好氛围。建立信息发布平台，通过各类媒体向社会公告河长名单，在河湖库渠岸边显著位置竖立河长公示牌，标明河长职责、河湖库渠概况、管护目标、监督电话等内容，接受社会监督。聘请社会监督员对河湖库渠管理保护效果进行监督和评价。

六、全面落实推进

(二十三) 明确目标抓推进

各级党委、政府要按照争当全国生态文明建设排头兵的要求，以比中央明确的时间提前一年全面推行河长制为目标，加快推进河长制工作。抓紧出台省级行动计划、部门实施细则和州（市）、县（市、区）、乡（镇）级工作方案，组建机构，细化任务，明确职责，建立健全制度体系、技术支撑体系、考核监督体系，确保2017年年底前全面推行河长制。

(二十四) 督导检查抓落实

各级党委、政府和省级有关部门，要建立河长制工作推进督导检查机制，全面加强河长制工作督导检查，及时掌握工作进展情况，指导、督促各地区加强组织领导，健全工作机制，落实工作责任，按照时间节点和目标任务要求积极推进河长制有关工作。对推进不力的，要开展专项督查，实行执纪问责。

各级河长制办公室要建立月报告制度，重大事项要及时向河长报告。各州（市）党委和政府要在每年1月15日前将上年度贯彻落实情况报省委、省政府。

附录2 云南省全面推行河长制行动计划
（2017—2020 年）

为贯彻落实党中央、国务院对加强河湖管理保护的重大决策部署，全面推行河长制，根据《中共云南省委办公厅 云南省人民政府办公厅关于印发〈云南省全面推行河长制的实施意见〉的通知》（云厅字〔2017〕6 号），特制订本行动计划。

一、总体要求

全面落实党中央、国务院决策部署，紧紧围绕统筹推进"五位一体"总体布局和协调推进"四个全面"战略布局，牢固树立新发展理念，坚持节水优先、空间均衡、系统治理、两手发力，以保护水资源、防治水污染、改善水环境、修复水生态为主要任务，在全省河湖库渠全面推行河长制，构建责任明确、协调有序、监管严格、保护有力的河湖管理保护机制，建立河长制组织体系、责任体系、技术体系和制度体系，全面贯彻生态优先、绿色发展，党政领导、部门联动，属地管理、分级负责，问题导向、因地制宜，城乡统筹、水陆共治，督察问责、责任考核等推行河长制六个原则，为维护河湖健康生命、实现河湖功能永续利用提供保障，为把云南建设成为全国民族团结进步示范区、生态文明建设排头兵、面向南亚东南亚辐射中心，全面建成小康社会提供有力的水安全保障。

二、主要目标

（一）全面落实河长制

到 2017 年年底，全面构建省、州（市）、县（市、区）、乡（镇、街道）、村（社区）五级河长制体系。2018 年，全面推行五级河长制工作，纳入省、州（市）、县（市、区）三级河长制的主要河湖库渠建立"一河一策""一河一档"，开展督查考核工作，实现河长制工作全覆盖。到 2019 年，纳入省、州（市）、县（市、区）、乡（镇、街道）、村（社区）五级河长制的河湖库渠，全面完成"一河一策""一河一档"工作，全面推进河湖库渠治、管、保工作。2020 年，基本实现了全省河湖库渠河畅、水清、岸绿、湖美目标。

（二）有效保护水资源

落实最严格水资源管理制度和"双控制度"，到 2020 年，建立水资源消耗总量和强度双控管理制度，全省年用水总量控制在 214.6 亿立方米以内；万元工业增加值用水量降低到 65 立方米以下；农田灌溉水有效利用系数提高到 0.55 以上；规模以上工业用水重复利用率 90% 以上；城市供水管网漏损率 15% 以下，设市城市基本完成节水型城市建设；重要河湖库渠水功能区水质达标率达到 87% 以上，县级以上城市集中式饮用水水源地水质达标率达到 100%，乡（镇）集中式饮用水水源地达标率达到 80% 以上。

（三）确权划定水域岸线

严格河湖水域生态空间管控，推进河湖管理范围划界确权。到 2020 年，完成各级主要河湖管理范围的划界；制定水域岸线保护利用管理规划，科学划分岸线功能区；严格控制水面率，实行水域占补平衡；九大高原湖泊、重要饮用水水源地和重要河流河段水域岸线得到有效管控。

（四）强化防治水污染

全面落实《云南省水污染防治工作方案》，到 2020 年，纳入国家考核的地表水优良水体（达到或优于Ⅲ类）比例由 66.0％提升至 73.0％以上，珠江、长江和西南诸河流域优良水体比例分别达到 68.7％、50.0％和 91.7％以上。消除滇池草海、西坝河、鸣矣河、龙川江、螳螂川、以礼河等 6 个丧失使用功能（劣于Ⅴ类）水体，丧失使用功能（劣于Ⅴ类）的水体断面比例由 12.0％下降至 6.0％以内。抚仙湖、泸沽湖保持Ⅰ类水质，洱海、程海、阳宗海水质保持稳中向好，滇池、星云湖、杞麓湖、异龙湖富营养化水平持续降低，杞麓湖、异龙湖逐步恢复正常水位。

（五）大力治理水环境

到 2020 年，全省水环境得到阶段性改善。六大水系优良水体水环境质量稳中向好，长江流域昆明、楚雄，珠江流域红河、曲靖，西南诸河流域大理、德宏、玉溪、怒江、文山、保山等州（市）重点控制区域的水环境质量不断改善提升。城镇供水水源地水质全面达标，主要农村饮用水水源地水质保护体系基本建立；全面完成城市黑臭水体治理目标。

（六）加快水生态修复

到 2020 年，主要江河湖泊水生态系统得到基本保护，河湖生态水量得到基本保证；重要生态功能保护区、水源涵养区、江河源头区和湿地得到有效保护；受损的重要地表水和地下水生态系统得到初步修复，水生态恶化的趋势得到遏制。实行河湖湿地面积总量管控。到 2020 年，河流湿地总面积不低于 24.1 万公顷，湖泊湿地总面积不低于 11.8 万公顷。全省新增水土流失治理面积 2.36 万平方千米。

（七）全面执法监管

基本建立较为完善的地方性河湖管理法规、规章和水利工程管理、水源地保护等方面的制度，部门联合执法机制、行政与司法衔接机制基本形成。河湖库渠管理保护监管力度明显增强，建立河湖库渠日常监管巡查制度，实行河湖库渠动态监管。

三、主要工作

（一）水资源保护行动计划

1. 落实最严格水资源管理和双控制度。全面落实《云南省人民政府关于实行最严格水资源管理制度的意见》《云南省"十三五"水资源消耗总量和强度双控行动方案》。严守水资源开发利用控制、用水效率控制、水功能区限制纳污"三条红线"，目标任务全面分解到州（市）、县（市、区）。2018 年，完成新平等 40 个最严格水资源管理制度示范县建设。以县域为单元全面开展水资源承载能力评价，强化水资源承载能力对经济社会发展的刚性约束，2020 年，建立水资源承载能力动态评价、监测和预警机制。全面加强规划和建设项目水资源论证评估，强化取水许可管理。健全完善水价机制，加强水资源费征收工作，推进依法征收、应收尽收。落实《云南省水资源红黄绿分区管理办法（试行）》，推进水功能区水资源红区、黄区治理修复。推进水资源功能管控机制建设，加强水资源优化配置和统一调度体系建设，加快推进国家水资源监控能力建设，完善省水资源管理系统平台建设，基本建立水资源监控体系、统一调度体系。（省水利厅牵头，省发展改革委、工业和信息化委、财政厅、农业厅、国土资源厅、住房城乡建设厅配合，各级人民政府负责落实）

2. 全面推进节水型社会建设。贯彻落实《云南省节约用水条例》《云南省人民政府关于加强节水型社会建设的意见》《云南省节水型社会建设"十三五"规划》。健全行业用水定额，2018 年，完成《云南省用水定额》（DB 53/T 168—2013）修订发布工作。强化行业用水监管，建立重点取用水户监控名录，分行业负责牵头推行农业、工业、城镇节水工作，加快节水型社会建设。推进节水型企业、公共机构、社区节水工作，开展水效领跑者引领行动，到 2020 年，全省建设 50 个省级节水型示范县、10 个节水型工业园区、50 个节水型企业、200 所节水型学校、200 个节水型小区、13 个用水企业水效领跑者，省、州（市）、县级机关建成节水型单位比例分别达到 100％、80％、60％，新增农田高效节水灌溉面积 500 万亩，基本完成设市城市节水型城市建设。（省水利厅、住房城乡建设厅、农业厅、工业和信息化委按照工作职责分别牵头，省发展改革委、财政厅、教育厅、国土资源厅、环境保护厅、林业厅、旅游发展委、统计局、工商局、机关事务管理局、质监局配合，各级人民政府负责落实）

3. 严格水功能区监督管理。推进水功能区限制纳污红线管理，落实《云南省重要江河湖泊水功能区纳污能力核定和分阶段限制排污总量控制方案》《云南省水功能区监督管理办法（试行）》。加强饮用水水源地保护，规范水功能区入河排污口管理、审批，排污总量超控制指标、水质不达标的水功能区，限制审批设置入河排污口。推进主要水功能区和入河排污口全面开展监督性监测工作。2020 年，全省入河排污口规范化管理，全省重要江河湖库水功能区水质达标率达到 87％以上。（省水利厅、环境保护厅按照工作职责分别牵头，省住房城乡建设厅、工业和信息化委、发展改革委、农业厅、卫生计生委、林业厅配合，各级人民政府负责落实）

4. 严格地下水管理和保护。推进地下水、地热水、矿泉水取水许可管理，加强地下水取水专项执法检查和综合整治。2018 年，组织开展地下水取水许可专项执法检查，封停违规地下水开采。按照属地管理原则，由各州（市）制订专项计划，从 2018 年起，推进地下水取水机井的清理、监管工作。2020 年，全面关闭未经批准和公共供水管网覆盖范围内的自备水井，完成对报废的矿井、钻井、取水井实施封井回填。实施国家地下水监测工程，完善地下水监测网络，在"十三五"期间实现对重点区域地下水动态有效监测。（省国土资源厅、水利厅按照工作职责分别牵头，省发展改革委、财政厅、环境保护厅、住房城乡建设厅配合，各级人民政府负责落实）

（二）河湖水域岸线管理保护行动计划

1. 推进水域岸线生态空间管控。推进河湖管理范围划界确权工作，明确管理界线，严格涉河湖活动的社会管理。2017 年，完成州（市）、县（市、区）两级划界确权河湖名录。2018 年，完成德宏州大盈江河道岸线划界确权试点工作，依法划定管理范围和保护范围。2020 年前，完成州（市）、县（市、区）两级河湖名录内河湖的划界工作，有条件的地方完成确权登记。严格控制水面率，制定逐年水面率控制指标，实行"水面率"检查考核机制。（省水利厅牵头，省国土资源厅、发展改革委、财政厅、林业厅配合，各级人民政府负责落实）

2. 加强水域岸线分区管理。按省、州（市）、县（市、区）三级推进重要江河水域岸线保护利用管理规划编制。2019 年完成全省水域岸线保护利用管理规划制定工作，科学划分岸线功能区，明确划定岸线保护和利用区域。2020年基本划定全省各级主要河湖库渠的岸线保护区，岸线保护得到全面落实。（省水利厅牵头，省国土资源厅、财政厅配合，各级人民政府负责落实）

3. 推进河道采砂规范管理。按照属地管理和分级负责原则，各州（市）、县（市、区）要加强对非法采砂行为的查处，恢复河湖库渠的自我净化功能。2018年，由具有河道采砂许可审批权限的州（市）、县（市、区）完成编制主要河道采砂专项管理规划。2019年，违法违规河道采砂行为得到全面清理整治。2020年，全省所有河道采砂实现规范化管理。（省水利厅牵头，省国土资源厅、公安厅配合，各级人民政府负责落实）

（三）水污染防治行动计划

1. 加强重点区域污染防治。按照"城乡统筹、水陆共治"的原则，全面落实《云南省水污染防治工作方案》，加强重要城镇工业污染源的控制，系统推进重要江河湖库和地下水水污染防治，全面推进城乡"四治三改一拆一增"、工业节能减排行动计划，大幅削减城镇和工业污染负荷。加强环境容量较小、生态环境脆弱的南盘江、元江、盘龙河等重点流域的污染治理，适时执行水污染物特别排放限值。开展提升良好水体水质工作，全面提升优良水体比例。实施劣V类水体综合整治，加大入湖河流污染负荷削减，统筹水资源调配、水污染防治和水生态修复，促进流域水质持续好转。（省环境保护厅、住房城乡建设厅、工业和信息化委按照工作职责分别牵头，省发展改革委、水利厅、财政厅、林业厅、农业厅配合，各级人民政府负责落实）

2. 强化九大高原湖泊保护与治理。落实"一湖一策"，对水质优良的洱海、抚仙湖、泸沽湖，坚持预防为主、生态优先、保护优先，以环境承载力为约束，突出流域管控与生态系统恢复，维护好生态系统稳定健康。对纳入国家水质较好湖泊保护的阳宗海和程海，继续强化污染监控和风险防范，全面提升水环境质量。对污染较重的滇池、星云湖、杞麓湖和异龙湖，坚持综合治理，提高湖泊水资源承载能力和水环境质量。（省环境保护厅牵头，省发展改革委、财政厅、住房城乡建设厅、农业厅、水利厅、林业厅、国土资源厅等配合，各级人民政府负责落实）

3. 强化工业污染防治。复核验收全省"十小"企业取缔成果，加快完成工业重点行业专项整治，按计划全面完成造纸、氮肥、印染、制药等工业行业的生产技术清洁化改造，按期完成全省工业聚集区水污染集中治理计划。2017年年底前，全面取缔不符合国家产业政策的小型炼焦、造纸、炼油、炼砷等重污染水环境项目；完成现有工业集聚区的集中污水处理设施建设运行，并安装自动在线监控装置。集中治理工业集聚区水污染，新建、升级工业集聚区应同步规划和建设污水、垃圾集中处理等污染治理设施。加强船舶港口污染控制，增强港口码头污染防治能力。（省环境保护厅、工业和信息化委按照工作职责分别牵头，省交通运输厅、住房城乡建设厅、科技厅、商务厅等配合，各级人民政府负责落实）

4. 强化城镇生活污染治理。加快城镇污水处理设施建设、改造，加强配套管网建设，规范污泥处理处置。强化城中村、老旧城区和城乡结合部污水截流、收集，推进合流制排水系统改造。规范污泥处理处置，污水处理设施产生的污泥应进行稳定化、无害化和资源化处理处置，处理处置不达标的污泥禁止进入耕地，取缔非法污泥堆放。2017年年底前，滇池、洱海、抚仙湖等重要湖泊流域内城镇污水处理设施全面达到一级 A 排放标准。到 2020 年年底，昆明市、昭通市、曲靖市、玉溪市、红河州、丽江市城镇污水处理设施全面达到一级 A 排放标准；全省其它州（市）受纳河湖库渠水质达不到地表水环境质量 Ⅳ 类标准的地区，新建城镇污水处理设施执行一级 A 排放标准；所有县城和乡镇具备污水收集处理能力，县城和设市城市污水处理率分别达到 85％和 95％。州（市）级及以上城市污泥无害化处理率达到 90％，其他城市达到 75％；县城力争达到 60％以上。（省住房城乡建设厅牵头，省发展改革委、环境保护厅、工业和信息化委、水利厅、农业厅等配合，各级人民政府负责落实）

5. 推进农业农村污染防治。全面落实《云南省进一步提升城乡人居环境五年（2016～2020）行动计划》，加快推进村庄"七改三清"行动。防治畜禽养殖污染，推行标准化规模养殖，鼓励和支持散养密集区实行畜禽粪污分户收集、集中处理；推进水产健康、集约化养殖。加快推进高效灌溉节水工程建设，调整种植结构，控制农业面源污染，加大测土配方施肥和绿色防控力度，降低化肥、农药使用量，加强大中型灌区取水、用水、退水监控。到 2020 年，测土配方施肥技术覆盖率达到 80％以上，农作物病虫害绿色防控覆盖率达到 20％以上，肥料、农药利用率均达到 30％以上，秸秆综合利用率达到 85％以上，农膜回收率达到 80％以上，在洱海、抚仙湖等湖泊流域内建设高效节水灌区。（省农业厅、住房城乡建设厅、环境保护厅、水利厅按照工作职责分别牵头，省发展改革委、财政厅、国土资源厅、工业和信息化委、林业厅、质监局等配合，各级人民政府负责落实）

6. 加强水污染物排放的监督管理。按照国务院制定的《控制污染物排放许可制实施方案》全面实施水污染物排放许可。到 2020 年，完成覆盖所有固定污染源的排污许可证核发工作，对固定污染源实施全过程管理和多污染物协同控制，实现系统化、科学化、法治化、精细化、信息化的"一证式"管理。加强许可证管理，依证严格开展监管执法，落实按证排污责任。依法查处无证排污、超证排污等行为。规范水功能区入河排污口管理、审批，2018 年，完成入河排污口的建档立卡工作，建立省级入河排污口重点监督名录，推进入河排污口综合整治。并将入河排污口日常监管列入基层（县、乡镇、村）三级河长履职巡查的重点内容。（省环境保护厅、水利厅按照工作职责分别牵头，省住房城乡建设厅、工业和信息化委等配合，各级人民政府负责落实）

7. 推进船舶、港口污染控制。推进船舶污染治理，增强港口码头污染防治能力。2017 年年底，依据内河船舶污染现状和船舶及其设备有关环保标准执行情况，提出船舶污染治理目标及工作要求；编制实施港口、码头污染防治方案，开展水富港、大理港等港口的环境整治。到 2020 年，内河港口、码头及船舶修造厂达到建设要求，督促完成港口、码头经营人制订防治船舶及其有关活动污染水环境应急计划。（省交通运输厅牵头，省工业和信息化委、环境保护厅、住房城乡建设厅、农业厅、质监局等配合，各级人民政府负责落实）

（四）水环境治理行动计划

1. 饮用水水源安全保障建设。落实《云南省清洁水源行动方案》，加强饮用水水源保护地分级管理保护，编制重要饮用水水源地名录，全面取缔违规建筑和排污口，开展饮用水水源地安全保障达标建设，2017 年年底，县级以上集中式饮用水水源地一级保护区完成防护隔离。对供水人口1000人以上的集中式饮用水水源实行编码管理，推进水源保护区或保护范围划定工作。加强农村饮用水水源保护，设立水源保护标志、推进水源环境监管及综合整治，提升水质监测及检测能力，防范水源环境风险等方面规范建设。到2020年，实现全省各级饮用水水源管理保护"四到位"：水源地保护机构和人员到位，警示标牌、分界牌和隔离措施到位，备用水源和应急管理预案到位，水质监测和信息共享公开到位，基本构建全省饮用水源安全保障体系。（省环境保护厅、住房城乡建设厅、水利厅、卫生计生委按照工作职责分别牵头，省发展改革委、财政厅、国土资源厅等配合，各级人民政府负责落实）

2. 加强河湖库渠水环境综合整治。加快推进河湖库渠水系连通工作建设，提升城镇河湖生态环境补水能力，加强河湖绿道、景观绿带、闸坝改造、堤防生态环境提升等工程建设，开展河湖水环境综合治理，落实日常保洁和管护责任，推进以河湖或水利工程为依托的国家水利风景区创建，实现河湖环境整洁优美、河畅、水清、岸绿。（省水利厅、住房城乡建设厅、林业厅按照工作职责分别牵头，省发展改革委、财政厅、环境保护厅、国土资源厅、旅游发展委、卫生计生委等配合，各级人民政府负责落实）

3. 加大黑臭水体治理力度。结合城市总体规划，因地制宜建设亲水生态岸线，制订总体整治计划，按《云南省水污染防治工作方案》要求，排查公布的黑臭水体名单，明确责任人和达标期限，加大治理力度，定期向社会公布黑臭水体治理情况，建立长效机制，开展水体日常维护与监管工作。到2017年年底，全省实现河面无大面积漂浮物，河岸无垃圾，无违法排污口，昆明市城市建成区基本消除黑臭水体。到2020年，全面完成城市黑臭水体整治工作，基本消灭黑臭水体。（省住房城乡建设厅牵头，省环境保护厅、水利厅、农业厅等配合，各级人民政府负责落实）

4. 开展农村水环境综合整治。全面推进清洁水源、清洁家园、清洁田园行动，以生活污水处理、生活垃圾处理为重点，综合整治农村水环境，推进美丽宜居乡村建设。按照农村生活垃圾治理有齐全的设施设备、有成熟的治理技术、有稳定的保洁队伍、有长效的资金保障、有完善的监管制度的"五有"要求，加快推进农村生活垃圾、重点村庄污水治理工作，推进生态养殖和种植结构调整，开展河道库塘清淤疏浚。到2020年，规模化畜禽养殖配套建设废弃物处理设施比例达70％以上；新增完成环境综合整治的建制村3500个；基本实现乡镇污水处理和生活垃圾处理设施全覆盖，95％村庄垃圾得到有效治理。（省农业厅、住房城乡建设厅、环境保护厅按照工作职责分别牵头，省水利厅、卫生计生委等配合，各级人民政府负责落实）

（五）水生态修复行动计划

1. 推进河湖生态修复和保护。强化山水林田湖系统治理，稳步实施退田还湖还湿、退塘还湖，恢复河湖库渠水系的自然连通。加大江河源头区、水源涵养区、生态敏感区保护力度。加强区域、水资源配置和调度管理，维持河流合理流量和湖泊、水库以及地下水的合理水位，充分考虑基本生态用水需求，加强绿色小水电管理工作，实施农村水电增效扩容改造河流生态修复工程，维护河湖健康生态。推进生态脆弱河流和地区水生态修复，实施金沙江纳帕海湖边带保护与修复等水生态保护与修复工程。落实全省水资源保护规划和水生态文明建设，加强水生态监测能力建设。2018年，基本完成普洱市、丽江市、玉溪市 3 个全国水生态文明城市试点建设任务；2020 年，完成省级 6 个县（市、区）水生态文明试点建设，基本完成九大高原湖泊的沿湖生态湿地修复。（省环境保护厅、水利厅、林业厅按照工作职责分别牵头，省发展改革委、财政厅、国土资源厅、住房城乡建设厅等配合，各级人民政府负责落实）

2. 加强水生生物资源保护。在珍稀濒危水生野生动植物种的天然集中分布区建立水生动植物自然保护区，在具有较高经济价值和遗传育种价值的渔业资源主要生长繁育区建立水产种质资源保护区，加强对水生生物产卵场、索饵场、越冬场、洄游通道的环境保护。加大水生生物增殖放流力度，大力发展"人放天养"增殖渔业，实施"以鱼控藻、以鱼净水"生物治理，恢复渔业种群资源。严格执行长江、珠江禁渔制度，加大"绝户网"等非法捕捞的打击力度，建立捕捞量和渔船数量"双控"制度和外来物种防控机制，严格涉渔工程水生生物环境影响评价审批和生态补偿制度，努力维护水生生物多样性。（省农业厅牵头，省环境保护厅、水利厅、林业厅等配合，各级人民政府负责落实）

3. 开展河湖健康评估。研究河湖库渠健康评价指标体系，推动各级开展河湖库渠健康评估工作。2018 年年底完成河湖库渠健康评价指标体系研究和全省开展河湖健康名录的编制。2020 年年底前完成全省州（市）级及以上河长负责的河湖库渠健康评估工作。开展河湖库渠生态功能维护、河湖库渠生态系统修复和水生态文明建设研究工作。（省水利厅牵头，省环境保护厅、财政厅、农业厅、林业厅配合，各级人民政府负责落实）

4. 加强高原湿地保护与恢复。以国际重要湿地、国家重要湿地、湿地公园和湿地类型的自然保护区为重点，积极争取实施中央财政林业发展改革中的湿地补贴项目，加强湿地保护，修复退化湿地，逐步扩大湿地面积，改善湿地生态结构与功能。（省林业厅牵头，省环境保护厅、水利厅、农业厅、发展改革委、财政厅等配合，各级人民政府负责落实）

5. 推进建立生态保护补偿机制。推进以流域为单元的跨州（市）水生态补偿机制和跨行政区间的水事纠纷调节机制建设。推进协商平台建设，引导和鼓励开发地区、受益地区与生态保护地区、流域上游与下游通过自愿协商建立横向补偿关系，采取资金补助、对口协作、产业转移等多种形式实施横向生态补偿，到 2020 年，部分重要水源地和湖泊建立水生态保护补偿制度。加强事中事后监管，加强对生态补偿资金使用、项目建设等补偿措施的全过程监督管理。（省环境保护厅、财政厅按照工作职责分别牵头，省发展改革委、水利厅、林业厅等配合，各级人民政府负责落实）

6. 加强水土流失综合防治。加大生产建设项目监管力度，进一步落实生产建设项目水土保持"三同时"制度，各级生产建设项目水土保持方案编报率达到 100%，人为水土流失得到有效控制。加大水土流失综合治理和生态修复力度，大力推进坡耕地、生态清洁型小流域治理。加快推进水土保持监测网络和信息系统建设，全面开展水土流失监测。2017 年，完成玉溪市生产建设项目水土保持"天地一体化"监控示范。2018 年，对九大高原湖泊、重要水源地等重点区域开展"天地一体化"动态监测。2020 年，完成金沙江流域水土流失治理面积 7134 平方千米、珠江流域治理 4220 平方千米、红河流域治理 5105 平方千米、澜沧江流域治理 4244 平方千米、怒江流域治理 2102 平方千米、伊洛瓦底江流域治理 795 平方千米；九大高原湖泊水土流失治理 1670 平方千米。实现生产建设项目"天地一体化"监管全覆盖。（省水利厅牵头，省发展改革委、财政厅、林业厅、国

土资源厅、交通运输厅、环境保护厅等配合，各级人民政府负责落实）

（六）加强执法监管行动计划

1. 建立健全法规规章。建立健全地方性河湖管理保护法规、规章，将河湖保护管理等方面的立法项目列入各级人大、政府立法工作计划并优先制定出台。（省水利厅、环境保护厅、政府法制办按照工作职责分别负责，各级人民政府负责落实）

2. 加大河湖管理保护监督力度。完善行政执法与刑事司法衔接机制，严厉打击涉河湖违法行为，将行政处罚案件及时传送到行政执法与司法衔接平台，按照《最高人民法院最高人民检察院关于办理非法采矿、破坏性采矿刑事案件适用法律若干问题的解释》规定，及时移送涉水有关刑事案件。开展河湖"乱占乱建、乱围乱堵、乱采乱挖、乱倒乱排"突出问题专项整治，坚决清理整治非法排污、设障、捕捞、养殖、采砂、采矿、围垦、侵占水域岸线、倾倒废弃物以及电、毒、炸鱼等破坏河湖生态环境的违法犯罪行为。（省水利厅、环境保护厅、住房城乡建设厅、国土资源厅、农业厅等按照工作职责分别牵头，省公安厅、工业和信息化委、交通运输厅、林业厅等配合，各级人民政府负责落实）

3. 建立部门联合执法机制。结合深化行政执法体制改革，加强环保、水政等监察执法队伍建设，建立健全与公安、环保等部门联合执法制度及案件移送有关规定。有条件的县（市、区）可以探索综合执法试点，统筹水利、环境保护、农业、林业、国土资源、交通运输、住房城乡建设等部门涉及河湖保护管理行政执法职能，组成综合执法队伍，对水问题较突出的河湖库渠，开展专项执法行动。（省水利厅、环境保护厅按照工作职责分别牵头，省农业厅、林业厅、国土资源厅、交通运输厅、住房城乡建设厅、省政府法制办等配合，各级人民政府负责落实）

4. 建立河湖日常监督巡查制度。每段河道都要落实河湖管理执法监管责任主体、人员、经费和设备，完善监督考核机制，加强河湖督察巡视，2017 年年底前，按照属地管理权限，各级水行政主管部门或者湖泊管理机构要建立相应河湖日常监督巡查制度，细化巡查职责、内容、频次、要求、奖惩等；建立村组巡河员制度，加强河湖水域巡查保洁及堤防工程维修养护，执行日常巡查。2018 年年底前，省、州（市）及县（市、区）研究、编制河湖库渠动态监管系统建设规划，2019 年建立各级河湖库渠动态监管系统，实行河湖库渠动态监管。（省水利厅牵头，省公安厅、国土资源厅、环境保护厅、住房城乡建设厅、交通运输厅、农业厅、林业厅等配合，各级人民政府负责落实）

四、保障措施

（一）落实机构，加强组织领导

1. 建立河长制领导小组和河长制办公室。建立以各级党委主要领导担任组长，各级政府主要领导担任第一副组长、党委副书记担任常务副组长，分管水利、环境保护的政府领导担任副组长的河长制领导小组。河长制领导小组成员单位由组织、宣传、政法、农办，发展改革、工业和信息化、教育、科技、公安、财政、国土资源、环境保护、住房城乡建设、交通运输、农业、林业、水利、卫生计生、审计、外事、旅游发展、国资、工商、法制等单位组成。河长制办公室设在水利部门，办公室主任由水利部门主要负责同志兼任，副主任分别由环境保护、水利分管负责同志担任。在 2017 年 10 月底前完成四级河长制领导小组的建设工作。（各级党委、政府及相关部门负责落实）

2. 落实各级总河长及河长。按照省、州（市）、县（市、区）、乡（镇、街道）分级设立总河长、副总河长，分别由同级党委、政府主要负责同志担任。各河湖库渠分级分段设立河长，分别由省、州（市）、县（市、区）、乡（镇、街道）党政及村级组织负责同志担任。在 2017 年年底前，五级河长全面到位。（各级党委、政府负责落实）

（二）夯实职责，强化制度保障

1. 落实各级河长职责。在 2017 年年底前，全面明确全省四级总河长、副总河长负责领导、组织本区域河湖管理保护工作，承担推行河长制的总督导、总调度职责。从 2018 年开始，全面推进各级河长履行职责，负责组织领导相应河湖的水资源保护、水域岸线管理、水污染防治、水环境治理、水生态修复、执法监管等工作，协调解决河湖管理保护重大问题；牵头组织对河湖管理范围内突出问题进行依法整治；对跨行政区域的河湖明晰管理责任，协调上下游、左右岸实行联防联控；检查、监督下一级河长和相关部门履行职责情况，对目标任务完成情况进行考核，强化激励问责。（各级党委、政府负责落实）

2. 强化河长会议职责。2017 年 11 月底前，建立各级河长制会议制度，明确各级河长会议职责。2018 年开始规范各级河长会议制度，负责协调解决河湖库渠管理保护、推行河长制中的重点难点问题及重大事项。研究制定河长制相关制度和办法；组织协调有关综合规划和专业规划的制定、衔接与实施；组织开展综合考核工作；协调处理部门之间、地区之间有关河湖管理保护的重大争议。（各级党委、政府负责落实）

3. 推进成员单位分工负责。按照全面推行河长制的主要目标任务，分工细化各级河长制领导小组成员单位的职责，建立部门联动机制，推进各司其职、各负其责，协同推进河长制各项工作。省级河长制领导小组各成员单位职责见附件。2017 年 11 月底前，各成员单位完成实施细则的制定工作，报省级河长制领导小组办公室。（各级党委、政府和领导小组成员单位负责落实）

4. 增强河长制办公室职责。各级河长制办公室是全面推行河长制的统筹协调机构，要按照承担任务的紧迫性、重要性，在 2017 年 8 月前，全省全面协调推进省、州（市）、县（市、区）三级河长制办公室机构建设、人员配备，全面承担河长制组织实施推进工作，负责办理河长会议的日常事务，落实总河长、副总河长、河长确定的事项，负责制订河长制年度工作要点、督察督办计划、管理制度和考核办法，负责考核督察的组织实施工作。（各级党委、政府负责落实）

5. 建立健全工作制度。到 2017 年 11 月底，全省基本建立全面推行河长制配套工作制度体系。根据中共中央办公厅、国务院办公厅印发的《关于全面推行河长制的意见》《水利部 环境保护部贯彻落实〈关于全面推行河长制的意见〉实施方案》要求，建立河长会议、信息共享、信息报送、工作督察、考核问责和激励、验收等 6 项制度。按照水利部建议，结合各地实际工作需要，各级河长制办公室要建立河长巡查、工作督办、联席会议、重大问题报送、部门联合执法等工作机制。（各级党委、政府、河长制办公室及相关部门分级负责落实）

（三）加强基础，构建技术支撑

1. 建立分级管理名录。2017 年 8 月底前完成全省各级河湖库渠调查和名录的编制工作。按照河湖库渠的自然属性、生态环境状况、存在问题及跨州（市）、县（市、区）、乡

（镇、街道）、村（社区）行政区域等情况，结合五级河长制工作方案明确的河长，建立河湖库渠分级管理名录，明确分段分级河长的责任范围，推进河湖库渠的分级管理。（省水利厅、环境保护厅按照工作职责分别牵头，省发展改革委、工业和信息化委、国土资源厅、农业厅、林业厅、卫生计生委配合，各级人民政府负责落实）

2. 推进"一河一策""一河一档"工作。2018年，基本完成省、州（市）、县级河长"一河一策"和"一河一档"动态管控台账。2019年，全面完成全省五级河长"一河一策"和"一河一档"动态管控方案。按河湖库渠实际状况，统筹上下游、左右岸，分级分类对河流（河段）、湖泊、水库、渠道以解决突出问题为导向，编制"一河一策"；自下而上地采集各级河长信息及管理责任基础数据，动态掌握各级河流湖泊现状、保护治理情况，建设河湖动态管控及"一河一档"台账。按照分级负责、分步推进的原则，推进全省河湖库渠"一河一策"和"一河一档"的编制工作，理清问题清单，制订行动目标，落实责任分工，明确"治、管、保"措施，积极为河长制工作服务。（省水利厅、环境保护厅按照工作职责分别牵头，省发展改革委、工业和信息化委、国土资源厅、农业厅、林业厅、卫生计生委配合，各级人民政府负责落实）

3. 建立监测与信息支撑体系。加大县级监测能力建设，2018年年底前建立省、州（市）、县（市、区）三级监测评价体系，加强河湖库渠跨界断面、主要交汇处和重要水功能区、入河湖库渠排污口等重点水域的水量水质水环境监测，加强省、州（市）水环境监测中心建设，按照统一的标准规范开展水质水量监测和评价，建立河湖库渠水质恶化倒查机制。2018年年底前建立全省河湖库渠管理大数据信息平台、河湖库渠管理信息系统、河湖库渠管理地理信息系统平台、河长即时通信平台，加强河湖库渠水域环境动态监管。（省水利厅、环境保护厅牵头，省发展改革委、财政厅、工业和信息化委、国土资源厅、住房城乡建设厅、农业厅、林业厅、卫生计生委、交通运输厅等相关部门配合，各级人民政府负责落实）

（四）积极筹措，确保资金投入

1. 保障河湖管理保护项目经费。通过积极筹措，加大投入，整合各部门河湖治理保护项目资金，加大对水资源保护、水污染防治、水环境保护、水生态修复、水湖岸线管理、河湖管理保护监管等工作的支持力度，切实保障河湖巡查、堤防维修、保洁管养等工作经费和建设项目资金。（各级政府牵头，各级财政、发改、水利、环境保护、住建等相关部门配合）

2. 拓宽河湖管理保护资金筹措渠道。鼓励和吸引社会资金投入，拓宽投融资渠道，形成公共财政投入、社会融资、贴息贷款等多元化投资格局，推进政府购买服务。（各级政府牵头，各级财政、发改、水利、环境保护、金融等相关部门配合）

3. 落实各级河长制办公室经费。建立长效、稳定投入机制，将河长制工作经费纳入省、州（市）、县财政预算，保障各级河长制办公室组织推进水质水量监测、规划编制、信息平台建设、河湖库渠划界确权、突出问题整治及技术支撑、培训等工作经费。（各级政府牵头，各级财政、发改、水利、环境保护等相关部门配合）

（五）落实督察，强化考核激励

1. 落实三级督查。在2017年8月前，全面建立省、州（市）、县（市、区）三级督察体系，总督察、副总督察协助总河长、副总河长对河长制工作情况和河长履职情况进行督察、督导。2018 年 11 月底前，各级党委、政府和省级有关部门，要建立河长制工作推进督导检查机制，全面加强河长制工作督导检查，健全工作机制，落实工作责任，按照时间节点和目标任务要求积极推进河长制有关工作。各级督查机构，要制订年度督查计划，每年对重点河湖或群众反映问题多的河湖强化督查，全面性督查一年不少于一次。对推进不力的，由各级河长制办公室提出督查建议，开展专项督查，实行执纪问责。（各级党委、政府、人大、政协牵头，各级河长制办公室、公安、水利、环境保护等相关部门配合）

2. 推进责任考核。2017 年 11 月底前，建立五级河长制考核制度，根据河长制工作开展情况分年度、分阶段制定考核方案，从 2018 年开始，按不同河湖库渠，实行差异化绩效评价考核，依据考核结果实行奖励问责，实行财政补助资金与考核结果挂钩，并将领导干部自然资源资产离任审计结果及整改情况作为考核的重要参考。县级以上人民政府应制定考核办法，由各级河长制办公室组织编制，考核工作由河长（或委托同级河长制办公室）牵头组织，相关各成员单位共同参与完成。河长制办公室应对各相关部门考核工作实施监督。（各级河长制办公室牵头，各级组织、财政、水利、环境保护、审计等相关部门配合）

3. 推行激励问责。到 2017 年年底，各州（市）全面建立县（市、区）、乡（镇、街道）、村（社区）四级河长制激励问责机制，对成绩突出的河长及党委、政府给予表扬，对失职失责的要严肃问责。按照省级河长制考核办法，从 2018 年开始，对各州（市）全面推行河长制工作进行考核，推进激励问责制度，实行生态环境损害责任终身追究制，对造成生态环境损害的，严格按照有关规定追究责任。（各级党委、政府牵头，各级河长制办公室、公安、水利、环境保护等相关部门配合）

（六）加强宣传，强化社会监督

1. 加强宣传教育。充分利用报刊、广播、电视、网络等各种媒体和传播手段，深入释疑解惑，广泛宣传引导，在全社会加强生态文明和河湖库渠保护管理教育，不断增强公众的责任意识和参与意识，营造全社会关注、保护河湖库渠的良好氛围。（各级宣传部门牵头，各级河长制办公室、水利、环境保护等相关部门配合）

2. 公示河长职责。在 2017 年年底之前，在河湖重要位置竖牌立碑，设置警示标志，设立河长公示牌，公布标明河长姓名、职务、职责，河湖库渠概况、管护目标、河段范围和联系方式，接受群众监督和举报。（各级河长制办公室牵头，各级水利、环境保护等相关部门配合）

3. 推进公众参与。大力推进河湖库渠管理科学决策和民主决策，健全听证等公众参与制度，对涉及群众用水利益的发展规划和建设项目，采取多种方式充分听取公众意见，依法公开相关信息，及时发布相关政策措施，进一步提高决策透明度。（各级水利、环境保护等部门按照工作职责分别牵头，各级河长制办公室配合）

4. 落实社会监督。建立信息发布平台，通过各类媒体向社会公告河长名单，在河湖库渠岸边显著位置竖立河长公示牌，标明河长职责、河湖库渠概况、管护目标、监督电话等内容，接受社会监督。聘请社会监督员对河湖库渠管理保护效果进行监督和评价。（各级河长制办公室牵头，各级水利、环境保护等相关部门配合）

附件：云南省河长制领导小组成员单位职责

附件

云南省河长制领导小组成员单位职责

省委组织部：负责河长制考核结果的运用落实。

省委宣传部：负责组织河湖保护管理的宣传教育和舆论引导。

省委政法委：负责协调督促政法各部门依法履职，严厉打击破坏河湖库渠环境、影响社会公共安全的违法犯罪行为。

省发展改革委：负责协调推进河湖保护有关重点项目，研究制定河湖保护产业布局和重大政策，开展重点整治行动的综合协调。协调解决在建水电站在推行河长制过程中的有关问题。

省工业和信息化委：负责推进工业企业污染控制和工业节水，协调新型工业化与河湖保护管理有关问题。

省教育厅：负责指导和组织开展中小学生河湖保护管理教育活动。

省科技厅：负责组织开展节约用水、水资源保护、河湖环境治理、水生态修复等科学研究和技术示范。

省公安厅：负责依法打击破坏河湖库渠环境、影响社会公共安全的违法犯罪行为。

省财政厅：负责落实省级河长制工作经费，加大河湖库渠保护管理项目资金投入力度，监督资金使用。

省国土资源厅：负责指导、监督检查矿产资源开发中矿山地质环境保护工作；协调河湖治理项目用地保障、河湖及水利工程管理范围和保护范围确权划界，开展水流产权确权登记；指导、监督流域内地质灾害的防治工作。

省环境保护厅：对水污染防治实施统一监督管理，会同有关部门监督管理饮用水水源地环境保护，组织协调和指导农村环境保护、农村环境综合整治试点示范等工作。组织编制重点流域水污染防治规划，并监督实施。

省住房城乡建设厅：负责城市建成区范围内由建设系统管理的水域环境治理工作，牵头开展城市建成区水域黑臭水体整治，实施雨污分流，推进城镇污水、垃圾处理等基础设施的建设与监管。负责农村卫生改厕工作的指导和监督。

省交通运输厅：负责港口、航道及水路运输的行业管理，依法对澜沧江对外开放水域及港口实施水上安全监督管理，依法对全省水路交通安全实行监督管理，负责澜沧江航道和水路运输管理。组织航道整治及疏浚、水上运输及港口码头污染防治。

省农业厅：负责农业面源、畜禽养殖和水产养殖污染防治工作，推进农业废弃物综合利用，依法依规查处破坏渔业资源的行为。负责综合整治农村水环境，推进美丽乡村建设。

省林业厅：负责推进水源涵养林建设，加强对水源地及河湖沿岸生态公益林的管理保护，负责湿地保护修复工作的指导和监督。

省水利厅：负责开展水资源管理保护、水功能区和跨界河流断面水质水量监测，推进节水型社会和水生态文明建设，组织水域岸线登记及管理、河湖划界确权、河道采砂管理、水土流失治理、堤防工程管理与养护、水库养殖污染防治、河湖水工程建设等，依法查处水事违法违规行为。

省卫生计生委：负责指导和监督饮用水卫生监测。

省审计厅：负责对水域、岸线、滩涂等按相关规定纳入领导干部自然资源资产离任审计的事项进行审计。

省外办：负责协调解决国际河流在推行河长制过程中的有关外事问题。

省旅游发展委：负责指导景区内河湖保护管理。

省国资委：推动省属国有经济布局和结构的战略性调整，引导涉水、涉污省属国有企业的节水减排。

省工商局：负责指导查处无证无照经营行为。

省政府法制办：负责组织河湖库渠保护管理有关法规规章制定或者修订草案的审查工作。

云南电网有限责任公司：负责协调管辖范围内水电站发电用水量调度，参与和公司有资产纽带关系或管理关系小水电站所在河道保洁工作，推进和公司有资产纽带关系或管理关系小水电站配备保洁设施和打捞人员。

省级河长联系部门的职责：研究相应河流重大决策、重要规划、重要制度；协助联系的河长巡河，督导相应流域开展河长制的相关工作，在河长的授权下，可以召开河长会议，协调解决上级督导督查、河长巡河、群众举报、社会舆论等发现的相关问题。组织对相应流域州（市）级河长进行考核问责；完成联系河长交办的其他事项。

附件3 云南省全面推行河长制省级会议制度（试行）

按照《云南省全面推行河长制的实施意见》（云厅字〔2017〕6号）要求，特制定本制度。

一、省级总河长会议制度

（一）省级总河长会议由省级总河长或副总河长主持召开。出席人员：省级河长，省河长制办公室负责人，省级河长联系部门联系人等，其他出席人员由省级总河长或副总河长根据需要确定。

（二）会议原则上每年第一季度召开。根据工作需要，经省级总河长或副总河长同意，可另行召开。

（三）会议按程序报请省级总河长或副总河长批准，由省河长制办公室筹备。

（四）会议主要内容：学习、传达、贯彻中央有关河长制决策部署，研究、部署河长制工作；表彰、奖励河长制工作先进单位和个人，宣布对重大责任追究的决定；通报河长制执行、落实情况。

会议形成的会议纪要经省级总河长或副总河长审定后印发。

（五）会议研究决定事项为河长制工作重点督办事项，由总河长牵头调度，省河长制办公室负责组织协调督导，有关省级责任单位及州（市）、县（市、区）总河长、副总河长、河长承办。

二、省级河长制领导小组会议制度

（一）河长制领导小组会议由领导小组组长、第一副组长或受组长、第一副组长委托的常务副组长、副组长主持召开。出席人员：省级河长，领导小组全体成员及联络员，省河长制办公室负责人等，其他出席人员由领导小组组长或第一副组长根据工作需要确定。

（二）会议原则上每年年初召开一次。根据工作需要，经领导小组组长或第一副组长同意，可另行召开。

（三）会议按程序报请领导小组组长、第一副组长或受组长、第一副组长委托的常务副组长、副组长主持召开，由省河长制办公室筹备。

（四）会议主要内容：研究决定河长制重大决策、重要规划、重要制度；协调解决全局性重大问题；研究经领导小组组长或第一副组长同意研究的其他事项。

会议形成的会议纪要经领导小组组长、第一副组长或受组长、第一副组长委托的常务副组长、副组长审定后印发。

（五）会议研究决定事项为全省河长制工作重点督办事项，由各省级河长牵头调度，省河长制办公室负责组织协调督导，有关省级责任单位及州（市）、县（市、区）总河长、副总河长、河长承办。

三、省级总督察会议制度

（一）省级总督察会议由总督察或副总督察主持召开。出席人员：省人大、政协相关负责人，省河长制办公室负责人，省级河长联系单位负责人等，其他出席人员由省级总督察或副总督察根据需要确定。

（二）会议原则上每年召开一次。根据工作需要，经省级总督察或副总督察同意，可另行召开。

（三）会议按程序报请省级总督察或副总督察批准，由省河长制办公室筹备。

（四）会议主要内容：学习、传达、贯彻中央有关河长制督察工作的决策部署，对全省全面推行河长制督察工作进行动员、部署；通报全面推行河长制督察工作情况；研究经省级总督察或副总督察同意研究的其他事项。

会议形成的会议纪要经省级总督察或副总督察审定后印发。

（五）会议研究决定事项为河长制督察工作重点督办事项，由省级总督察牵头调度，省人大、政协负责组织协调督导，省河长制办公室配合，有关省级责任单位及州（市）、县（市、区）总河长、副总河长、河长承办。

四、省级河长会议制度

（一）省级河长会议由省级河长或委托联系部门联系人士持召开，由省级河长联系部门会同省河长制办公室筹备。出席人员：省级河长联系部门的联系人，相关省级责任单位主要负责人，河流所经有关的州（市）河长或责任人，省河长制办公室负责人等，其他出席人员由省级河长根据王作需要确定。

（二）会议按省级河长要求根据需要召开，也可采用现场办公形式召开。

（三）会议主要内容：贯彻落实省级总河长会议有关工作部署；专题研究所辖河湖库渠保护管理和河长制工作重点、推进措施；通报所辖河湖库渠重大水问题及其处理决定；研究部署所辖河湖库渠保护管理专项整治；研究经省级河长同意研究的其他事项。

会议形成的会议纪要由省级河长联系部门主办，省河长制办公室配合，经省级河长审定后由省河长制办公室统一印发。

（四）会议研究决定事项为河长制工作重点督办事项，由各联系部门联系人牵头调度，省河长制办公室负责组织协调督导，有关省级责任单位及州（市）河长、县（市、区）河长承办。

五、省级联席会议制度

（一）省级部门联席会议牵头单位为省水利厅和省环境保护厅，由省级河长制办公室负责具体工作。

（二）会议由省河长制办公室主任或受主任委托的副主任主持召开，出席人员：省发展改革委、工业和信息化委、财政厅、国土资源厅、水利厅、环境保护厅、住房城乡建设厅、交通运输厅、农业厅、林业厅、卫生计生委负责人。

（三）会议原则上每年召开两次，每年第一季度召开第一次会议，每年第三季度召开第二次会议。根据工作需要，经省河长制办公室主任同意，可另行召开。

（四）会议由省河长制办公室或相关省级部门提出，按程序报请省河长制办公室主任确定。

（五）会议主要内容：研究制定省级河长所负责河湖库渠的保护和整治措施；研究确定河长制年度工作要点和考核方案；协调河长制工作进度；协调解决河长制工作中遇到的

需多方协商的问题；协调督导河湖保护管理重特大专项整治工作；研究报请总河长、领导小组、总督察、省级河长会议研究的事项等。

　　会议形成的会议纪要经与会单位同意，由省河长制办公室负责人审定后印发，重大事项及时报送省级总河长、副总河长。

附录4 云南省全面推行河长制省级信息共享制度（试行）

根据《云南省全面推行河长制的实施意见》（云厅字〔2017〕6号）要求，特制定本制度。

一、总则

（一）本制度适用于云南省全面推行河长制工作信息共享和通报。

（二）云南省河长制工作相关信息按属地和部门管理的原则收集、汇总、上报，并实行信息共享使用。

（三）建立信息共享制度，定期通报河湖库渠管理保护情况，及时跟踪河长制实施进展情况。

（四）按照"谁提供，谁负责"的原则，河长制工作相关信息提供部门应保证所提供信息的质量，确保所提供信息及时、准确、一致。

二、责任主体

云南省河长制办公室为云南省河长制信息公开、信息通报和信息共享的责任主体。水利、环境保护、住房城乡建设、交通运输、国土资源等河长联系部门和各州（市）河长制办公室根据各自的职责负责提供河长制工作的相关信息。

三、信息公开

（一）向社会公开河长名单、河长职责、河道信息及河湖库渠管理保护、治理等情况。

（二）建立信息发布平台，通过主要媒体、政府门户网站、河湖库渠管理信息平台等向社会公告河长制年度考核结果等。

（三）在河湖库渠岸边显著位置设立河长公示牌，标明河长姓名、职责，河湖库渠概况、管护目标、河段范围、监督电话等内容，接受社会监督。

（四）利用河湖库渠管理信息平台、手机App、微信公众号等手段，及时推送河长制相关信息，提供治水科普知识、一河一档、综合治理动态、治水新闻、治水成效等河长制工作信息，为社会大众了解、监督、举报提供互动平台。

四、信息通报

（一）定期通报省级各成员单位和州（市）级河长制工作情况。

（二）利用河湖库渠管理信息平台、河长工作简报等方式，及时发布河长制工作实施进展、河湖库渠存在的突出问题等，建立上下游、左右岸工作动态的共享通报机制。

（三）利用河湖库渠管理信息平台、河长制工作文件、简报等方式，通报年度工作目标、年度考核问责方案、年度重点工作推进情况等。

（四）利用文件、简报等方式，通报督查督办工作及整改情况，重点督办事项的处理进度和完成效果，危害河湖库渠保护管理的突发性应急事件处置等情况。

（五）及时通报河长制年度考核结果、奖励表彰及批评和责任追究等信息。

五、信息共享

（一）在省级各主要成员单位之间和省、州（市）、县（市、区）上下级之间建立信息共享平台。

（二）根据统一规划、统一平台、统一接入、统一建设、统一维护的原则，建立全省河湖库渠管理信息平台，通过数据互联互通，进一步强化信息运用。实现跨部门、跨区域协同，满足各级各有关部门信息共享和上报要求。

（三）加快整合水利、环境保护、住房城乡建设、交通运输、国土资源等部门涉及河湖库渠管理保护工作的信息，逐步建立跨部门的信息共享机制，为河湖库渠治理保护决策提供依据。

（四）强化技术支撑，加强数据交换，共享各部门相关监测数据，建立河湖库渠水资源、水域岸线、水环境、水生态状况动态信息平台，形成河湖库渠动态监控系统，为信息共享奠定基础。

（五）各部门各司其责，加强协调沟通，逐步实现河湖库渠治理保护的动态绩效考核评价，及时了解河湖库渠治理保护中出现的新情况、新问题，实现河湖库渠动态化管理。

六、其他

（一）涉密信息的报送和网上信息发布必须遵守有关保密规定，严防泄密事件。

（二）违反本制度及信息通报工作中不作为、慢作为、乱作为等导致发生严重后果的，将追究责任单位和个人的相关责任。

附录5 云南省全面推行河长制省级信息报送制度（试行）

根据《云南省全面推行河长制的实施意见》（云厅字〔2017〕6号），结合工作实际，特制定本制度。

一、报送主体

省级河长制领导小组成员单位、州（市）人民政府、各级河长制办公室是河长制信息报送的主要责任主体。

二、报送形式

省级河长制信息报送主要包括信息专报、河长动态、工作通报、信息简报和旬报。

三、报送内容

（一）信息专报主要内容是省全面推行河长制有关决策部署，总河长、副总河长、省级河长批办事项落实情况，河湖库渠保护、管理、治理工作中出现的重大突发性事件及处置，跨流域、跨地区、跨部门的重大协调事项，反映地方创新性、经验性、问题性及建议性等重要政务信息，新闻媒体、网络反映的涉及河湖库渠保护管理的重大舆情，需立即呈报省委、省政府和总河长、副总河长、省级河长的工作信息，需专报省委、省政府的政务信息，需专报河长制工作主管部门及有关部委的政务信息。

（二）河长动态主要内容是通报和反馈水利部、环境保护部等国家部委对云南省进行督导检查情况，省级河长巡河以及安排部署工作情况，省河长制领导小组成员单位开展河长制相关工作情况，以及各州（市）河长制的典型经验和做法。

（三）工作通报主要内容是通报省级各成员单位和州（市）落实河长制工作情况，河长及有关责任单位履职情况，危害河湖库渠保护管理的突发性应急事件处置，督查督办及整改情况和年度考核结果。

（四）信息简报主要内容是省河长制办公室贯彻落实上级决策部署的工作推进情况，全面推行河长制工作进展、阶段性成果，河湖库渠保护管理和落实河长制工作中涌现的新思路、新举措、典型做法、先进经验及特色亮点成绩，河长制办公室落实河长制工作新情况、新问题和建议意见。

（五）旬报主要内容是按照水利部等国家有关部委要求上报河长制的相关信息。

四、报送程序

（一）信息专报由省级各成员单位和各州（市）河长制办公室负责将各类重要信息及时提供给省河长制办公室。省河长制办公室负责信息的整理、编辑，并通报采用情况。由省河长制办公室主任签发，上报省委、省政府或水利部河长制办公室。

（二）河长动态由省级各成员单位和各州（市）河长制办公室将相关信息及时提供给省河长制办公室。省河长制办公室负责信息的整理、编辑。由省河长制办公室主任签发，报省级总河长、副总河长、省级河长制总督察、副总督察；水利部河长制办公室，水利部、长江委、珠江委，以《云南省河长动态》形式呈送领导同志、抄送各州（市）人民政府、河长制办公室和省级各成员单位。

（三）工作通报由省河长制办公室负责，根据水利部、长江委、珠江委、省级河长督导检查情况及省级各成员单位、各州（市）河长制办公室提供的相关信息整理、编辑形成。由省河长制办公室主任签发，报省级河长制成员单位、各州（市）政府、河长制办公室。

（四）信息简报由省河长制办公室根据工作推进情况形成简报。由省水利厅河长制办公室主任或副主任签发，报省水利厅领导，抄送各州（市）河长制办公室。

（五）旬报由省河长制办公室根据要求上报水利部，同时抄送长江委、珠江委。

五、报送要求

（一）确定专职信息员。各州（市）河长办要高度重视信息报送工作，由主管领导亲自抓，指定专职人员负责信息的收集、整理、编写和上报工作，人员应相对固定，保持工作连续性。

（二）信息真实。报送信息标题能准确概括核心内容，信息文字简明、语言平实，具有真实性、时效性和创新性，反映单位开展工作的动态及真实情况，一事一报。

（三）信息报送。各级河长制办公室要按时、按要求报送相关信息。

（四）信息专报、河长动态、工作通报、工作简报根据实际情况不定期报送。旬报每旬上报一次。

（五）违反本制度，信息报送工作中不作为、慢作为、乱作为导致发生严重后果、重大舆情事故和工作被动的，将追究责任单位和个人的相关责任。

附录6　云南省全面推行河长制工作督察制度（试行）

为深入贯彻落实党中央、国务院和省委、省政府关于全面推行河长制的决策部署，加强对河长制实施情况的督察，推动工作职责落实，根据《云南省全面推行河长制的实施意见》（云厅字〔2017〕6号）要求，结合工作实际，制定本制度。

第一条　本制度适用于全面推行河长制工作省级督察。

第二条　省级河长制办公室（以下简称"省河长办"）负责组织协调督察工作。

第三条　督察主体及对象。督察分为省级河长督察、省级河长制总督察督察、省级河长制副总督察督察、省河长办督察和省河长制领导小组成员单位（以下简称"省成员单位"）督察。

（一）省级河长督察。省级总河长、副总河长、河长对下级河长制工作情况、下级河长履职情况和省级有关部门河长制履行情况进行督察、督导。

（二）省级河长制总督察督察。省级总督察负责对全省全面推行河长制督察工作的统筹协调、督促指导；对各级河长制工作情况和下级总河长、副总河长、河长、河长制总督察、河长制副总督察履职情况进行督察、督导；对成员单位开展河长制工作情况开展督察。

（三）省级河长制副总督察督察。省级河长制副总督察协助省级总河长、副总河长、河长制总督察开展督察工作。省人大常委会主要负责九大高原湖泊及其流域内全面推行河长制情况的督察、督导。省政协主要负责六大水系及牛栏江流域全面推行河长制情况的督察、督导。

（四）省河长办督察。省河长办负责对省级总河长、副总河长、河长、总督察、副总督察批办事项进行督察；对省级有关部门、下级河长制办公室工作落实情况进行督察；对社会反映的河湖库渠管理保护问题开展督察。

（五）省成员单位督察。由各成员单位根据职责分工负责组织实施，对下级部门全面推行河长制职责落实情况进行督察。

第四条　督察内容。

（一）工作方案制定及落实情况。全面推行河长制工作方案制定情况，重点督察阶段目标、任务细化、措施制定等情况，以及河湖库渠分级管理名录、监测评价、信息系统建立情况。

（二）组织体系建设及运行情况。河长制体系建立情况，总河长、副总河长、河长、总督察、副总督察落实情况，河长制办公室设置及工作人员落实情况，河长制成员单位及职责落实情况，河长制专项经费、联合执法机制、社会公众参与监督等落实情况。

（三）制度建立及落实情况。河长会议制度、信息共享制度、信息报送制度、工作督察制度、考核问责和激励制度、验收制度，以及河长巡查、工作督办、联席会议、重大问题报送、部门联合执法等制度建立和落实情况。

（四）六大任务推进落实情况。水资源保护、水域岸线管理保护、水污染防治、水环境治理、水生态修复、执法监管等推进落实情况。

（五）特定事项落实情况。省级总河长、副总河长、河长、总督察、副总督察督办和批办事项落实情况；省级总河长会议、省级河长会议决策部署和决定事项落实情况；上级和省级有关部门检查、督导发现的问题以及社会反映问题的整改落实情况。

第五条 督察形式。省级督察形式分为全面督察、专项督察和重点督察。

（一）全面督察。对各级河长制工作情况和下级总河长、副总河长、河长、总督察、副总督察履职情况进行全面督察。每年全面督察次数不少于1次，督察方案由省河长办提出，报总督察、副总督察同意，由省河长办或有关成员单位组成督察组开展督察。

（二）专项督察。对河长制省级会议要求督察落实的重大事项或省级总河长、副总河长、河长、总督察、副总督察批办事项和社会反映强烈的问题进行专项督察。督察方案由省河长办或河长联系单位提出，报总督察、副总督察或省级河长同意，由省河长办或省级河长批办的单位进行专项督察。

（三）重点督察。对河湖库渠保护管理中威胁公共安全的重大问题进行重点督察。督察方案由省河长办或有关成员单位提出，报总督察、副总督察同意，由省河长办或有关成员单位进行重点督察。

第六条 督察程序。

（一）督察准备。督察单位根据督察工作计划或工作实际，制定督察工作方案。

（二）督察实施。督察单位向被督察对象发送督察通知书（采取暗访方式的除外），告知其督察事项、督察时间及督察要求等。督察单位可以通过听取情况汇报、审阅自查报告和文件资料、实地查看核查、听取公众意见、召开专题会议等形式开展督察。

（三）督察报告。督察结束后10个工作日内，督察单位向省河长办提交《督察报告》。

（四）督察反馈。督察结束后13个工作日内，督察单位针对督察中存在的问题，以书面的形式向被督察对象下达"督办通知"或"督办函"以及"河长令"等督办文件，明确督办任务、承办单位、办理期限等。

（五）督察整改。被督察对象按照督办文件的整改要求，制定整改方案，并在1个月内报送整改情况报告。对逾期未完成整改的，视情况开展"回头看"，组织重点督察或专项督察。

（六）立卷归档。督察单位应当对督察事项登记造册，统一编号，实行销号管理。督察任务完成后，及时将督察事项原件、领导批示、处理意见、督察报告、督察文件、整改报告等资料"一事一卷"立卷归档。

第七条 结果运用。督察结果作为各级河长制年度考核的重要依据，作为总河长、副总河长、河长、总督察、副总督察履职尽责考核的依据。对全面推进河长制工作成效突出的，通报表扬，交流推广经验；对工作落实不力的，通报批评，责成整改；对工作落实中弄虚作假、失职渎职、违纪违规的，严格责任追究。

各州（市）、县（市、区）应根据本地区实际情况，制定河长制工作督察制度。

附录7　云南省全面推行河长制考核问责和激励制度（试行）

第一条　为全面推行河长制，贯彻落实党中央、国务院为加强河湖库渠管理保护作出的重大决策部署，根据《云南省全面推行河长制的实施意见》（云厅字〔2017〕6号）要求，特制定本制度。

第二条　云南省河长制责任考核在省委、省政府领导下，对下级党委、政府、河长、河长制领导小组成员单位实行责任考核和责任问责，全面及时掌握各地、各部门推行河长制工作进展情况、河长履职情况，指导督促各地加强组织领导，健全工作机制，落实工作责任，确保河湖库渠保护管理目标任务的完成，确保河长制全面推行。

第三条　考核坚持党政同责、客观公平、科学合理、实事求是的原则。

第四条　各州（市）、县（市、区）、乡（镇、街道）党委、政府及村级组织是行政区域内的河湖库渠河长制责任主体，对本行政区域河湖库渠保护管理负总责。

第五条　考核主体和对象。乡级及以上党委、政府负责组织对下级党委、政府落实河长制情况进行考核。上级河长负责组织对相应河湖库渠下级河长履职情况进行考核，河长制领导小组负责对河长制领导小组成员单位推行河长制情况进行考核。要按照职责分工，逐级分类进行考核。根据不同河湖库渠存在的主要问题，实行差异化绩效评价考核。

第六条　考核的组织。省委、省政府对各州（市）全面推行河长制工作落实情况进行综合考核，由省河长制办公室牵头，省水利厅、环境保护厅、发展改革委、工业和信息化委、财政厅、国土资源厅、住房城乡建设厅、交通运输厅、农业厅、林业厅、卫生计生委等部门组成考核工作组，负责具体组织实施。各州（市）党委、政府负责落实省委、省政府对本州（市）全面推行河长制工作综合考核的结果和要求，对所属县（市、区）人民政府全面推行河长制工作进行综合考核。县（市、区）、乡（镇、街道）参照执行。

省级河长对州（市）级河长的考核，由省河长制办公室牵头，会同省级河长联系部门，提出当年考核内容，组织相关单位组成考核工作组对下级河长进行考核。州（市）、县（市、区）、乡（镇、街道）对下级河长的考核参照执行。

河长制领导小组对河长制领导小组成员单位推行河长制工作情况进行考核。由省河长制办公室牵头，商省人大常委会、省政协，组成考核组，对河长制领导小组成员单位进行考核。州（市）、县（市、区）、乡（镇、街道）对河长制领导小组成员单位的考核参照执行。

第七条　考核的内容。河长制体系建设，组织机构和责任落实，相关政策制度落实，技术支撑、信息管理平台建设运行管理维护等情况。主要工作任务实施情况以及年度工作要点确定的考核重点和主要指标完成情况。河长巡查巡视、履职情况，专项督查及其整改落实情况，信息报送情况，各成员单位按照各自职能推行河长制工作情况等。

第八条　考核实行百分制，结果分为优秀、良好、合格和不合格四个档次。90分以上为优秀（含90分）、80～90分为良好（含80分）、70～79分为合格（含70分）、70分以下为不合格。因河湖库渠管理不到位发生重大水污染责任事故（县级以上环保部门认定）的，因没有及时上报有关隐患信息被上级发现并通报批评的，实行一票否决，考核不合格。

第九条 各州（市）人民政府要按照本行政区域全面推行河长制目标任务，合理制定年度工作要点，在考核期起始年1月底前报送省河长制办公室备案。各级河长要将本流域本年度全面推行河长制的工作要点于考核期起始年1月底前报送上级河长联系单位，同时抄送同级河长制办公室备案。领导小组各成员单位结合各自职能职责，在考核期起始年1月底前将本单位全面推行河长制的工作要点报送河长制办公室备案。对年度工作要点有调整的，应及时将调整情况报送备案。

第十条 河长制考核实行一年一考核。河长制考核与年度河长制工作要点相衔接、部署。按照确定的年度工作要点制定年度考核方案，细化实化相关考核标准和办法，确定考核内容和重点。

第十一条 根据河长制年度工作要点，省河长制办公室负责制定年度综合考核方案及河长制领导小组成员单位考核方案，于2月底前报省全面推行河长制联席会议研究确定后下发各州（市）及省级河长制领导小组成员单位。各级河长制办公室负责于年初制定年度综合考核方案，并下发被考核单位。方案主要包括：考核任务、考核内容、考核指标、考核评价标准及分值、计分方法及时间安排等。河长考核方案由河长制办公室商同级河长联系部门根据实际情况制定并下发各河长。

第十二条 各州（市）党委、政府、省级河长制领导小组成员单位和州（市）级河长要认真对照下发的考核方案，于次年1月底前将自检自查报告及相应自评分报省河长制办公室，同时抄送考核工作组成员单位。州（市）、县（市、区）、乡（镇、街道）对下级的考核参照执行。

第十三条 根据考核方案，考核工作组开展考核。采用听取工作汇报、现场检查、抽查，查阅台账资料、召开座谈会等方式进行。

第十四条 省级考核工作组综合考评各州（市）单个指标的分值和综合得分，于次年2月底前将结果报省全面推行河长制联席会议审定，3月初公布考核结果。各州（市）、县（市、区）、乡（镇、街道）参照省级执行。

第十五条 考核结果抄送各级组织、人事等有关部门。考核结果纳入科学发展综合考核评价体系、生态补偿机制和"实行最严格水资源管理制度""水污染防治计划"考核体系。考核结果作为地方党政领导干部综合考核评价的重要依据。

第十六条 对成绩突出的地区、河长、责任单位进行表扬或经过专项同意后给予奖励。

第十七条 对工作不力、排名靠后的，给予行政约谈或通报批评。考核不合格的地方，在结果通报后5个工作日内，由当地党委、政府向上级总河长、副总河长、河长提交书面报告，说明原因、整改措施及期限。未按要求整改或整改不力的，依法依规追究有关负责人责任。

第十八条 实行生态环境损害责任终身追究制，对因失职、渎职导致河湖库渠环境遭到严重破坏的，依法依规追究责任单位及责任人的责任。对典型案例进行媒体曝光，接受社会监督。

第十九条 对在考核工作中瞒报、谎报的地区，予以通报批评，对有关责任人员依法依规追究相关责任。

第二十条 各州（市）、县（市、区）、乡（镇、街道）要根据本制度，结合当地实际，制定本行政区域内全面推行河长制考核的细则或办法。

第二十一条 本办法自发布之日起施行。

附录8 云南省全面推行河长制建设验收制度（试行）

为全面推行河长制，有效落实对全省十六个州（市）河长制工作进行规范统一验收，根据《云南省全面推行河长制的实施意见》（云厅字〔2017〕6号），特制定本制度。

一、实施主体

在省级总河长、副总河长、河长领导下，由省级河长制办公室（以下简称"省河长办"）组织省河长制领导小组成员单位实施验收。

二、验收对象

对各州（市）党委、政府全面推行河长制建设工作进行验收。

三、验收内容

全面推行河长制工作部署及进展情况，包括工作方案的出台、河长制组织体系建设与责任落实、相关制度与政策措施的制定、督导检查与考核评估制度的建立、基础工作推进情况等。验收具体内容见附件。

四、验收方式

（一）全面推行河长制工作验收，采用州（市）自考自评与省河长办验收相结合的方式。

（二）验收采用工作汇报、现场检查、查阅资料等形式进行。

（三）省河长办对州（市）全面验收检查，对县（市、区）抽查。

（四）验收实行百分制评分，外加两项额外加分项。结果分为优秀、良好、合格和不合格四个档次。90分以上为优秀（含90分）、80～90分为良好（含80分）、70～79分为合格（含70分）、70分以下为不合格。验收具体评分细则见附件。

五、验收时间安排

2017年10月底，各州（市）完成自验自评，并将自验自评报告上报省河长办；2017年11月20日省河长办完成州（市）级验收。

六、验收结果的运用

（一）验收结果由省河长办按程序上报省级总河长、副总河长、河长审定后通报。对成绩突出、成效明显的，给予通报表扬；对工作不力、排名靠后的，给予行政约谈或通报批评。

（二）验收结果同时纳入云南省"实行最严格水资源管理制度""水污染防治计划"及"领导干部自然资源资产离任审计"的考核体系，作为地方党政领导干部综合考核评价的重要依据。

七、其他要求

（一）自考自评中瞒报、谎报的，予以通报批评，对有关责任人员依法依规追究责任。

（二）验收不合格的州（市），在结果通报后5个工作日内，由州（市）党委、政府向省级总河长、副总河长提交书面报告，说明原因、整改措施及期限。

（三）未按要求整改或整改不力的，依法依纪追究有关负责人责任。

附件：云南省全面推行河长制建设验收评分细则

云南省全面推行河长制建设验收评分细则

验收项目	验收内容	赋分总值	评分细则	备注
一、工作方案的制定出台情况	党委、政府对党中央、国务院、省委、省政府和市委、市政府关于全面推行河长制决策部署、相关文件的传达、贯彻情况；工作方案制定及实施情况	20	1. 党委、政府传达、贯彻党中央、国务院、省委、省政府关于全面推行河长制决策部署、相关文件的情况（5分）。相关文件传达缺失一项扣1分，5分扣完为止。 2. 州（市）级工作方案出台情况（10分），5月底之前各州（市）级全面推行河长制工作方案制定出台，未按规定时间出台的，根据规定时间完成情况扣分，规定时间已通过本级政府常务会、党委常委会但未按时印发的，扣2分；通过政府常务会、未通过党委常委会的，扣4分；未通过政务常务会级党委常委会的，扣6分。 各级工作方案出台情况（5分），8月底前，县（市、区）级、乡（镇、街道）级党委、政府出台工作方案，缺失一个县（市、区）、乡（镇、街道）扣1分，5分扣完为止	传达、贯彻以党委、政府、河长制办、公室文件、通知等为依据
二、组织体系与责任落实情况	各级河长制办公室的设置及人员配备情况；河长的设置情况；河长会议成员单位及其责任的落实情况；河长公示情况	20	3. 州（市）河长制办公室的设置与人员配备情况（5分）。尚未设置河长制办公室的，扣5分；设立了河长制办公室但尚未配备专门人员的，扣3分。 4. 本级总河长、副总河长、河长及境内河湖分级、分段河长设置情况（5分）。存在河长设置不到位的，扣1分，5分扣完为止。 5. 各级河长会议成员单位落实及责任的明确情况（5分）。未落实明确的，扣5分；落实了成员单位但未明确相应职责的扣3分。 6. 河长巡河工作开展情况（5分），按要求，州（市）级河长每年2次巡河，未按要求开展巡河工作的扣5分，只开展一次巡河工作的扣2分，未做好巡河记录的扣1分	
	加分项：州（市）级河长积极开展巡河，每年巡河次数大于规定次数的情况		7. 州（市）级河长开展巡河次数大于两次的，加2分	

续表

验收项目	验收内容	赋分总值	评分细则	备注
三、相关制度与政策措施的建立	河长会议制度、信息共享制度、信息报送制度、工作督察制度、考核问责和激励制度、验收制度的建立与规范情况	24	8. 按要求，2017年11月底前各州（市）应出台河长会议、信息共享、信息报送制度、工作督查、责任考核和激励制度、验收等系列相关制度。到验收时未完成的制度不得分，已完成但未按规定时间完成的，扣1分。 9. 河长会议制度（4分）。州（市）级河长会议制度应明确河长会议分类、会议的召集人或领导人、会议的研究范围及内容、会议频次、会议成果的公布等关键信息。上述关键内容，缺失一项扣1分，4分扣完为止。 10. 信息共享制度（4分）。县（市、区）级河长制信息共享制度应设置信息报送类别、对应的报送内容、报送频次、上下层对接部门等关键信息，同时满足逐层报送时间的衔接。上述关键内容及要求，缺失一项扣1分，4分扣完为止。 11. 信息报送制度（4分），明确河长制工作信息报送主体、程序、范围、频次以及信息主要内容、审核要求等，上述关键信息缺失的缺一项扣1分，4分扣完为止。 12. 工作督察制度（4分）。州（市）级河长制督察制度应明确督察主体、督察对象、督察范围、督察内容、督察组织形式、督察整改及督察成果的运用等可操作的关键信息。上述关键信息缺失的，缺一项扣工分，4分扣完为止。 13. 考核问责和激励制度（4分）。州（市）级河长责任考核制度应包括考核主体、考核对象、考核程序、考核结果的运用、责任追究等关键信息，同时应注意逐层考核的时间衔接。上述关键内容及要求，缺失一项扣1分，4分扣完为止。 14. 验收制度（4分）。按时间节点对河长制建立情况进行验收，明确验收主体、验收内容、验收形式、评分办法、时间安排、验收结果的运用等关键信息。上述关键信息缺失的，缺一项扣工分，4分扣完为止	
	加分项：结合地方实际，出台河长制相关制度、办法、细则等情况		15. 结合地方实际出台除水利部要求的6项河长制相关配套制度以外的河长制相关制度、办法、细则等，每出台一项额外加1分，最多加4分	
四、督导检查与考核评估的情况	河长制工作督察情况，州（市）级河长办自考自查及对下级河长办的考核评估情况	15	16. 河长制工作督导检查情况（8分）。州（市）级每年对河长制工作情况进行至少2次督导检查，缺1次扣4分。督导检查内容：河长制工作方案、机构建设、人员配备、工作进度、经费落实、督导方式、主要问题、整改措施等情况。上述关键信息，缺失一项扣0.5分。 17. 州（市）级河长制办公室考核评估开展情况（7分）。州（市）河长制办公室，每年至少进行1次河长制推行情况的自考自查及对下级的考核评估。未进行考核评估的，不得分，考核评估过程中存在考核对象有缺失，考核内容不全面，考核结果未按要求运用等情况的，每项扣2分，7分扣完为止	

验收项目	验收内容	赋分总值	评分细则	备注
五、基础工作推进情况	建立河湖库渠分级名录、完善监测评价体系、设置河长公示版等基础工作的推进情况	21	18. 建立河湖库渠分级名录情况（3分）。未按要求建立河湖库渠分级名录的扣3分。 19. 建立完善监测评价体系情况（3分）。对现有监测体系的整合，按照统一的标准规范开展水质水量监测、评价、发布情况等，缺一项扣1分，3分扣完为止。 20. 建立河长制信息系统平台情况（3分）。本行政区现有与河长制有关的水利、环保、住建、国土、农业、林业等行业部门信息平台现状，对现有信息系统平台的整合，各有关行业部门信息共享情况等，为建立河长制信息系统平台的扣3分，上述关键信息，缺一项扣一分，3分扣完为止。 21. 河长公示牌现场设置情况（3分）。要求在河湖显著位置设立河长制公示牌，注明河湖概况、河长姓名、职务、负责河段的起讫地点、河湖管护目标、监督电话等内容。未设立河长公示牌的，扣3分；设立了河长公示牌但上述关键信息缺失的，缺一项扣1分，3分扣完为止。河长公示牌上相关信息错误及监督电话长期无人接听的，按相应项缺失处理。 22. "一河一策"编制情况（3分）。编制本级河长工作手册，开展重点河流（河段）、湖泊、水库、渠道"一河一策"编制工作。未编制河长工作手册的扣2分，未开展"一河一策"编制工作的扣1分。 23. 执法监管情况（3分）。建立河湖库渠日常监管巡查制度，健全部门联合执法机制，打击涉河湖库渠违法行为，落实河湖库渠管理保护执法监管责任主体、人员、设备、经费保障等情况。上述关键信息，缺一项扣1分，3分扣完为止。 24. 信息宣传及报送情况（3分）。及时反映各地河长制工作动态情况：在报刊、电视、广播、互联网等渠道，以及微信、微博等网络平台宣传、报道河长制工作情况。未作宣传及信息报送的，扣3分，宣传不到位的扣1分，3分扣完为止	

附录9 云南省全面推行河长制省级河长巡查办法（试行）

为规范省级河长巡查工作，有效落实河长履职责任，根据《云南省全面推行河长制的实施意见》（云厅字〔2017〕6号，以下简称《实施意见》），制定本办法。

一、省级河长巡查人员组成

省级河长巡查由省级河长提议或按照总河长、副总河长及河长制领导小组的工作安排由省级河长联系部门会同省级河长制办公室牵头组织开展，省级河长巡查人员由省级河长、省级河长联系部门分管领导、相关单位领导以及省级河长要求参加的部门人员组成。

二、省级河长巡查范围及频次

《实施意见》明确的由省级河长负责的责任河道或责任区域内的河湖库渠；省级河长巡查原则上每年一次，也可视情况不定期开展。

三、省级河长巡查主要内容

（一）检查督促责任区域全面推行河长制工作的开展执行情况和河湖库渠管理机构、人员、设备、经费落实情况。

（二）按照《实施意见》明确的主要工作任务，检查责任区域水资源保护、水域岸线管理保护、水污染防治、水环境治理、水生态修复、执法监管等工作实施情况。

（三）检查责任区域河湖库渠在历次巡查、督察、督导过程中发现问题以及社会反映强烈问题的整改落实情况。

（四）协调解决责任区内推行河长制工作中存在的问题；督促指导市级责任部门和下级河长开展相关工作。

（五）检查省级河长会议交办事项的落实情况。

四、问题发现

巡查过程以实地查看、现场问询为主，以座谈交流、查看相关资料为辅，及时发现、记录存在的问题，并对如何解决好存在的问题作出安排部署，落实相关责任单位进行整改。

五、巡查记录

省级河长联系部门负责做好巡查记录，内容包括巡查人员、巡查时间、巡查范围、发现问题、决定事项、问题责任分解和整改落实情况等，并于巡查结束一周内形成巡查报告报省级河长及省河长制办公室。

六、处理方式

（一）省级河长联系部门根据河长巡查过程中发现需要解决的问题，草拟"河长令"或"督办函"，以省河长制办公室的名义下发给相关省级责任单位、相关州（市）党委和人民政府及河长制办公室，"河长令"或"督办函"应明确存在问题、解决问题的承办单位、整改期限等。相关州（市）党委和人民政府及河长制办公室在接到"河长令"或"督办函"后，将"河长令"或"督办函"反映的问题落实到相应河长和责任单位。

（二）各级整改落实责任单位和河长要按照省级河长在巡查过程及"河长令"或"督

办函"中作出的工作要求及安排部署，采取切实有效措施，确保工作落实到位。州（市）级河长及责任落实单位要及时将整改落实情况上报省级河长联系部门，同时抄送省河长制办公室备案。

（三）省河长制办公室会同省级河长联系部门负责对相关省级责任单位、相关州（市）党委和人民政府、州（市）级河长办整改落实情况进行监督；相关州（市）党委和人民政府负责对州（市）级河长、州（市）级责任单位整改落实情况进行监督。

七、责任追究

整改落实情况纳入河长制工作年度考核内容，对工作不力、不作为、失职失责的单位和个人，按照相关规定进行问责。

附录10 云南省全面推行河长制省级部门联合执法办法（试行）

为全面落实河长制，加大河湖执法力度，严厉打击涉河涉湖违法行为，提高执法效能，切实维护河湖生命健康，强化云南省全面推行河长制领导小组成员单位之间的联系与协作，根据《云南省全面推行河长制的实施意见》（云厅字〔2017〕6号）和《水利部办公厅关于加强全面推行河长制工作制度建设的通知》（办建管函〔2017〕544号），结合云南省实际，制定本办法。

一、联合执法组织机构

云南省河长制办公室：负责省级联合执法具体组织、协调、实施工作。

省级联合执法成员单位由省公安厅、国土资源厅、环境保护厅、住房城乡建设厅、交通运输厅、农业厅、林业厅、水利厅等有关部门组成。

二、联合执法范围及内容

（一）涉河涉湖违法行为涉及两个或者两个以上执法部门职能范围，确须组织联合执法的。

（二）在涉河涉湖执法中，对于单一部门无法解决的重大问题，需联合执法的。

（三）突发涉河涉湖事件，涉及多部门职责，需联合执法的。

（四）云南省河长制办公室认为有必要开展联合执法行动的。

三、联合执法行动方案

联合执法应当由牵头部门制订联合执法行动方案，明确执法内容、方法、步骤、时间安排、参与部门等事项，报云南省河长制办公室。

四、联合执法启动机制

（一）常规启动机制。需要开展常规的、重大的联合执法行动时，由牵头部门提出联合执法行动方案，组织相关部门实施。

（二）专项启动机制。对单一专业执法力量难以纠正、制止、查处的涉河涉湖违法活动，由有关部门提出联合执法行动方案，协同相关部门组织实施。

（三）突发启动机制。遇到突发事件需要开展联合执法行动时，由省河长制办公室及时协调有关部门共同制订联合执法行动方案，并组织实施。

五、成员单位职责

各成员单位要按照"服从领导、分工协作、联手互动、重拳出击"的原则，在联合执法工作中，各司其职、相互支持、相互配合、互通信息、形成合力，切实做到各负其责，依法依规严肃查处涉河涉湖违法违规行为。

六、执法人员要求

各成员单位要根据具体联合执法工作任务要求，抽调业务熟练、具有行政执法资格的人员，参加联合执法工作。

联合执法人员要服从指挥、落实责任，严格履行执法程序，做到依法行政，规范、公正、文明执法。

七、重大疑难问题处理

在联合执法工作中，遇到重大疑难问题，需要云南省河长制办公室协调解决的，相关部门应当提请云南省河长制办公室召集有关部门会议商定。

八、联合执法情况报告

联合执法工作结束后 7 个工作日内，牵头部门应当将联合执法情况报告报云南省河长制办公室。

附录 11 云南省全面推行河长制省级工作督办办法（试行）

按照《云南省全面推行河长制的实施意见》（云厅字〔2017〕6 号）要求，保障河长制工作有效开展，结合工作实际，制定本制度。

一、督办主体及对象

督办主体为省级总河长、副总河长、河长，省级河长制办公室（以下简称"省河长办"），省级河长制领导小组成员单位（以下简称"省成员单位"），以下统称"督办单位"。

（一）省级总河长、副总河长、河长督办。督办事项主要包括涉及河长制的重大事项。督办对象为下一级总河长、副总河长、河长。

（二）省河长办督办。督办事项主要包括省级总河长、副总河长、河长批办事项；省成员单位不能有效督办的事项等。督办对象为省成员单位、下一级河长制办公室。

（三）省成员单位督办。督办事项主要包括职责范围内涉及河长制需要督办的事项。督办对象为对口下一级成员单位。

二、督办方式

（一）日常督办。河长制日常工作需要督办的事项，主要采取"询查""工作通报"等形式督办。

（二）专项督办。河长制省级会议要求督办落实的重大事项，或者省级总河长、副总河长、河长批办事项，由有关省成员单位抽调专门力量专项督办。

（三）重点督办。对河湖保护管理中威胁公共安全的重大问题，主要采取现场办公、专题会议等形式重点督办。

三、督办程序

（一）任务交办。主要采用"河长令""督办函"等书面形式交办任务，省成员单位"督办函"由省成员单位负责人签发；省河长办"督办函"由省河长办负责人签发；省级"河长令"按程序由省成员单位拟定，省级总河长、副总河长或相应的河长签发。"河长令""督办函"等书面文件应明确督办任务、承办单位和协办单位、办理期限等。

（二）任务承办。承办单位接到交办任务后，应当按要求按时保质完成。督办事项涉及多个单位、内容复杂、职责交叉的，应明确承办单位和协办单位，由承办单位负责组织协调，协办单位积极主动配合。办理过程中出现重大意见分歧的，由承办单位负责协调；意见分歧较大难以协调的，承办单位应当根据督办主体，分别报请省河长办或省成员单位进行协调。

（三）督办反馈。督办任务完成后，承办单位应在 5 个工作日内将办理情况反馈给督办单位及省河长办。在规定时间内未能完成督办任务的，应当向督办单位作出书面说明。

（四）立卷归档。督办单位应当对督办事项登记造册，统一编号。督办任务完成后，及时将督办事项原件、领导批示、处理意见、督办情况报告等资料"一事一卷"立卷归档。

四、督办结果运用

省河长办每半年对督办情况进行一次通报。对督办任务完成出色的，予以通报表扬，交流推广经验；对工作不力、不作为、失职失责的单位和个人，按照相关规定进行问责。

附录12 云南省全面推行河长制重大问题请示报告办法（试行）

为贯彻党中央、国务院的相关要求，建立健全河长制工作机制，落实《云南省全面推行河长制的实施意见》（云厅字〔2017〕6号）要求，制定本办法。

一、请示报告的重大问题

（一）上级部署和要求的重大工作。

（二）年度工作计划、总结及阶段性重要工作的安排、总结。

（三）重大工作方案、重要决策、决定、制度和措施。

（四）总河长、副总河长、河长设立、变更、撤销等有关重要问题。

（五）重要的涉河湖库渠管理保护的突发性事件。

（六）其他需要请示报告的重大问题。

二、请示报告的方式及时间

（一）下一级河长向上一级河长及河长制办公室报告，河长制办公室向河长及上一级河长制办公室报告。特殊情况可同时越级报告。

（二）向上级请示问题和报告工作情况，一般采取正式文件或传真电报方式，紧急情况可先用电话请示报告，后补报文件或办理传真，必要时河长可当面向上一级河长请示报告有关问题。

（三）各级河长制办公室要建立月报告制度，重大问题要及时向河长报告。其他问题要按有关时间规定及时请示报告。年度计划、总结每年向河长及上一级河长制办公室报告一次。紧急或特殊情况可随时请示报告。

三、请示报告中必须坚持的原则

（一）重大问题必须遵循工作程序，事先请示，不得越权决策，不得先斩后奏，自行其是。

（二）必须坚持实事求是的原则，做到客观、准确、完整，如实向上级河长报告反映有关情况，不得弄虚作假。

（三）请示报告的问题，需经河长会议讨论决定；特殊情况，按有关规定随时报告，个人不得以组织名义请示报告重大问题。

四、责任追究

（一）下级河长和河长制办公室必须及时如实报告，并严格按答复意见办理，办结后将办理情况向上一级河长及河长制办公室书面汇报。未按要求报告或未按批复意见办理的，按照相关规定进行问责。

（二）上级河长对下级河长报告的重大问题，属自身职责范围的要及时答复或处理，自身难以决断的，要及时上报，因自身答复不及时或处理不当或应上报而没上报的，造成后果必须追究当事人责任。

附录13 2018年云南省全面推行河（湖）长制工作要点

为全面贯彻落实《云南省全面推行河长制的实施意见》（云厅字〔2017〕6号）、《云南省全面推行河长制行动计划（2017~2020年）》（云河长组发〔2017〕1号）和2017年12月22日召开的省河（湖）长制领导小组暨省总河（湖）长会议要求，以及《水利部办公厅关于印发河长制湖长制近期重点工作提示的通知》，在全面推行河长制的基础上，推行湖长制，全面加强河湖库渠的管理保护，加快推进争当全国生态文明建设排头兵，特制定2018年河（湖）长制工作要点。

一、指导思想

深入学习贯彻党的十九大精神，以习近平新时代中国特色社会主义思想为根本遵循，牢固树立绿水青山就是金山银山的绿色发展理念，坚持人与自然和谐共生基本方略，加快推进生态文明体制改革、建设美丽中国决策部署，全面落实绿色发展，统筹山水林田湖草系统治理，在全面推行河长制的基础上进一步推行湖长制，着力解决水资源、水环境和水生态突出问题，以更有力的举措，推进保障水安全、保护水资源、防治水污染、改善水环境、修复水生态。以更高的政治站位、更严的政治纪律、更强的政治担当和更扎实的工作作风，全面推行河（湖）长制，推动"见河长"快速转向"见行动"，实现"见成效"，以"河畅、水清、岸绿、景美"的水安全、水环境、水生态，促进全省经济社会的绿色发展、跨越发展和"三大绿色发展战略"，不断满足全省人民对良好生态环境、生活环境的期待和向往。

二、主要目标

全面推行五级河（湖）长制，河湖库渠全覆盖。构建河（湖）长制基础支撑体系，省、州（市）、县（市、区）三级河（湖）长负责的"一河一策""一湖一策"全面完成，省级河（湖）长制信息系统平台与国家平台对接。河（湖）长制督察、考核全覆盖。重要水功能区水质达标率达到85％以上，县级以上城市集中式饮用水水源地水质达标率100％，纳入国家考核的地表水优良水体（达到或优于Ⅲ类）比例达到70％以上，九大高原湖泊及重点流域重要河段水质持续改善。

三、主要工作

（一）建立健全组织责任体系

一是全面落实湖长制。按照党中央、国务院《关于在湖泊实施湖长制的指导意见》，结合云南省实际，制定《云南省全面贯彻落实湖长制的实施方案》，争取在3月底前由省委、省政府审议印发实施。6月底前，全面理顺五级湖长制，有关州（市）、县（市、区）、乡（镇、街道）三级湖长制实施方案全部出台。（省水利厅、环境保护厅牵头，各级党委、政府和各级河长制办公室、河（湖）长制领导小组成员单位负责落实）

二是强化落实职责任务。进一步建立健全五级河（湖）长制，完善河（湖）长制职责任务落实机制。推动各级党委、政府加强组织领导，努力形成党政推动、部门联动、全民参与的良好工作机制。进一步落实各级河（湖）长制办公室办公场所、设施设备、人员配置和工作经费，切实增强各级河（湖）长制办公室发挥统筹协调、组织实施、督办检查、推动落实等重要作用，着力形成齐抓共管、群策群力的工作格局。进一步建立机制，明确水利、环保、住建、国土等监测、设计和科研技术支撑部门职责，构建技术购买服务机制，增强河（湖）长制工作基础性技术支撑能力。（省水利厅、环境保护厅牵头，各级党委、政府和各级河长制办公室、河（湖）长制领导小组成员单位负责落实）

三是推进河（湖）长履职尽责。按照分级管理、分级负责的原则，进一步细化明确各级河（湖）长职责，制定省级河（湖）长年度工作要点，明确巡河巡湖和督查督办任务，层层传导压力、压实责任。推进各级河（湖）长制办公室和河（湖）长联系部门加强为河（湖）长服务，推进基层河（湖）长培训，健全河（湖）长工作的督办、分办机制，开展明察暗访和专项督导督察，探索建立重要河湖库渠和问题突出河湖库渠河（湖）长述职报告、年度考核机制，开展重点督察和考核问责，推进各级河（湖）长履职尽责。（各级党委、政府和各级河长制办公室、河长联系部门负责落实）

四是加强部门协同联动。进一步强化各级部门联动机制，通过开展督察、考核，推动各级河（湖）长制领导小组成员单位按照总计划总安排，积极分担责任，积极履行职责，加强协调联动，积极推进省委、省政府明确的各项河（湖）长制工作，落实水陆共治，统筹推进山水林田湖草的系统治理保护。对各级河（湖）长制领导小组成员单位制订年度工作计划、专项行动方案，开展对口督导指导等工作，作为重点督察和考核重点。加强对各地区各部门履职情况进行暗访、跟踪、督导和考核问责，经常性"拉警报"，加大问题曝光力度，切实把全面推行河（湖）长制各项工作落到实处。（省委督查室、省政府督查室、省委宣传部、各级河（湖）长制领导小组成员单位、各级河长制办公室负责落实）

（二）构建基础技术支撑

一是建立"一河（湖）一策""一河（湖）一档"和河湖库渠名录。统一安排、分级负责，在 6 月底前，基本完成纳入省、州（市）、县（市、区）三级河（湖）长制的河湖库渠的"一河（湖）一策"方案编制工作，明确提出"五个清单"，明确逐年目标任务，提出治理方案，研究制定路线图，逐一列出禁止行为、工程建设等具体任务清单，将各项任务项目化，明确责任单位和完成时间。省级编制的河（湖）长制"一河（湖）一策"在 7 月底前报备长江委、珠江委。推动各州（市）级河（湖）长制"一河（湖）一策"方案编制在 8 月底前完成，并向省河长制办公室报备。积极推进"一河（湖）一档"台账建设，构建全省河湖库渠分级管理名录体系、台账信息数据库。以各州（市）为责任主体，收集本行政区域内河湖水资源、水功能区、取水口、水源地、水域岸线等基础信息，在 9 月底建立州（市）、县河（湖）长相应河湖的"一河（湖）一档"；在年底前全面建立省级河（湖）长"一河（湖）一档"。根据河湖水资源管理和水环境保护需要，由县（市、区）负责推进建立其它河湖"一河（湖）一档"。在第一次全国水利普查的基础上，结合"一河（湖）一档"台账建设，调查摸清全省全部河湖（含流域面积 50 平方千米以下河流及常年水面面积 1 平方千米以下湖泊）的分布、数量、位置、长度（面积）、水量等基本情况，到年底基本完成全省河湖库渠名录的编制。（省水利厅、环境保护厅牵头，省发展改革委、工业和信息化委、住房城乡建设厅、国土资源厅、农业厅、林业厅、卫生计生委等相关部门配合，各级人民政府负责落实）

二是推进建立监测评价体系。推进省、州（市）、县（市、区）三级监测评价体系建设，依托水利、环保等部门监测站网，制定2018年度省级监测评价方案，加强开展主要河湖库渠跨界断面、重要水功能区、入河湖库渠排污口、地表水体主要控制断面、饮用水水源地、重点污染源、排污口、水电站生态流量等监测，为省级对州（市）党委、政府和下级河（湖）长年度量化考核提供依据。组织水利、环保等部门加强落实。各州（市）、县（市、区）要按照河（湖）长制分级负责、层层考核的要求，及时制定监测评价方案，开展系统监测工作。（省水利厅、环境保护厅牵头，省发展改革委、财政厅、工业和信息化委、国土资源厅、住房城乡建设厅、农业厅、林业厅、卫生计生委、交通运输厅等相关部门配合，各级人民政府负责落实）

三是推进河（湖）长制信息管理系统建设。按照水利部全国河（湖）长制信息系统"一张图""一张网"的要求，进一步调整、完善全省河（湖）长制信息系统建设方案，明确责任主体，细化建设计划，落实建设资金，确保在2018年年底前，完成全省河（湖）长制数据库，基本建立全省各级信息系统平台、河（湖）长即时通信平台，加强河湖库渠动态监控和河（湖）长巡河巡湖的监管，推进河（湖）长制信息共享。认真组织落实全国河（湖）长制管理信息系统信息的填报工作，加快实现与全国信息系统和全省各级河（湖）长信息系统的互联互通，为各级河（湖）长决策、公众参与、社会监督提供平台。（省水利厅、环境保护厅牵头，省发展改革委、财政厅、工业和信息化委、国土资源厅、住房城乡建设厅、农业厅、林业厅、卫生计生委、交通运输厅等相关部门配合，各级人民政府负责落实）

四是落实河（湖）长制专项经费。根据《云南省全面推行河长制的实施意见》和2017年12月22日省河（湖）长制领导小组暨省总河（湖）长会议要求，各级河（湖）长制工作经费纳入财政预算，建立长效、稳定投入机制，切实保障河湖管理保护项目经费，落实各级河长制办公室经费，保障各级河长制办公室组织推进河湖库渠监测评价、"一河一策""一湖一策"编制、信息平台建设、突出问题整治及技术培训、督察考核、宣传教育等工作经费。（省财政厅牵头，各级人民政府、财政部门负责落实）

（三）夯实河湖管控基础

学习领会党的十九大关于加快生态文明体制改革精神，深化改革，进一步加强河湖管理保护制度建设，不断理顺全省河湖管理体制。

一是推进水域岸线管理保护制度建设。按照分级管理原则，推进全省各级主要河湖库渠管理保护范围的划定，加快大盈江试点工作，明确重要河湖库渠岸线功能区，落实分区管理和用途管制，推进建立河湖水域岸线保护制度建设。（省水利厅牵头，省级各相关部门配合，各级人民政府负责落实）

二是推进水资源功能管控制度建设。按照纳入五级河（湖）长制管理的河湖库渠，加快完善州（市）、县（市、区）、乡（镇、街道）三级水功能区划，明确河湖管理保护目标，全面管控河湖库渠水资源功能，强化水资源开发利用控制、用水效率控制、水功能区纳污限制三条红线的刚性约束，建立健全最严格水资源管理制度。（省水利厅牵头，省级各相关部门配合，各级人民政府负责落实）

三是推进河湖水环境监管制度建设。以全面控制河湖水体污染为目标，推进河湖和流域污染总量控制制度建设，建立健全河湖水环境、水生态监测评价制度、督察制度和污染责任追究制度。以改善水环境质量为核心，完善水环境保护管理制度。进一步加强排污许可证管理，加强水环境监测能力建设，定期开展水环境执法监督检查。（省环境保护厅牵头，省级各相关部门配合，各级人民政府负责落实）

四是推进水资源补偿和责任审计制度建设。加快推进河湖水资源确权试点工作，建立水权交易制度、生态补偿机制、河湖水资源离任审计制度，探索建立水质目标倒逼机制，不断完善河湖资源环境管理保护制度。（省水利厅、环境保护厅、财政厅、审计厅按照工作职责分别牵头，省级各相关部门配合，各级人民政府负责落实）

五是推进河（湖）长制法治化建设。把加大法治建设力度作为河湖管理保护的根本性措施，加强河（湖）长制法治化建设，推进制定河道管理、水资源保护等河湖管理制度，完善重要河流、湖泊、水库保护条例，推进依法管理、依法保护。（省政府法制办、省水利厅按照工作职责分别牵头，省级各相关部门配合，各级人民政府负责落实）

六是进一步理顺河（湖）管理体制。学习借鉴其它省（市、区）河湖管理和河（湖）长制机构的设置情况，全面总结我省在河湖管理保护存在问题，进一步理清、理顺、明确河湖管理保护职责，从组织领导、机构设置、责任分工等方面加强落实。（省编办牵头，省环境保护厅、水利厅和各级人民政府配合）

（四）全面推进"云南清水行动"

紧紧围绕河（湖）长制"河畅、水清、岸绿、景美"总体目标，以及加强水资源保护、水域岸线管理保护、水污染防治、水环境治理、水生态修复和涉河湖执法监管等河（湖）长制六大主要任务，明确重点任务，以河（湖）长制为抓手，强化突出问题专项整治行动，全面推进"云南清水行动"。省河（湖）长制领导小组有关成员单位，按照职能职责和分工牵头，积极协调配合部门支持，在 3 月底前细化专项整治行动方案，上报省河（湖）长制领导小组，并及时组织推进专项行动，确保取得实效。州（市）、县（市、区）、乡（镇、街道）河（湖）长要针对河湖管理保护中存在的突出问题，组织制定专项行动方案，开展专项行动，推进落实突出问题整改。

一是推进"河长清河行动"。以全面落实河（湖）长职责为目标，利用冬春和河湖枯水季节有利时机，推进"河长清河行动"，以实际行动开启全省在 2018 年全面推行河（湖）长制工作，促进各级河长提高责任意识，推进全省河湖库渠基本面貌得到初步改善。省河长制办公室已发出专项行动通知，明确清河行动主要内容、要求时限，各地各部门要以问题为导向，制定专项行动方案，按要求推进，及时报送进展情况。（省水利厅牵头，各级人民政府及水利、环保等部门、各级河长制办公室负责落实）

二是推进水污染防治行动。组织开展污染源普查，系统推进重要江河湖库和重点流域水污染防治，加强提升良好水体水质工作，推进劣 V 类水体综合整治，强化国控、省控断面监测。按照国家开展长江经济带固体废物大排查行动要求，在 3 月底前完成点位排查工作，全面清查排查范围内存在的固体废弃物堆放、储存、倾倒和填埋点。加快完成工业重点行业专项整治，集中治理工业集聚区水污染。加强洱海、抚仙湖、泸沽湖流域空间管控与生态系统修复，继续强化阳宗海和程海污染监控和风险防范，持续推进滇池、星云湖、杞麓湖和异龙湖综合治理。开展农村水环境综合整治，以农村生活污水、垃圾为重点，每年完成新增 700 个建制村的农村环境综合整治目标任务。全面加强沿河沿湖码头水污染整治。到 2018 年年底，纳入国家考核的地表水优良水体比例达到 70% 以上，劣 V 类水体断面比例下降到 10% 以内。重要江河湖泊水功能区水质达标率达到 85% 以上。（省环境保护厅牵头，省住房城乡建设厅、工业和信息化委、农业厅、交通运输厅、发展改革委、水利厅、财政厅、林业厅、国土资源厅等相关部门配合，各级人民政府负责落实）

三是推进入河排污口清理整治行动。在 2017 年自查和复核入河排污口的基础上，进一步排查水质不达标和水质劣 V 类水功能区的河段、湖泊、水库的入河排污口，建档立卡，完善省级入河排污口重点监督监测名录，加强监管，实行挂牌整治。按照推动长江经济带发展领导小组办公室《关于印发长江入河排污口专项检查行动整改提升工作方案的通知》要求，将核查新增和 2017 年查实的 934 个入河排污口，全部落实到河流河段和相应的河（湖）长，明确责任，按照"统筹规划、综合治理、区别对待、分步实施"的原则，采取排污口关闭、搬迁合并、深度处理及规范化建设等措施进行综合整治，逐项整改落实，大幅降低入河排污口对河湖水资源水环境的影响。2018 年年底前，全面完成入河排污口的清理核查和非法设置排污口的取缔工作，推进入河排污口的规范化管理。（省水利厅牵头，省环境保护厅、住房城乡建设厅、工业和信息化委、发展改革委、农业厅、卫生计生委、林业厅等相关部门配合，各级人民政府负责落实）

四是推进"剿灭"黑臭水体行动。按照《云南省水污染防治工作方案》要求，各地要进一步排查和公布城镇黑臭水体名单，建立长效机制，规范管理，强化监管，治理任务、达标期限，责任明确到各级河（湖）长，作为各级河（湖）长巡河巡湖和督办的重点，定期向社会公布黑臭水体治理情况，接受社会监督。到 2018 年年底，昆明市城市建成区不再出现黑臭水体现象，其它城市黑臭水体基本消除。（省住房城乡建设厅牵头，省环境保护厅、水利厅、农业厅等相关部门配合，各级人民政府负责落实）

五是推进河道采砂清理整治行动。结合"河长清河行动"，推动各地全面开展对非法采砂行为的查处。2018 年年底前，具有河道采砂许可审批权限的州（市）、县（市、区）要完成主要河道采砂专项管理规划。在 2018 年内，由省水利厅牵头，制定专项督察方案，组织国土、环保、公安等部门，对近年来问题比较突出的河流、湖库开展河道采砂清理整治专项督察。（省水利厅牵头，省国土资源厅、公安厅等相关部门配合，各级人民政府负责落实）

六是推进水源地综合保护行动。全面加强集中式饮用水源地保护，加快推进《云南省清洁水源行动方案》，县级以上集中式饮用水水源地水质达标率 100%。开展饮用水水源规范化建设，依法清理饮用水水源保护区内违法建筑和排污口，加强饮用水水源水质监测，所有县级及以上城市饮水安全状况信息向社会公开。完成县级以上集中式饮用水水源地的综合整治任务。（省环境保护厅牵头，省住房城乡建设厅、水利厅、卫生计生委、发展改革委、财政厅、国土资源厅等相关部门配合，各级人民政府负责落实）

七是推进乡村"七改三清"行动。全面落实《云南省进一步提升城乡人居环境五年（2016～2020 年）行动计划》，加快推进"七改三清"行动，定期开展提升城乡人居环境行动专项督察，加强"清洁家园""清洁田园""清洁水源"行动，全面加快城乡"两污"综合整治，实施化肥施用量零增长行动、农药施用量零增长行动和秸秆资源化利用。加强永生生物资源保护，推进标准化水产健康养殖，从小沟小渠"末梢神经"开始清理，一条一条治理干净，促进河湖治理保护全面见效。（省住房城乡建设厅牵头，省环境保护厅、农业厅、水利厅、发展改革委、财政厅、国土资源厅、工业和信息化委、林业厅、质监局等相关部门配合，各级人民政府负责落实）

八是推进水资源"双控"行动。全面落实最严格水资源管理制度，推进"十三五"节水型社会建设和水资源消耗总量和强度"双控"行动实施方案，健全"水资源开发利用、用水效率和水功能区限制纳污"三条红线指标体系，推进"水效领跑者"和"全民节水行动计划"。严格水功能区监督管理，落实污染物达标排放要求，切实监管入河湖排污口，严格控制入河湖排污总量。全面完成 40 个实行最严格水资源管理制度示范县和 5 个节水型社会示范县建设。坚持节水优先，全面提高用水效率，加快实施农业、工业和城乡节水技术改造，坚决遏制用水浪费。全省用水总量控制在 203.25 亿立方米之内，万元 GDP 增加值用水量比 2015 年下降 17％。（省水利厅牵头，省环境保护厅、住房城乡建设厅、农业厅、工业和信息化委、发展改革委、财政厅、国土资源厅、卫生计生委、林业厅、统计局、机关事务管理局等相关部门配合，各级人民政府负责落实）

九是推进水域岸线保护行动。按照推动长江经济带发展领导小组办公室印发的《长江干流岸线保护和利用专项检查行动方案》要求，积极推动长江干流岸线保护和利用专项检查行动，抓紧完成自查，并对发现问题及时进行整改。检查复核 2017 年州（市）、县（市、区）两级拟定的确权划界河湖库渠名录，以 2020 年年底前基本完成河湖管理范围划定为目标，以各州（市）总河长、副总河长为责任主体，精心组织，倒排工期，加快进度，强化督导，推进河湖库渠管理保护范围划界确权工作，确保按期完成任务。已明确划定管理保护范围的九大高原湖泊、主要饮用水源地、主要河流河段，推进水域岸线保护专项行动，明确时间表，加快临湖沿河违建的清理拆除，保证群众反映突出、影响水域水质和水环境的违规建筑、河道水域内种植养殖得到有效整治。按照属地保护和开发利用管理需要，由州（市）人民政府组织推进主要河湖水域岸线管理保护规划，摸清家底，管控水面率，逐步实现水域岸线管理保护有规划、有依据、科学化。（省水利厅、国土资源厅牵头，省环境保护厅、发展改革委、财政厅、农业厅、林业厅等相关部门配合，各级人民政府负责落实）

十是推进地下水清理整治行动。由各州（市）制定专项行动计划，推进地下水、地热水、矿泉水取水许可规范化管理，开展地下水取水许可专项执法检查，封停违规地下水开采。按照属地管理原则，各州（市）全面开展地下水取水机井的清理自查工作；8—10 月由省国土资源厅、水利厅牵头开展专项督查。加快国家地下水监测工程，加强地下水监测评价，逐步推进地下水规范化管理。（省国土资源厅、水利厅牵头，省发展改革委、财政厅、环境保护厅、住房城乡建设厅等相关部门配合，各级人民政府负责落实）

十一是推进水生态修复行动。统筹推进山水林田湖草系统治理，加大河湖源头区、水源涵养区、生态敏感区保护力度，推进生态脆弱河流和地区水生态修复。实施防护林建设、退耕还林、天然林保护、陡坡地生态治理、石漠化综合治理等，构建水源涵养林体系；加强水生生物资源保护，推进标准化水产健康养殖。加强湿地保护与修复，实施一批中央财政湿地补助项目，出台《云南省省级湿地公园建设管理办法》，启动省级湿地公建设，积极推进国家重要湿地认定和第四批省级重要湿地认定。加大水土流失综合治理和生态修复力度，大力推进坡耕地、石漠化治理、生态清洁型小流域治理。加强水电站生态流量监管，推进流域水资源统一管理和调度，有效降低水电站发电用水对河湖生态环境的影响。完成丽江市、玉溪市和腾冲市、弥勒市等8个全国和省级水生态文明城市试点建设任务。（省水利厅牵头，省环境保护厅、农业厅、林业厅、发展改革委、财政厅、国土资源厅、住房城乡建设厅等相关部门配合，各级人民政府负责落实）

十二是推进河湖联合执法行动。按照《云南省全面推行河（湖）长制省级部门联合执法办法（试行）》，在2018年7—10月，针对群众和社会反映问题突出的江河、湖泊、水库，由省水利厅牵头开展河道采砂联合执法行动。进一步加强环保、水政等监察执法队伍建设，建立健全与公安、水利、环保等部门联合执法制度及案件移送有关规定。各州（市）、县（市、区）统筹各部门涉及河湖保护管理行政执法职能，组成综合执法队伍，针对河湖库渠突出问题，制定联合执法方案，开展1~2次专项执法行动，全面落实河湖库渠依法严管。（省水利厅牵头，省环境保护厅、住房城乡建设厅、国土资源厅、农业厅、政府法制办、公安厅、工业和信息化委、交通运输厅、林业厅等相关部门配合，各级人民政府负责落实）

（五）推进督察督办工作

按照河（湖）长制督察制度，由各有关部门在3月底前负责制定年度督察方案，报送省河长制办公室；在2018年12月编制年度督察总结报告，报送省河长制领导小组。

一是全面落实省级督察制度。按照《云南省全面推行河（湖）长制工作督察制度（试行）》，由省河长制办公室制定省级年度督察工作方案，督察责任单位负责制定年度督察方案，分类开展督察工作。省级总河长、副总河长督察：在6月、8月、11月，随机抽取1个州（市），对该州（市）河（湖）长制工作落实情况开展全面督察。省级河长督察：针对六大水系、牛栏江和九大高原湖泊的突出问题，以及水污染突出河段或支流为重点，对相关河长履职和落实河（湖）长制六大任务情况进行1~2次专项督察。省级总督察督察：对省河长制领导小组成员单位，特别是对承担河（湖）长制主要任务的成员单位，随机抽取2~3个部门，对河（湖）长制工作落实推进情况进行专项督察。省级副总督察督察：省人大负责九大高原湖泊，省政协负责六大水系和牛栏江的督察，每年开展1~2次全面督察。省河长制办公室督察：根据省总河长、副总河长、河长的指示和批示，以及阶段重点工作，对州（市）级河（湖）长制工作问题整改、工作推进情况进行专项督察。省河长制领导小组成员单位督察：按照成员单位部门职能职责，对各州（市）工作任务落实、专项行动计划推进情况开展对口专项督察，每个成员单位每年至少对16个州（市）开展1次全面督察。（省委督查室、省政府督查室、省人大常委会办公厅、省政协办公厅、省水利厅、环境保护厅、省级河长联系部门等相关部门按照年度督察方案开展工作）

二是落实各级督导检查。各级河（湖）长制办公室要及时制定本级年度督察方案。各地各部门要全面落实河（湖）长制工作督察和督办制度，州（市）、县（市、区）人大、政协要积极推进督察工作。根据各地河湖库渠存在问题，各级总督察、副总督察要协助总河长、副总河长对河（湖）长制工作和河（湖）长履职情况开展督察、督导，加强对省级河长督办事项的督察。（各级党委、政府、人大、政协、督查机构牵头，各级水利、环境

保护等相关部门配合）

（六）推进省级考核问责

按照《云南省全面推行河长制考核问责和激励制度（试行）》，由省河长制办公室制定年度河（湖）长制考核方案，开展差异化考核工作。

一是开展对州（市）党委、政府考核。由省河长制办公室制定年度考核方案和实施细则，组织省河长制领导小组成员单位，在各州（市）开展自查的基础上，对州（市）河长制组织体系、基础支撑体系、河湖库渠管理保护、突出问题专项整治行动、各级河（湖）长履职、河湖库渠水环境治理成效和国控断面、水功能区达标等进行综合考核。（省河长制办公室牵头，省水利厅、环境保护厅、发展改革委、工业和信息化委、财政厅、国土资源厅、住房城乡建设厅、交通运输厅、农业厅、林业厅、卫生计生委 11 个联席部门组成综合考核组）

二是开展对成员单位考核。为全面增强河（湖）长制的部门联动合力，由省河长制办公室制定考核方案和实施细则，协调组织省级副总督察单位，对河（湖）长制领导小组成员单位开展年度考核，健全部门河（湖）长制工作机制、制订实施方案、组织开展专项行动、服务联系省级河（湖）长、对口对州（市）专项行动的督查等工作落实情况，作为年度考核的主要内容。（省河长制办公室牵头，省人大常委会办公厅、省政协办公厅、省委督查室、省政府督查室组成考核组）

三是开展对州（市）级河长考核。以坚持问题导向和落实差异化考核为原则，由省河长制办公室制定考核方案和实施细则，与省级河长联系部门共同协助省级河长，对州（市）级河长的考核，主要对九大高原湖泊和牛栏江所在州（市）的州（市）级河（湖）长履职尽责情况进行考核，建立并全面落实河（湖）长制、河（湖）长履职尽责、河湖管理和治理成效、水质达标率将作为考核的重点。（省河长制办公室会同省级河长联系部门组织相关部门，省河长制领导小组成员单位配合）

四是推进严格问责。制定问责办法，明确对各级河长的问责惩处措施，加强督察和考核结果的运用，作为领导干部年度工作考核重要依据。实行生态环境损害责任追究制度，对于因不认真履职尽责、严重失职或渎职导致河湖库渠水资源水环境遭到严重污染、破坏的，追究责任单位及责任人责任。（各级党委、政府牵头，各级公安、水利、环境保护等相关部门配合）

（七）加强社会参与和监督

一是加强宣传教育。通过组织开展 1～2 次全省性新闻发布会，以及利用"世界水日""中国水周"等重要活动，进一步加大河（湖）长制工作的宣传力度，全面加强报刊、广播、电视等传统媒体和微信公众号、客户端等新媒体，及时宣传推广各地各级河（湖）长的好做法、好经验、好案例，及时宣传引导，推广典型经验，曝光污染严重问题，在全社会加强河湖保护教育，把河（湖）长制和河湖水资源保护引入党校和中小学校课堂，作为人与自然和谐共生和生态文明、美丽中国建设的重要内容，提高全社会关爱河湖、保护河湖的意识。（各级宣传部门牵头，各级河长制办公室、水利、环境保护、教育等相关部门配合）

二是落实社会监督。加强各级河（湖）长制信息发布平台建设，建立健全省、州

（市）、县（市、区）三级门户网站和微信公众号的信息发送、宣传机制，定期向社会公告河（湖）长制工作，接受全社会监督。规范完善河长公示牌，并定期维护和更新。聘请各类社会监督员，开展广泛的社会监督、成效评价。（各级河长制办公室牵头，各级水利、环境保护等相关部门配合）

三是推进示范引领。组织开展 2017 年度河（湖）长制工作经验和成效的总结，树立示范县（市、区）、示范乡（镇、街道）、示范河（湖），推进示范引领，开展比学赶超，不断加强各级河（湖）长在全省河湖库渠管理保护中发现问题、解决问题的作用。加强舆论引导，加大先进典型和良好水环境河湖的宣传力度，增强全社会河湖保护意识，树立云南省河湖库渠水资源、水环境、水生态优美良好的形象。（各级河长制办公室牵头，各级水利、环境保护等相关部门配合）

附录14 云南省全面贯彻落实湖长制的实施方案

为贯彻落实中共中央办公厅、国务院办公厅《关于在湖泊实施湖长制的指导意见》（以下简称《指导意见》），特制定实施方案。

一、重要意义

（一）加强湖泊保护是生态文明建设重要内容。进一步健全深化湖长制是认真贯彻落实党的十九大精神、加强生态文明建设的具体举措，是切实提高湖泊治理的科学性、系统性和有效性的重要举措，是坚持科学治湖理念、加强湖泊管理保护、改善湖泊生态环境、维护湖泊健康生命的重要制度保障。

（二）全省重要湖泊管理保护亟待进一步加强。长期以来，一些地方围垦湖泊、侵占水域、超标排污、违法养殖、非法采砂，造成湖泊面积萎缩、水域空间减少、水质恶化、生物栖息地破坏等突出问题，湖泊生态功能严重退化。我省九大高原湖泊中部分湖泊开发利用过度，流域水资源利用率除泸沽湖外，其它湖泊均在50％以上。湖泊管理保护形势非常严峻。

（三）全面加强湖泊管理保护是绿色发展的保障。滇池、洱海、抚仙湖等九大高原湖泊流域是我省人口、经济、文化的主要聚集区域，全省大小湖泊和水库的管理保护对各地的经济社会发展和生态文明建设关系重大。全省湖泊、水库水环境质量的全面改善和提升，是全面贯彻落实省委、省政府确定的云南发展要打好三张"绿色牌"的要求，以及建设全国生态文明建设排头兵和实现绿色发展的重要保障。

二、指导思想

深入学习贯彻党的十九大精神，以习近平新时代中国特色社会主义思想为根本遵循，牢固树立绿水青山就是金山银山的绿色发展理念，坚持人与自然和谐共生基本方略，加快推进生态文明体制改革、建设美丽中国决策部署，全面落实绿色发展，统筹山水林田湖草系统治理，全面推行湖长制，着力解决突出水资源、水环境和水生态问题，以更有力举措，推进保障水安全、保护水资源、防治水污染、改善水环境、修复水生态。以"河畅、湖清、岸绿、景美"为重要抓手，促进全省经济社会的绿色发展，不断满足全省人民对良好生态环境和美好生活的向往。全面推行湖长制，要坚持"预防为主、保护优先、防治结合"的方针，要按照水环境质量"只能更好、不能变坏"的总体原则，坚持以改善湖体水质、恢复良性水生态系统为目标，坚持问题导向，按照"一湖一策"，把握共性、突出个性、分类治理，明确保护治理责任，加大力度，确保我省湖泊保护与治理取得实效。

三、实施范围

全省湖泊、大型水库（含水电站）、纳入《云南省水功能区划》的水库、城市集中式饮用水源地水库及其入湖（库）河流纳入湖长制实施范围。

九大高原湖泊纳入省级湖长制实施范围。除九大高原湖泊外，纳入《云南省水功能区划》的22个湖泊中其余的湖泊、71座水库，大型水库（含水电站）、地级及以上城市集中式饮用水水源地水库及其入湖（库）河流［以下统称湖泊，入湖（库）河流指流入湖泊或水库的一级支流〕纳入州（市）级湖长制实施范围。其余湖泊、县级城市集中式饮用水水源水库、备用水源水库及其入湖（库）河流纳入县、乡、村各级湖长制实施范围。

四、主要目标

2018年年底前，构建责任明确、协调有序、监管严格、保障有力的五级湖长制。到2020年，九大高原湖泊及其它湖库水质持续改善，纳入水功能区划的水库水质逐年提高。到2030年，全省湖泊和纳入水功能区划的水库水质全面达到《全国重要江河湖泊水功能区划》及《云南省水功能区划》目标要求。全面建成湖（库）健康保障体系，实现水域不萎缩、功能不衰减、生态不退化，保持水域水体洁净，实现环境优美、水清岸绿。

五、主要任务

（一）严格湖泊水域空间管控

1. 划定湖泊水域功能空间。全面统筹山水林田湖草，以环境承载力为约束，强化流域空间管控，划定实施湖泊流域生态保护红线。制定完善相关配套制度。（各级人民政府负责落实，省环境保护厅、水利厅、发展改革委、国土资源厅、住房城乡建设厅、林业厅按照工作职责分别牵头，省财政厅配合）

2. 严格管控湖区各类活动。严禁以任何形式围垦湖泊、违法占用湖泊水域。对侵占入湖河道、围垦湖泊、非法网箱养殖等行为进行清理整治。对证照不齐的旅游接待设施进行整顿，严格实行"环保一票否决制"，对符合环保要求的实施排污许可全覆盖。（各级人民政府负责落实，省旅游发展委、农业厅、环境保护厅、水利厅、林业厅、住房城乡建设厅按照工作职责分别牵头，省公安厅、省政府法制办等配合）

3. 规范涉湖项目管理。严格控制跨湖、穿湖、临湖建筑物和设施建设，确需建设的重大项目和民生工程，要优化工程建设方案，采取科学合理的恢复和补救措施，最大限度减少对湖泊的不利影响。湖泊管理范围内的建设项目和活动，必须符合相关规划并科学论证，严格执行工程建设方案审查、洪水影响评价审批、环境影响评价等制度。严格执行新改扩建入河排污口审批等制度，健全涉湖建设项目审批公示制度。（各级人民政府负责落实，省发展改革委、水利厅、环境保护厅按照工作职责分别牵头，省国土资源厅等配合）

（二）强化湖泊岸线管理保护

1. 科学合理划定湖泊岸线功能区。根据不同湖区岸线的主要功能特点，统筹考虑防洪、城市建设、湖泊生态保护及沿湖国民经济和社会发展的需求，科学合理地划分岸线功能区，确定岸线资源利用与保护的总体布局。（各级人民政府负责落实，省水利厅、环境保护厅按照工作职责分别牵头，省国土资源厅、住房城乡建设厅、发展改革委、财政厅配合）

2. 加强湖泊岸线分区管理。实行湖泊岸线分区管理，依据土地利用总体规划等，合理划分保护区、保留区、控制利用区和开发利用区。明确分区管理保护要求，强化岸线用途管制和节约集约利用。（各级人民政府负责落实，省水利厅、环境保护厅按照工作职责分别牵头，省国土资源厅、住房城乡建设厅、发展改革委、财政厅配合）

3. 规范沿湖土地开发利用和产业布局。严格控制沿湖开发利用强度，最大程度保持湖泊岸线自然形态。沿湖土地开发利用和产业布局，应与岸线分区要求相衔接，并为经济社会可持续发展预留空间。加强河湖湿地修复与保护，开展河湖沿岸绿化，改善河湖生态环境，维护河湖空间均衡。（各级人民政府负责落实，省住房城乡建设厅、发展改革委、

国土资源厅、林业厅、环境保护厅、水利厅分别牵头，省财政厅配合）

（三）加强湖泊水资源保护

1. 落实最严格水资源管理和双控制度，强化湖泊水资源保护。全面落实《云南省全面推行河长制行动计划》（2017～2020 年）关于水资源保护的要求。加强湖泊流域水资源保护力度，统筹流域水资源分质利用。以预防为主，制定不同风险源的应急处理处置方案，形成应对突发事故应急处理处置能力，保障居民生活的用水安全。加强湖泊水资源以及城市再生水、农田退水、城市雨洪水等再生水资源的分质统筹利用，保障再生水及雨水资源安全利用。（各级人民政府负责落实，省水利厅牵头，省发展改革委、工业和信息化委、财政厅、农业厅、国土资源厅、住房城乡建设厅配合）

2. 坚持节水优先，建立健全湖泊集约节约用水机制。启动《云南省用水定额》（DB 53/T 168—2013）修订工作。强化行业用水监管。加快推进环湖城乡统筹供水建设。到2020 年，基本完成设市城市节水型城市建设。大力发展农田节水灌溉，加快推进农田水利改革进程，提高用水效率。湖滨缓冲区库塘湿地生态建设和低污染水净化工程相结合，实施环湖地区农业节水提升改造工程。在洱海、抚仙湖等湖泊流域内建设高效节水灌区。（各级人民政府负责落实，省水利厅、住房城乡建设厅、农业厅、工业和信息化委按照工作职责分别牵头，省发展改革委、财政厅、教育厅、国土资源厅、环境保护厅、林业厅、旅游发展委、统计局、工商局、质监局配合）

（四）加强湖泊水污染防治

1. 落实污染物达标排放要求。严格落实排污许可证制度，严格按照限制排污总量控制入湖污染物总量、设置并监管入湖排污口及入湖河道上的排污口。入湖污染物总量超过水功能区限制排污总量的湖泊，应排查入湖污染源，制定实施限期整治方案，明确年度入湖污染物削减量，逐步改善湖泊水质；水质达标的湖泊，应采取措施确保水质不退化。将治理任务落实到湖泊汇水范围内各排污单位，依法取缔非法设置的入湖排污口，严厉打击废污水直接入湖和垃圾倾倒等违法行为。确保 2020 年完成国家考核水质目标。（各级人民政府负责落实，省环境保护厅、水利厅、住房城乡建设厅、工业和信息化委、发展改革委、农业厅、卫生计生委按照工作职责分别牵头）

3. 加快城镇生活污染防治。旧城改造和新、扩建区域规划设计和建设中，应统筹实施垃圾收集、污水处理设施及配套管网、公厕、生态绿化措施等。因地制宜开展生活垃圾分类和减量化、资源化利用，建设完善垃圾填埋场渗滤液处理设施，确保达到卫生填埋标准。到 2020 年年底，流域内所有县城和乡镇具备污水收集处理能力，流域内设市城市和县城污水处理率分别达到 95% 和 85%。到 2020 年年底，除滇池流域生活垃圾无害化处理率要求达到 100% 外，其余 8 个湖泊流域内设市城市和县城生活垃圾无害化处理率分别达到 95% 和 80%。（各级人民政府负责落实，省住房城乡建设厅牵头，省发展改革委、环境保护厅、工业和信息化委、水利厅、农业厅等配合）

4. 着力农业农村面源污染治理。合理循环利用农业自然资源，积极稳妥调整农业产业结构，大力实施化肥农药零增长行动，积极推广测土配方施肥、绿色防控、统防统治等技术，提高化肥农药利用效率，持续快速提升农业生产水平。到 2020 年，测土配方施肥技术覆盖率达到 80% 以上，农作物病虫害绿色防控覆盖率达到 20% 以上，肥料、农药利用率均达到 30% 以上，秸秆综合利用率达到 60% 以上，农膜回收率达到 50% 以上。（各级人民政府负责落实，省农业厅牵头，省水利厅、发展改革委、财政厅、国土资源厅、林业厅等配合）

（五）加大湖泊水环境综合整治力度

1. 加快入湖河道综合整治。加快推进湖泊主要入湖河流的水环境综合整治，减少入湖河道入湖污染负荷。对不达标主要入湖河流制定水体达标方案；开展河道生态修复，重点实施崩岸河道及水土流失治理；加强流域风险源的管控，严防化学品污染，提升入湖河流水质；到 2020 年，纳入国家考核的主要入湖河流达到水质目标。（各级人民政府负责落实，省水利厅、林业厅、农业厅、环境保护厅按照职能职责分别牵头，省发展改革委、财政厅等配合）

2. 推进农村水环境综合整治。以农村生活污水、垃圾为重点，以县级行政区域为单元，实行农村污水处理统一规划、统一建设、统一管理。采取"一村一策"综合整治农村水环境，实施行政村污水处理设施全覆盖工程。逐步消灭农村黑臭水体。（各级人民政府负责落实，省住房城乡建设厅、环境保护厅按照工作职责分别牵头，省水利厅、农业厅、卫生计生委等配合）

3. 加强饮用水水源地保护。开展饮用水水源地安全保障达标和规范化建设，确保饮用水安全。落实《云南省清洁水源行动方案》，加强饮用水水源保护地分级管理保护，编制重要饮用水水源地名录，开展饮用水水源地安全保障达标建设，到 2020 年，实现饮用水水源管理保护"四到位"：水源地保护机构和人员到位，警示标牌、分界牌和隔离措施到位，备用水源和应急管理预案到位，水质监测和信息共享公开到位，基本构建全省饮用水水源安全保障体系。（各级人民政府负责落实，省环境保护厅、住房城乡建设厅、水利厅、卫生计生委按照工作职责分别牵头，省发展改革委、财政厅、国土资源厅等配合）

（六）开展湖泊生态治理与修复

1. 推进湖泊生态修复和保护。强化山水林田湖草系统治理，稳步实施"四退三还"工程（退塘、退田、退人、退房，还湿地、还林、还湖），逐步恢复河湖水系的自然连通。加大湖泊源头区、水源涵养区、生态敏感区保护力度，因地制宜推进湖泊生态岸线、水生态修复、湿地公园和水生生物保护区建设，探索开展重点湖泊流域生态保护红线内搬迁试点工作。加强区域水资源配置和调度管理，维持河流合理流量和湖（库）的合理水位，维护河湖健康生态。2020 年，基本完成九大高原湖泊的沿湖生态湿地修复。（各级人民政府负责落实，省林业厅、水利厅、财政厅、国土资源厅、环境保护厅按照工作职责分别牵头，省发展改革委、住房城乡建设厅等配合）

2. 加强水生生物资源保护。建立水生动植物自然保护区和水产种质资源保护区。加大水生生物增殖放流力度，大力发展"人放天养"增殖渔业，实施"以鱼控藻、以鱼净水"生物治理，恢复渔业种群资源。加大"绝户网"等非法捕捞的打击力度，建立捕捞量和渔船数量"双控"制度和外来物种防控机制，严格涉渔工程水生生物环境影响评价审批和生态补偿制度，努力维护水生生物多样性。（各级人民政府负责落实，省农业厅牵头，省环境保护厅、水利厅、林业厅等配合）

3. 加强高原湿地保护与恢复。以国际重要湿地、国家重要湿地、湿地类型省级以上自然保护区和国家湿地公园为依托，实施一批中央财政湿地补助项目，加强退化湿地恢复，提升湿地生态功能。启动省级湿地公园建设，加强国家湿地公园建设指导，确保高原湖泊湿地生态系统得到有效保护。（各级人民政府负责落实，省林业厅牵头，省环境保护厅、水利厅、农业厅、发展改革委、财政厅等配合）

4.推进建立生态保护补偿机制。推进以流域为单元的跨州（市）水生态补偿机制，引导和鼓励通过自愿协商建立横向补偿关系，采取多种形式实施横向生态补偿。加强事中事后监管，加强对生态补偿资金使用、项目建设等补偿措施的全过程监督管理。（各级人民政府负责落实，省财政厅牵头，省发展改革委、环境保护厅、水利厅、林业厅等配合）

（七）强化湖泊执法监管

进一步健全地方性河湖管理保护法规、规章，完善部门联合执法机制和日常监督巡查制度，实行湖泊动态监管，加大河湖管理保护监督力度。完善行政执法与刑事司法衔接机制，严厉打击涉湖违法违规行为。坚决清理整治围垦湖泊、侵占水域以及非法排污、养殖、采砂、设障、捕捞、取用水等活动。集中整治湖泊岸线乱占滥用、多占少用、占而不用等突出问题。（各级人民政府负责落实，省水利厅、环境保护厅按照工作职责分别牵头，省农业厅、林业厅、国土资源厅、交通运输厅、住房城乡建设厅、省政府法制办等配合）

六、建立湖长体系

（一）河（湖）长制领导小组

省级河（湖）长制领导小组实行双组长制，省委书记、省长任组长，省委副书记任执行副组长，常务副省长、分管水利的副省长任副组长，州（市）、县（市、区）在原河长制领导小组的基础上参照修改完善。各成员单位参照《云南省全面推行河长制行动计划（2017～2020年）》行使各自职能。

各地河长制办公室统一负责湖长制组织实施具体工作。

（二）健全湖长体系

滇池、洱海、抚仙湖、程海、泸沽湖、杞麓湖、星云湖、阳宗海、异龙湖九大高原湖泊由省级党政领导担任湖长，湖泊所在州（市）、县（市、区）、乡（镇、街道）、村（社区）要按照行政区域分级分区设立州（市）、县（市、区）、乡（镇、街道）、村（社区）级湖长，入湖河流按原河长制分级分段设立河长。

除九大高原湖泊外，纳入《云南省水功能区划》的22个湖泊中其余的湖泊、71座水库，大型水库（含水电站）、地级及以上城市集中式饮用水水源地水库由州（市）级党政领导担任湖长，湖泊所在县（市、区）、乡（镇、街道）、村（社区）按照行政区域分级分区设立县（市、区）、乡（镇、街道）、村（社区）级湖长，主要入湖（库）河道按原河长制分级分段设立河长。大型水电站水库（库容1亿立方米以上）及重要的中型水电站水库设置副湖长，副湖长由水电站水库管理单位主要负责人担任。

其余湖泊、县级城市集中式饮用水水源水库、备用水源水库按现有河长体系设立湖长和确定入湖河流河长。

省、州（市）、县（市、区）级应明确一个湖长联系部门。

（三）明确湖长职责

各地总河长对辖区内河湖库渠管理保护负总责。

湖泊最高层级的湖长是湖泊管理保护的第一责任人，对湖泊的管理保护负总责，要统筹协调湖泊与入湖河流的管理保护工作，确定湖泊管理保护目标任务，组织制定"一湖一策""一库一策"方案，明确湖长职责，协调解决湖泊管理保护中的重大问题，依法组织整治围垦湖泊、侵占水域、超标排污、违法养殖、非法采砂等突出问题。

其他各级湖长和入湖河流河长接受上一级或同级湖长的管理，对本辖区内的管理保护负直接责任，按职责分工组织实施湖泊管理保护工作。实行县级领导包乡（镇、街道）、乡（镇、街道）领导包村（社区）、村组干部包片的工作机制，通过定岗、定人、定责，及时发现、分析和预测湖泊、河流等水体出现的问题。建立水质目标倒逼机制，确保入湖河流水质达标并持续改善，推动湖泊保护治理精准化、常态化。

副湖长对本电站水库辖区内的管理保护负直接责任，组织实施水电站水库管理范围内的管理保护工作。

湖长联系部门负责研究监督相应湖泊重大决策、重要规划、重要制度的制定和实施；协助联系的湖长巡湖，监督相应流域开展湖长制的相关工作，在湖长的授权下，可以召开湖长会议，督促整改、协调解决上级督导督查、湖长巡湖、群众举报、社会舆论等发现的相关问题；会同河长制办公室组织对相应流域下一级湖长进行考核问责；完成联系湖长交办的其他事项。

七、保障措施

（一）加强组织领导

1. 强化组织推进。要深刻认识加强河湖管理保护的重要性和紧迫性，深入贯彻落实中央决策部署，切实加强组织领导，明确工作进展安排，确保各项要求落到实处。要将河长制工作与湖长制工作有机结合，将实施湖长制纳入全面推行河长制工作体系，统筹做好部署、推进、督察、考核。有涉及湖长制实施范围的州（市）、县（市、区）、乡（镇、街道）级党委、政府，必须于 2018 年 6 月底前制定具体的湖长制实施方案。（各级党委、政府，河长制办公室负责落实）

2. 细化实化湖长职责。抓住党政领导负责制这个关键，建立健全以党政领导负责制为核心的责任体系，进一步细化实化湖长职责，逐个湖泊明确各级湖长，健全网格管理责任体系，级级传导压力、层层压实责任。做到守土有责、守土尽责、守土担责，用湖长制推进"湖长清"。（各级党委、政府，相关各级湖长负责落实）

3. 强化部门联动。强化水域与周边水陆共治、源头管控，实行联防联控。坚持河湖共治，统筹湖泊与入湖河流的管理保护和治理。落实湖泊管理单位，强化部门联动，各级全面推行河（湖）长制领导小组成员单位要按照总计划总安排，积极分担责任，积极履行职责，推进省委、省政府明确的各项湖长制工作。（各级党委、政府，相关各级河（湖）长制领导小组成员单位负责落实）

（二）积极筹措资金

1. 保障湖（库）管理保护经费。厘清湖（库）管理保护工作经费和项目建设经费，将湖长制工作经费纳入本级财政预算。整合各部门河湖治理保护项目资金，加大对湖（库）水域空间管控、湖（库）岸线管理保护、湖（库）水资源保护、湖（库）水污染防治、湖（库）水环境综合整治、湖（库）生态治理与修复和湖（库）执法监管等工作的支持力度,切实保障湖(库)巡查、堤防维修、保洁管养等工作经费和建设项目资金。(各级政府牵头,各级财政、发展改革、水利、环境保护、住房城乡建设、农业、林业、国土资源等相关部门配合)

2.拓宽湖(库)管理保护资金筹措渠道。对有稳定旅游收益和经营管理项目的湖(库),积极探索从旅游收益和经营管理项目收益中提取资金用于湖(库)管理保护。鼓励和吸引社会资金投入,拓宽投融资渠道,形成公共财政投入、社会融资、贴息贷款等多元化投资格局。(各级政府牵头,各级财政、旅游发展、发展改革、水利、环境保护等相关部门配合)

(三)夯实工作基础

1.建立分级管理名录。各州(市)各有关部门要在全国水利普查及2017年实行河长制的基础之上,抓紧摸清基本情况,建立湖库分级管理名录,明确各级湖(库)长的责任范围。(各级人民政府负责落实,省水利厅牵头,省环境保护厅、发展改革委、工业和信息化委、国土资源厅、农业厅、林业厅、卫生计生委配合)

2.推进"一湖一档""一库一档"工作。2018年基本完成省、州(市)、县级湖(库)长"一湖一档""一库一档"动态管控台账。(各级人民政府负责落实,省水利厅牵头,省环境保护厅、发展改革委、工业和信息化委、国土资源厅、农业厅、林业厅、卫生计生委配合)

3.推进湖库管理范围划界确权工作。2020年前,完成州(市)、县(市、区)两级湖库的划界工作,有条件的地方完成确权登记。(各级人民政府负责落实,省水利厅牵头,省环境保护厅、发展改革委、工业和信息化委、国土资源厅、农业厅、林业厅、卫生计生委配合)

(四)强化分类指导

坚持问题导向,因湖施策,按照分级负责、分步推进的原则,科学制定"一湖(库)一策"方案,提出问题清单、目标清单、措施清单和责任清单。"一湖(库)一策"方案以整个湖(库)为单元编制,由最高层级的湖长相应的河长制办公室组织编制,按程序报批后实施。2019年,省、州(市)、县(市、区)完成方案制定。(各级人民政府负责落实,省水利厅、省环境保护厅牵头,财政厅、农业厅、林业厅配合)

(五)完善监测监控

1.实施分级监测。统筹河湖关系,科学布设监测站点,完善监测体系,跨行政区域的湖泊和入湖河流,上一级有关部门要加强监测。力争到2020年年底,建成基本与云南省河(湖)长制相适应的省、州(市)、县三级监测体系,各级各部门监测事权明晰,监测能力得到明显提升,监测网络运行流畅。积极推进监测信息和监测数据共享平台建设,完善分析评估体系,强化流域与区域、区域与区域间的信息共享。(各级人民政府负责落实,国土资源、水利、环境保护、住房城乡建设、交通、农业、林业等部门按职责分工负责)

2.加强监测监控。积极利用卫星遥感、无人机航测、视频监控等技术,加强对湖泊变化情况的动态监测。根据属地管理的原则,最高层级为县级以上的湖长要协调组织相应的湖长制领导小组成员单位根据各自职能职责开展监测监控工作。国土部门重点加强河湖水域岸线巡测,环保部门优化完善地表水环境质量和污染源监测,水利部门优化完善水功能区水质监测、入河排污口监督性监测、城市集中式饮用水水源地水质监测、重要江河湖泊水量监测、重点区域地下水动态监测，住建部门加强城市黑臭水体监测及城镇污水处理厂水质监测，交通部门开展船舶港口污染监测，农业部门开展农业面源污染监测、水产种质资源保护区监测，林业部门开展湿地监测；卫生计生部门加强饮用水水质监测。（各级国土资源、环境保护、水利、住房城乡建设、交通、农业、林业、卫生计生等部门按职责分工负责）

（六）严格考核问责

1. 落实三级督察。在全省全面建立省、州（市）、县（市、区）三级督察体系的基础上，进一步落实三级督察制度，各级党委、政府和省级有关部门，按照省级督察制度，全面加强湖长制工作督导检查，健全工作机制，落实工作责任，按照时间节点和目标任务要求积极推进湖长制有关工作。各级督查机构，要制定年度督查计划，每年对重点湖泊或群众反映问题多的湖泊，强化督查，全面性督查一年不少于一次。对推进不力的，由各级河长制办公室提出督查建议，开展专项督查，实行执纪问责。（各级党委、政府、人大、政协牵头，各级河长制办公室、公安、水利、环境保护等相关部门配合）

2. 推进责任考核。按不同湖泊，实行差异化绩效评价考核，依据考核结果实行奖励问责，实行财政补助资金与考核结果挂钩，并将领导干部自然资源资产离任审计结果及整改情况作为考核的重要参考。考核工作参照《云南省全面推行河长制考核问责和激励制度（试行）》执行。（各级河长制办公室牵头，各级组织、财政、水利、环境保护、审计等相关部门配合）

3. 推进激励问责。各州（市）进一步落实州（市）、县（市、区）、乡（镇、街道）、村（社区）四级河长制激励问责机制，对成绩突出的湖长及党委、政府给予表扬，对失职失责的要严肃问责。从2018年开始，对各州（市）全面推行湖长制工作进行考核，推进激励问责制度，实行生态环境损害责任终身追究制，对造成生态环境损害的，严格按照有关规定追究责任。（各级党委、政府牵头，各级河长制办公室、公安、水利、环境保护等相关部门配合）

（七）强化社会监督

1. 加强宣传教育。充分利用报刊、广播、电视、网络等各种媒体和传播手段，深入释疑解惑，广泛宣传引导，在全社会加强生态文明和湖（库）保护管理教育，不断增强公众的责任意识和参与意识，营造全社会关注、保护湖泊的良好氛围。（各级宣传部门牵头，各级河长制办公室、水利、环境保护等相关部门配合）

2. 公示湖长职责。在湖泊重要位置竖牌立碑，设置警示标志，设立湖长公示牌，公布标明湖长姓名、职务、职责、湖泊概况、管护目标、管护范围和联系方式，接受群众监督和举报。（各级河长制办公室牵头，各级水利、环境保护等相关部门配合）

3. 推进公众参与。大力推进湖泊管理科学决策和民主决策，健全听证等公众参与制度，对涉及群众用水利益的发展规划和建设项目，采取多种方式充分听取公众意见，依法公开相关信息，及时发布相关政策措施，进一步提高决策透明度。（各级水利、环境保护等部门按照工作职责分别牵头，各级河长制办公室配合）

4. 落实社会监督。建立信息发布平台，通过各类媒体向社会公告河长名单，聘请社会监督员对湖泊管理保护效果进行监督和评价。（各级河长制办公室牵头，各级水利、环境保护等相关部门配合）

附录 15　云南省河（湖）长制工作问责办法（试行）

第一条　为全面贯彻落实《中国共产党问责条例》《中共云南省委关于印发〈贯彻中国共产党问责条例实施办法〉的通知》《云南省党政领导干部问责办法（试行）》《中共云南省委办公厅 云南省人民政府办公厅关于印发〈云南省全面推行河长制的实施意见〉的通知》（云厅字〔2017〕6 号）要求，推进河（湖）长及各有关部门履职尽责，切实强化河（湖）长责任制的全面落实，特制定本办法。

第二条　问责的对象：在河（湖）长制工作中不履行职责的各级河（湖）长制成员单位负责人，州（市）、县（市、区）、乡（镇、街道办事处）总河长、副总河长、河（湖）长和相关部门负责人、工作人员。

第三条　有下列情形之一的，应当予以问责：

（一）在河（湖）长制工作中，对职责范围内应当办理的事项，拖着不办、顶着不办；对要求限时办结的事项，未能在规定时限内完成；对公开承诺的事项不兑现；对应当由多个部门或跨地区共同办理的事项，主办部门（地区）不主动牵头协调，协办部门（地区）不积极支持配合，致使工作延误的。

（二）对河（湖）长制工作中上级的重大决策、重要部署，消极对待，执行不力，影响整体工作推进；对本地区、本部门河（湖）长制工作中存在的突出问题，不调查研究，不认真解决的。

（三）在河（湖）长制工作中涉及人民群众的切身利益，或者专业性较强的重大决策事项，不按照规定程序进行可行性评估和论证、听证、公示、专家咨询、集体决策和报批的。

（四）未及时发现河（湖）长制工作中违法违规问题，或发现问题后不及时制止和报告；对媒体、群众举报的河湖管理保护事项未及时处置的；重大督办事项落实不力的。

（五）连续两年河（湖）长制考核排名处于末位或在年度河（湖）长制考核中不合格的，因自身原因未完成河湖水质年度达标任务的。

（六）对职责范围内的河湖管理保护事项和群众反映的问题在处置中隐瞒真相，歪曲事实；编报虚假数据、虚假成绩，欺骗上级机关和社会公众；隐瞒案件真相，歪曲案件事实，瞒案不报，压案不查的。

（七）对河（湖）长制工作和群众反映的河（湖）管理保护问题违规决定，导致群体性事件发生，或者引发其他严重社会矛盾的。

（八）河（湖）长制工作中因决策失误，造成生态环境破坏、环境严重污染等重大损失。

（九）其它应该问责的情形。

第四条　按照干部管理权限，属地管理，谁主管、谁负责、谁问责。启动问责，必须以事实为依据，坚持客观公正、依纪依规。

第五条　参照《中共云南省委关于印发〈贯彻中国共产党问责条例实施办法〉的通

知》问责的方式分为：

（一）通报。对履行职责不力的，应当严肃批评，依规整改，并在一定范围内通报。

（二）诚勉。对失职失责、情节较轻的，应当以谈话或者书面方式进行诚勉。

（三）组织调整或者组织处理。对失职失责、情节较重，不适宜担任现职的，应当根据情况采取停职检查、调整职务、责令辞职、降职、免职等措施。

（四）纪律处分。对失职失责应当给予纪律处分的，依照《中国共产党纪律处分条例》追究纪律责任。

上述问责方式，可以单独使用，也可以合并使用。

第六条 各级总河（湖）长、副总河（湖）长、总督察、副总督察、河（湖）长及河（湖）长制办公室，根据巡查、督察、督办、考核等情况，以及群众举报、媒体反映，对不履行河（湖）长制工作职责，需要进行问责的，应在 10 个工作日之内向有关党委、政府提出问责建议。

第七条 有关党委、政府接到问责建议后，按《云南省党政领导干部问责办法（试行）》规定展开调查，启动问责。

第八条 被问责对象拥有申诉的权利，对问责决定不服的，可以自接到《党政领导干部问责决定书》次日起 15 日内，向问责决定机关提出书面申诉。

第九条 问责结果的运用严格按照《云南省党政领导干部问责办法（试行）》规定执行。

第十条 各州（市）按照本办法规定，结合实际，制定实施细则。

第十一条 本办法自印发之日起施行。

附录16　云南省省级河（湖）长和州（市）总河（湖）长副总河（湖）长述职实施方案（试行）

第一条　为贯彻落实《中共云南省委办公厅　云南省人民政府办公厅关于印发〈云南省全面推行河长制的实施意见〉的通知》（云厅字〔2017〕6号）、《云南省河（湖）长制领导小组关于印发〈云南省全面贯彻落实湖长制的实施方案〉的通知》（云河长组发〔2018〕2号）、《云南省全面推行河长制考核问责和激励制度（试行）》等文件的相关要求，开展各级河长湖长述职，推动全省五级河长湖长全面履职尽责，特制定本实施方案。

第二条　本实施方案的述职对象是省级河（湖）长、州（市）的总河（湖）长和副总河（湖）长。

第三条　省级河（湖）长、州（市）级总河（湖）长、副总河（湖）长每年应向省级总河（湖）长、副总河（湖）长述职。

第四条　述职报告要有以下6个方面内容。

（一）贯彻落实决策部署情况。围绕党中央、国务院、省委、省政府河（湖）长制有关安排部署，研究制定本流域的河（湖）保护治理的重大决策、重要规划、重要制度，组织推进专项行动等情况。

（二）河（湖）长制组织推进情况。1.组织责任落实情况。组织建立河（湖）长组织体系、责任体系，落实组织机构、专项经费等情况。2.研究安排部署河长制工作。组织召开河长会议，组织研究解决本州（市）和所辖流域存在的问题，对各级河（湖）长制工作进行安排部署，组织制定年度工作计划、与下一级河（湖）长签订考核目标责任书等情况。3.推动河（湖）长制基础工作情况。4.开展巡查督导情况。落实《云南省河长巡查工作细则（试行）》《云南省全面推行河长制工作督察制度（试行）》情况。5.推进各级河（湖）长述职、考核、问责情况。

（三）河（湖）保护治理成效情况。组织推动"加强水资源保护、水域岸线管理保护、水污染防治、水环境治理、水生态修复和执法监管"等六大任务落实情况，全面总结河（湖）保护、管理、治理、修复等方面采取的措施，开展的专项行动，取得的进展和成效，河（湖）水质达标和改善情况。

（四）推动公众参与和宣传情况。组织推动河（湖）长制公众监督工作，公示河（湖）长职责、推进公众参与、落实社会监督等情况。组织落实宣传教育工作，采用的宣传形式、传播途径、公众参与度以及取得的反响等。

（五）河（湖）长制落实中存在的问题。主要梳理河（湖）长制组织责任体系建设、河（湖）水质达标、保护治理项目进度、河（湖）长制工作专项经费安排、专项督察问题清单等具体问题。

（六）下一步工作计划。针对推行河（湖）长制推进中存在的问题，以及各地各河（湖）存在的突出问题，明确下一年度工作目标和工作重点，提出有针对性的行动方案和行动措施。

第五条 参加述职的人员、述职时间、述职方式、参加会议人员由省河（湖）长制办公室拟定初步方案，报省级总河（湖）长、副总河（湖）长批准后进行，述职会议由总河（湖）长或副总河（湖）长主持召开。述职人完成述职报告后，由省级总河（湖）长、副总河（湖）长进行点评。

第六条 省河（湖）长制办公室收集述职人年度述职报告整理存档，并将省级总河（湖）长、副总河（湖）长点评情况抄报述职人所在州（市）党委、政府。

第七条 对省级总河（湖）长、副总河（湖）长点评提出的问题、意见，省级河（湖）长、各州（市）级总河（湖）长、副总河（湖）长研究制定整改方案，逐项抓好整改落实，将整改方案和整改落实情况作为下一年度述职报告的重点。

第八条 州（市）参照本办法，结合实际，制定本级的实施办法。

第九条 本方案由云南省河长制办公室负责解释，自印发之日起施行。

附录17 云南省河湖"清四乱"专项行动方案

按照《水利部办公厅关于开展全国河湖"清四乱"专项行动的通知》（办建管〔2018〕130号）要求，结合《云南省全面推行河长制行动计划（2017～2020年）》（云河长组发〔2017〕1号）、《2018年云南省全面推行河（湖）长制工作要点》（云南省总河长第2号令）工作安排，在全省范围内对乱占、乱采、乱堆、乱建等河湖管理保护突出问题开展专项清理整治行动（以下简称"清四乱"专项行动），特制定河湖"清四乱"专项行动方案。

一、专项行动范围

此次"清四乱"专项行动范围为云南省内六大水系及牛栏江主要干流以及流域面积1000平方公里以上的118条河流、水面面积1平方公里以上的30个湖泊为重点，九大高原湖泊主要入湖河流、流经城镇河流、重要饮用水水源地、群众反映问题突出的河湖，以及设立州（市）、县（市、区）以上河长的河湖库渠。由各州（市）水行政主管部门制定"清四乱"专项行动河湖名录。

此次专项行动结合《2018年云南省全面推行河（湖）长制工作要点》（云南省总河长第2号令）中"河长清河行动"、河道采砂清理整治、推进水域岸线保护行动等十二项行动开展。

二、专项行动目标

全面摸清和清理整治河湖管理范围内乱占、乱采、乱堆、乱建等"四乱"突出问题，发现一处、清理一处、销号一处。2018年年底前"清四乱"专项行动见到明显成效，2019年7月1日前全面完成专项行动任务，河湖面貌明显改善。在专项行动基础上，不断建立健全河湖管理保护长效机制。

三、清理整治内容

按照国家总体部署安排要求，严格依据河湖管理法规，对列入河湖库渠管理范围内"四乱"问题依法进行全面清理整治。

（一）乱占清理主要内容。围垦湖泊；未经依法批准围垦河道；非法侵占水域、滩地；种植阻碍行洪的林木及高秆作物。（各级人民政府负责落实，省水利厅、国土资源厅、发展改革委、林业厅督导检查）

（二）乱采清理主要内容。河湖非法采砂、取土。（各级人民政府负责落实，省国土资源厅、水利厅、公安厅督导检查）

（三）乱堆清理主要内容。河湖管理范围内乱扔乱堆垃圾；倾倒、填埋、储存、堆放固体废物；弃置、堆放阻碍行洪的物体。（各级人民政府负责落实，省水利厅、环境保护厅、住房城乡建设厅、工业和信息化委督导检查）

（四）乱建清理主要内容。河湖水域岸线长期占而不用、多占少用、滥占滥用；违法违规建设涉河项目；河道管理范围内修建阻碍行洪的建筑物、构筑物。（各级人民政府负责落实，省住房城乡建设厅、国土资源厅、发展改革委、水利厅督导检查）

四、组织实施

各州（市）人民政府在省河长制领导小组指导下，负责本行政区域"清四乱"专项行动的具体实施，组织有关部门分工协作、共同推进，确保专项行动达到预期效果。专项行动期间，省河长制领导小组有关成员单位将开展巡查暗访、重点抽查、专项督查，各州（市）党委、人民政府和河长制办公室要加强对县（市、区）的督导检查。

五、行动步骤和进度安排

"清四乱"专项行动包括摸底调查、集中整治、巩固提升三个阶段，2018年7月20日开始，2019年7月1日全面完成。

（一）调查摸底（2018年7月20日—9月10日）

以县为单元开展地毯式排查，全面查清河湖"四乱"问题，逐河逐湖建立问题清单。在调查摸底阶段，对发现的违法违规问题要做到边查边改，及时发现、及时清理整治。

各州（市）河长制办公室要在8月10日之前，将列入"清四乱"河湖名录报省河长制办公室。9月10日前将调查摸底情况以及附件1、附件2报送省河长制办公室。其中，附件2由县级河长制办公室填写，州（市）河长制办公室审核汇总后以电子邮件报送省河长制办公室。

（二）集中整治（2018年9月11日—2019年5月31日）

针对调查摸底发现的问题，各地逐项细化明确清理整治目标任务、具体措施、部门分工、责任要求和进度安排，对照问题清单建立销号制度，确保问题清理整治到位。同时，对专项行动期间群众反映强烈或媒体曝光的河湖其他违法违规问题，各地应主动纳入专项行动整治范围。2019年5月底前基本完成集中清理整治，其中，在2018年年底前要取得明显进展和成效。

各州（市）河长制办公室要在2019年6月1日前将本州（市）集中整治情况报省河长制办公室，对于确实难以按期整治到位的要说明原因，作出具体整改安排，明确完成时限。

（三）巩固提升（2019年6月1日—7月1日）

各地对"清四乱"专项行动实施情况开展全面核查，重点核查漏查漏报、清理整治不到位、整治后出现反弹等问题。对核查时仍存在的涉河湖违法违规行为，坚决依法整治。对整治不力的地方和部门，要督促加快进度，责令限期完成。

各地以"清四乱"专项行动为契机，按照全面推行河（湖）长制要求，进一步落实地方党政领导负责制为核心的河湖管理保护责任体系，落实属地管理责任，细化实化河（湖）长职责。建立河湖巡查、保洁、执法等日常管理制度，落实河湖管理保护责任主体、人员、设备和经费，建立完善流域统筹协调和上下游、左右岸联防联控机制，加强河湖管理信息化建设，建立健全河湖管理保护长效机制。

由各州（市）河长制办公室在2019年7月1日前将"清四乱"专项行动总结报告报送省河长制办公室。

六、工作要求

（一）务必高度重视。"清四乱"专项行动是国家统一布署安排的落实中央领导批示工作，工作范围广、任务重、时间紧、要求高，各地各级党委、政府务必高度重视，加强组织领导，强化责任担当，采取有效措施扎实开展工作，要严格执行中央文件明确的工作职责，督促对围垦湖泊、非法采砂、侵占河道等突出问题依法进行清理整治，协调解决重大问题。各州（市）河长制办公室要主动向州（市）级河长汇报，并积极指导县（市、区）落实河（湖）长主体责任，压实属地管理要求，指导督促落实好各阶段、各环节的工作任务。各级河道、湖泊、库渠管理单位是"清四乱"责任主体，各级河道管理职能部门要切实负责具体落实。

（二）深入排查问题。各地要全面细致摸底调查，做到横向到边、纵向到底，信息完整、问题准确，不留空白、不留死角，特别是对发现的"四乱"问题不得隐瞒不报。

（三）加强协同联动。各州（市）、县（市、区）要依托河（湖）长制平台，加强部门协调联动，形成工作合力。对于跨行政区河湖，相关地方要积极主动对接，可按照下游协调上游、左岸协调右岸，湖泊水域面积大的协调水域面积小的原则，协同开展跨界水域专项行动。

（四）加强暗访明察。各级党委、政府要对下级行政区域各阶段工作开展情况进行指导协调、督导检查、暗访明察。根据专项行动进展情况，省级督导检查责任单位将不定期组织开展暗访、抽查、重点检查，对发现的隐瞒不报、弄虚作假，以及不作为、慢作为、工作组织不力的，将约谈、通报、在媒体公开曝光有关地方、单位及其责任人，并视情况通报给有关州（市）级河长，提请对相关责任人予以责任追究。各州（市）党委、政府要把河湖"清四乱"作为重点督查工作，各级河长制办公室要将"清四乱"专项行动纳入河长制督查考核工作，对问题突出、组织不力的河长湖长要进行公开通报。

（五）建立月报制度。为及时掌握各地专项行动进展情况，自 2018 年 10 月 30 日起，请各州（市）河长制办公室每月月底前填写附件 1 报送省河长制办公室。

各州（市）要及时明确"清四乱"专项行动分管领导、责任单位与责任人、信息报送联系人，在 2018 年 8 月 16 日前将附件 3 报送省河长制办公室。

七、联系人及联系方式

云南省河长制办公室　唐光明　段司龙

电话：0871—65108481

传真：0871—65108194

邮箱：ynshzb@163.com

附件：1. _____市（州）河湖"清四乱"专项行动统计表

2. _____市（州）_____县（市、区）河湖"清四乱"问题清单

3. _____市（州）河湖"清四乱"专项行动责任人及联系人名单

附表 1

_____市（州）河湖"清四乱"专项行动统计表

（盖章）

填报单位（州市河长制办公室）：　　　　　　　　　　　　　　　　年　　月　　日

序号	县（市、区）	合计/个		乱占问题/个										乱采问题/个	乱堆问题/个								乱建问题/个							
				小计		围垦湖泊		未经依法批准围垦河道		种植碍洪作物		非法占用水域滩地		非法采砂	小计		乱堆垃圾		固体废物倾倒、填埋等		种植碍洪作物		小计		岸线长期占而不用、多占少用、滥占滥用		涉河违法违规建设项目		其他违法违规问题
		排查	销号	排查	销号	排查	销号	排查	销号	排查	销号	排查	销号	销号	排查	销号	排查	销号	排查	销号	排查	销号	排查	销号	排查	销号	排查	销号	销号
总计																													

填报人：　　　　　　　　　联系电话：　　　　　　　　　审核人签字：

注：1. 全国河湖采砂专项整治、按已有部署开展工作，不纳入本表填报范围。

　　2. "排查""销号"分别为截至填报日期要求填报的累计数。

附表 2

_____市（州）_____县（市、区）河湖"清四乱"问题清单

填报单位（县级河长制办公室）：　　　　　　（盖章）　　　　　　　年　　月　　日

序号	河流、河段（湖泊）名称	所在位置（乡、村）	河长姓名及职务			问题描述（需定性、定量描述）	问题类型（打√）					问题整治情况
			县级	乡级	村级		乱占	乱采	乱堆	乱建	其他	是否销号（已销号打√）
						例：乱占水域×××						
						例：围垦湖泊×××						
问题总计（个）_____												

填报人：　　　　　　　　　　　联系电话：　　　　　　　　　　　审核人签字：

注　1. 全国河湖采砂专项整治，按已有部署开展工作，不纳入本表填报范围。

　　2. 同一河段有多个问题的，问题分别填报。

附表 3

_____市（州）河湖"清四乱"

专项行动责任人及联系人名单

	姓名	职务	联系电话
分管负责领导			
责任单位			
责任人（处级）			
信息报送联系人			

附录18 云南省关于推动河长制湖长制从"有名"到"有实"的实施方案

中共云南省委办公厅、云南省人民政府办公厅印发《云南省全面推行河长制的实施意见》以来，全省各级党委、政府、有关部门紧紧围绕全面推行河长制工作，上下联动、共同努力，已全面建立了符合云南实际的河长制组织体系、制度体系和责任体系。为认真落实水利部印发的《关于推动河长制从"有名"到"有实"的实施意见》，进一步推动河长制湖长制从"有名"向"有实"转变，从全面建立到全面见效，实现名实相副，结合我省实际，提出以下实施方案。

一、总体要求

以习近平新时代中国特色社会主义思想为指导，践行"节水优先、空间均衡、系统治理、两手发力"的治水方针，按照山水林田湖草系统治理的总体思路，以河长制为抓手，以"河畅、湖清、岸绿、景美"为目标，加快推进全省生态文明体制改革，加快形成绿色发展新方式，把河流湖泊保护治理工作作为全省推进生态文明排头兵建设、建设我国最美丽省份的核心任务，着力改善九大高原湖泊和六大水系等重点区域的水环境水生态质量，坚持问题导向，细化实化保护水资源、加强岸线管理保护、防治水污染、改善水环境、修复水生态、加强执法监管等主要任务，聚焦管好"盆"和"水"，集中解决河湖乱占、乱采、乱堆、乱建（以下简称"四乱"）等突出问题，将"清四乱"专项行动作为今后一个时期全面推行河长制的重点工作，管好河道湖泊空间及其水域岸线；加强系统治理，着力解决"水多""水少""水脏""水浑"等新老水问题，管好河道湖泊中的水体，向河湖管理顽疾宣战，推动河湖面貌明显改善。

二、管好盛水的"盆"

当前，各州（市）人民政府要按照国家统一安排部署，在省河长制领导小组指导下，用1年左右时间，集中组织对云南省内六大水系及牛栏江主要干流以及流域面积1000平方公里以上的118条河流、水面面积1平方公里以上的30个湖泊、九大高原湖泊主要入湖河流、流经城镇河流、重要饮用水水源地、群众反映问题突出的河湖，以及设立州（市）、县（市、区）级以上河长的河湖库渠开展"清四乱"活动。全面摸清和清理整治河湖管理范围内"四乱"突出问题，发现一处、清理一处、销号一处。2018年年底前"清四乱"专项行动见到明显成效，2019年7月1日前全面完成专项行动任务，河湖面貌明显改善。在专项行动基础上，不断建立健全河湖管理保护长效机制。在此基础上，省河长制办公室将用半年左右时间组织进行"回头看"，力争2019年年底前还河湖一个干净、整洁的空间。

（一）清"乱占"。乱占是指围垦湖泊，未依法经省级以上人民政府批准围垦河道，非法侵占水域、滩地，种植阻碍行洪的林木及高秆作物等行为。清理乱占行为的标准是：对于围湖造地、围湖造田的，要按照国家规定的防洪标准有计划地退地还湖、退田还湖，将违法建设的土堤、矮围等清除至原状高程，拆除地面建筑物、构筑物，取缔相关非法经济活动；对于非法围垦河道的，要限期拆除违法占用河道滩地建设的围堤、护岸、阻水道路、拦河坝等，铲平抬高的滩地，恢复河道原状；对于河湖管理范围内违法挖筑的鱼塘、设置的拦河渔具、种植的碍洪林木及高秆作物，应及时清除，恢复河道行洪能力。（各级人民政府负责组织落实，省水利厅、自然资源厅、发展改革委、林草局开展督导检查）

（二）清"乱采"。乱采是指在河湖管理范围内非法采砂、取土等活动。对乱采滥挖行为清理整治的标准是：各州（市）要始终保持高压严打态势，逐河段落实政府责任人、主管部门责任人和管理单位责任人，许可采区实行旁站式监理，砂场布局规范有序，大型采砂船大规模偷采绝迹，小型船只零星偷采露头就打。要盯紧、管好采砂业主、采砂船只和堆砂场，对非法采砂业主，依法依规处罚到位，情节严重、触犯刑律的，坚决移交司法机关追究刑事责任；对非法采砂船只，坚决清理上岸，落实属地管理措施；对非法堆砂场，按照河湖岸线保护要求进行清理整治。各地要依照《中华人民共和国水法》要求，划定禁采区、规定禁采期，并向社会公告。对许可采区，要严禁超范围、超采量、超功率、超时间开采砂石。要研究非法采砂活动的规律性，针对非法采砂流动性、游荡性强的特点，集中力量打运动战、歼灭战，坚决遏制非法采砂势头，确保河湖采砂依法、有序、可控。（各级人民政府负责组织落实，省自然资源厅、水利厅、公安厅开展督导检查）

（三）清"乱堆"。乱堆是指河湖管理范围内乱扔乱堆垃圾，倾倒、填埋、贮存、堆放固体废物，弃置、堆放阻碍行洪的物体等现象。清理整治乱堆问题，各州（市）首先要梳理提出本行政区域内存在固体废物堆放、贮存、倾倒、填埋隐患的敏感河段和重点水域，建立垃圾和固体废物点位清单；在此基础上制订工作方案，对照点位清单，逐个落实责任，限期完成清理，恢复河湖自然状态。对于涉及危险、有害废物需要鉴别的，要主动向地方人民政府、有关河长汇报，主动协调、及时提交有关部门进行鉴别分类。（各级人民政府负责组织落实，省水利厅、生态环境厅、住房城乡建设厅、工业和信息化厅开展督导检查）

（四）清"乱建"。乱建是指违法违规建设涉河项目，在河湖管理范围内修建阻碍行洪的建筑物、构筑物等问题。清理乱建的基本要求是：各州（市）对河湖管理范围内建设项目进行全面排查、分类整治，对1988年《中华人民共和国河道管理条例》出台后、未经水行政主管部门审批或不按审查同意的位置和界限建设的涉河项目，应认定为违法建设项目，列入整治清单，分类予以拆除、取缔或整改；其中，位于自然保护区、饮用水水源保护区、风景名胜区内的违法建设项目，要严格按照有关法律法规要求进行清理整治。对涉河违法项目，能立即整改的，要立即整改到位；难以立即整改的，要提出整改方案，明确责任人和整改时间，限期整改到位。（各级人民政府负责组织落实，省住房城乡建设厅、自然资源厅、发展改革委、水利厅督导检查）

"清四乱"是对各级河长的底线要求。各州（市）要依据《中华人民共和国水法》《中华人民共和国防洪法》《中华人民共和国河道管理条例》等法律法规规定和河长制工作相关要求，按照《云南省河湖"清四乱"专项行动方案》（云南省总河长令第3号）部署，按时、按要求完成集中整治、巩固提升等阶段工作。各州（市）要将"清四乱"专项行动作为全面推进河（湖）长制工作"见行动、见成效"的有力举措，结合本地实际，制定本地区"清四乱"的具体标准。

三、护好"盆"中的水

当前，我省新老水问题交织，水资源分布不均、水生态损害、水环境污染问题十分突出，水旱灾害多发频发。河湖水系是水资源的重要载体，也是新老水问题表现最为集中的区域。各地要坚持问题导向，因河湖施策，明确防范"水多"、防治"水少"、整治"水脏"、减少"水浑"的具体标准和底线要求，全面清理影响行洪安全和水生态、水环境的各类活动，从根子上解决当地突出水问题。

（一）防范"水多"

洪水灾害是云南省主要自然灾害，特别是山洪灾害损失为全国较为严重的省区之一，每年都有不同程度的洪水灾害发生，给国民经济造成很大的损失，对经济社会带来严重的威胁，是全省国民经济和社会发展的一大心腹之患。防范"水多"的主要措施，是要确保常态下河湖水位不影响行蓄洪水。汛期所有水库、湖泊、管理单位（业主）要编制并严格按照审批的汛期调度运用计划方案调度运用水库，保证水库、湖泊行洪、调蓄能力，防范洪水风险；要组织开展河道、堤防防洪风险隐患排查和薄弱环节拉网式排查，摸清情况，及时消除安全隐患，有效管控洪水风险；要加强洪水监测预报，预留行洪空间，做好河、湖、库联合调度，降低洪水风险；要制定并按照江河防御洪水方案做好防汛抗洪工作，确保人员安全，避免洪涝灾害损失。（各级人民政府负责组织落实，省水利厅牵头督导检查，省应急管理厅配合）

（二）防治"水少"

1. 强化水资源承载能力刚性约束。合理确定河流主要控制断面生态水量，提出湖泊、水库、地下水体水位控制要求，强化水资源配置，把用水指标落实到每条河流、每个区域，科学调度江河湖库水量，加强河湖生态流量保障情况监督管理。逐步建立水资源承载能力动态监测预警机制，组织开展水资源承载能力试评价，定期发布监测预警信息。按照以水定产、以水定城的要求，根据《云南省重大规划水资源论证评估管理办法（试行）》规定，结合水资源承载能力评价结果，落实重大规划水资源论证制度，严格建设项目水资源论证和取水许可管理，从严核定许可水量，对取用水总量已达到或超过控制指标的地区暂停审批新增取水。以问题为导向，突出重点，分类施策，推进水资源红区、黄区的监管工作，严格限制产生不利影响的水资源开发利用等活动，切实加强水资源管理保护的针对性和时效性。加强重要饮用水水源地、重要水功能区的监测评价和动态监管，建立健全预警应急机制。（各级人民政府负责组织落实，省水利厅牵头指导督查督办，省发展改革委、工业和信息化厅、统计局、自然资源厅、生态环境厅、住房城乡建设厅配合）

2. 全面推进节水型社会建设。实施全民节水行动计划，落实节约用水联席会议制度，加强农业、工业、城镇等领域节水和重点区域节水。结合节能减排、循环经济、绿色发展等规划，加强重点行业节水监管。落实建设项目"三同时、四到位"制度，健全行业用水定额管理制度，建立用水效率标识管理制度，强化节水管水制度保障，推行合同节水管理。开展水效领跑者引领行动，树立节水标杆。开展和推进一批节水型公共机构、企业、居民小区等试点示范建设工作，分批开展县域节水型社会达标建设。加强产业发展布局引导工作，调整工业产业结构，转变发展方式，大力推广节水工艺技术和设备，禁止新建、扩建高耗水项目。加强农村节水。加快推进农村集中供水、排水体系建设，完善农村供水、排水设施，提高供排水计量器具配备率；推进曲靖等 12 个大型灌区续建配套与节水改造，发展旱作农业，推进林果和养殖业节水。加快城镇供水管网节水改造，对运行使用年限超过设计基准期和旧城区老化严重的供水管网，实施更新改造。加快推进水价综合改革，督促推行城镇居民用水阶梯水价和非居民用水超计划累进加价制度。逐步提高城市污水处理再生利用比例，推进非常规水源开发利用。加强节水宣传教育。广泛宣传节水政策措施和节约保护水资源的先进典型，弘扬"节约水、保护水、爱护水"的社会新风尚。（各级人民政府负责组织落实，省水利厅、发展改革委、农业农村厅、工业和信息化厅、住房城乡建设厅牵头指导督查督办，省政府机关事务管理局、财政厅、教育厅、自然资源厅、生态环境厅、农业农村厅、林草局配合）

（三）整治"水脏"

1. 严格水功能区监督管理。要明确河流主要控制断面水质目标和水功能区水质目标。推进水功能区限制纳污红线管理，落实《云南省水功能区监督管理办法（试行）》。加强饮用水水源地保护，规范水功能区入河排污口管理、审批，排污总量超控制指标、水质不达标的水功能区，限制审批设置入河排污口。推进主要水功能区和入河排污口全面开展监督性监测工作。2020 年，全省入河排污口规范化管理，全省重要江河湖库水功能区水质达标率达到 87% 以上。（各级人民政府负责组织落实，省水利厅、生态环境厅按照工作职责分别牵头指导督查督办，省住房城乡建设厅、工业和信息化厅、发展改革委、农业农村厅、卫生健康委配合）

2. 全面控制污染物排放。严格落实河湖水域纳污容量、限制排污总量和污染物达标排放要求。全面控制污染物排放。严格落实排污许可证制度，严格按照限制排污总量控制入河湖污染物总量、设置并监管入河湖排污口及入湖河道上的排污口。入河湖污染物总量超过水功能区限制排污总量的河湖，应排查入河湖污染源，制定实施限期整治方案，明确年度入河湖污染物削减量，逐步改善河湖水质；水质达标的河湖，应采取措施确保水质不退化。将治理任务落实到河湖汇水范围内各排污单位，依法取缔非法设置的入河湖排污口，严厉打击废污水直接入河湖和垃圾倾倒等违法行为。确保 2020 年完成国家考核水质目标。（各级人民政府负责组织落实，省生态环境厅、水利厅、住房城乡建设厅、工业和信息化厅、发展改革委、卫生健康委按照工作职责分别牵头）

3. 加强重点区域污染防治。继续下大力整治黑臭河、垃圾河，集中力量剿灭劣Ⅴ类水体。重点推进长江流域牛栏江崔家庄断面以上流域内农业农村面源污染控制；以控制城镇生活源污染为主，切实改善德宏州芒市大河风平断面水环境质量；加强大理州礼社江龙树桥断面、波罗江入海口断面、玉溪市元江红河桥断面、红河州小河底河的小河底河断面、保山市勐波罗河柯街断面流域内城镇生活污染及农业农村面源污染治理。强化大理州黑惠江徐村桥断面流域内生活污染防治。加强文山州南北河流域涉重企业的日常监管，全面提升优良水体比例。到 2020 年，国考断面蔓耗桥等 45 个断面水质维持在Ⅱ类及以上，崔家庄、阳宗海中、以礼河水文站、小河底河、徐村桥、龙树桥、风平等 7 个国考断面及红河桥、柯街、南北河、波罗江入海口等 4 个省考断面水质提升达到或优于Ⅲ类。（各级人民政府负责组织落实，省生态环境厅和住房城乡建设厅按照工作职责分别牵头指导督查督办；省发展改革委、工业和信息化厅、农业农村厅、水利厅等配合）

4. 实施劣Ⅴ类水体综合整治。以优先控制单元为重点，强化楚雄市龙川江西观桥断面、富民县螳螂川富民大桥断面、安宁市鸣矣河通仙桥断面、大理市西洱河四级坝断面、曲靖市龚家坝断面等流域内城镇生活污染和工业污染治理。继续强化怒江州沘江金鸡桥断面所在流域内涉重企业的日常监管，促进流域水质持续改善。到2020年，消除滇池草海、新河村入湖口、通仙桥、富民大桥、以礼河水文站、西观桥等6个国考劣Ⅴ类断面和龚家坝、红河桥、金鸡桥等3个省考劣Ⅴ类断面。（各级人民政府负责组织落实，省生态环境厅牵头指导督查督办；省发展改革委、工业和信息化厅、住房城乡建设厅、水利厅等配合）

5. 强化污染源源头防治。统筹治理工矿企业、城镇生活、畜禽养殖、水产养殖、农业面源、船舶港口污染。

5.1　强化工业污染防治。复核验收全省"十小"企业取缔成果，加快完成工业重点行业专项整治，按计划全面完成造纸、氮肥、印染、制药等工业行业的生产技术清洁化改造，按期完成全省工业聚集区水污染集中治理计划。全面取缔不符合国家产业政策的小型炼焦、造纸、炼油、炼砷等重污染水环境项目；完成现有工业集聚区的集中污水处理设施建设运行，并安装自动在线监控装置。集中治理工业集聚区水污染，新建、升级工业集聚区应同步规划和建设污水、垃圾集中处理等污染治理设施。（各级人民政府负责组织落实，省生态环境厅、工业和信息化厅按照工作职责分别牵头，省交通运输厅、住房城乡建设厅、科技厅、商务厅等配合）

5.2　全面加强城镇生活污染防治。加快推进县城、建制镇生活污水处理设施及配套管网建设和生活垃圾处理设施及收转运体系建设。加强城市初期雨水收集处理设施建设。到2020年年底，实现沿河城镇生活污水和垃圾全收集、全处理。（各级人民政府负责组织落实，省住房城乡建设厅牵头指导督查督办，省发展改革委、生态环境厅等配合）

5.3　加强畜禽粪污资源化利用。在流域内大力推进畜禽粪污资源化利用工作，因地制宜推广粪污还田利用，全部规模化养殖场实现粪污资源化利用。到2020年，沿河县市畜禽粪污基本实现资源化利用。（各级人民政府负责组织落实，省农业农村厅牵头指导督查督办，省生态环境厅配合）

5.4　加大水产养殖污染治理力度。严格控制水库、湖泊等开放水域投饵网箱养殖密度，加强水产养殖污染整治和养殖池塘生态化改造。实施重点水域全面禁渔制度，规范渔业捕捞方式，严厉打击"电、毒、炸"等非法捕捞行为，全面清理取缔"绝户网""地笼"等严重破坏水生生物资源的捕捞渔具。2020年年底前，长江干流实现全面禁捕，湖泊网箱养殖全部拆除。（各级人民政府负责组织落实，省农业农村厅牵头指导督查督办，省生态环境厅配合）

5.5　控制农业面源污染。减少化肥农药使用量，推进有机肥替代化肥、病虫害绿色防控替代化学防治和废弃农膜回收。到2020年年底，测土配方施肥技术覆盖率达80％以上，农作物病虫害绿色防控覆盖率达20％以上，肥料、农药利用率均达到30％以上，农作物秸秆综合利用率达60％以上。（各级人民政府负责组织落实，省农业农村厅牵头指导督查督办，省工业和信息化厅、生态环境厅、水利厅、市场监督管理局等配合）

5.6　加强航运污染防治。全面排查和清理以长江为重点的沿河非法码头，在清查治理的基础上，2020年年底前全面完成非法码头取缔。加强船舶、港口污染控制，增强港口、码头污染防治能力。严格控制危险化学品港口、码头建设，推进生活污水、垃圾、含油污水、化学品洗舱水接收设施建设。积极治理船舶污染。依法强制报废超过使用年限的船舶，推进现有不达标船舶升级改造。强化水上危险化学品运输环境风险防范，严厉打击非法危险化学品水上运输等行为。增强港口码头污染防治能力，开展水富港、大理港等港口的环境整治。（各级人民政府负责组织落实，省交通运输厅牵头指导督查督办，省工业和信息化厅、住房城乡建设厅、生态环境厅、水利厅等配合）

6.加快推进入河排污口整治。深入排查入河排污口，将排污口管理责任全面落实到河流河段及相应的河（湖）长。2018年年底前全面完成入河排污口的清理、核查、建档和城市建成区入河排污口的清理整治工作，全面取缔县级及以上城市饮用水水源一级和二级保护区内违法违规排污口，推进入河排污口的规范化管理。2019年年底前，分类型分步骤有重点的开展排污口清理整治工作，全面完成长江干流及重要河湖的排污口清理整治工作。2020年年底前全面完成六大水系入河排污口清理整治工作。（各级人民政府负责组织落实，省生态环境厅牵头指导督查督办，省水利厅、住房城乡建设厅等配合）

7.加大江河湖库水系连通工程建设。统筹山水林田湖草等生态要素，以规划为先导，有序推进河湖水系连通项目建设。根据区域水系格局和水资源条件、生态环境特点，结合区域经济社会发展与生态文明建设的需求，按照自然连通与人工连通相结合、恢复历史连通与新建连通相结合的原则，全面落实河湖水系连通规划。抓实项目前期工作，进一步提高工程规划的科学性。遵循水文循环、水沙运动、河湖演变等自然规律，深入分析评价河湖水系连通工程对经济社会和生态环境可能带来的影响，加强工程技术、生态环境可行性论证，确保前期工作论证充分、效能优先、多方案比选，从源头上推进科学连通、高效连通，避免盲目建设。加强建设与管理，建立工程良性运行的长效机制。进一步加强工程质量和安全管理，持续加大对河湖水系连通工程建设的财政支持力度，合理制定水价和工程运行维护的公益性补助措施，多渠道吸引社会资本参与工程建设与管理，加快建立水系连通工程良性运行机制。（各级人民政府负责组织落实，省水利厅牵头指导督查督办，省发展改革委、财政厅等相关部门配合）

（四）减少"水浑"

做好水土流失防治和水生态治理保护工作。建立地方政府水土保持目标责任考核。要推进坡耕地综合整治，加强西南诸河高山峡谷、滇桂黔岩溶石漠化、金沙江中下游等重点区域水土流失综合治理，以九大高原湖泊和重要城市水源地为重点积极开展生态清洁小流域建设，加快水土流失治理速度，有效减少入河湖泥沙总量。扎实推进水土保持体制机制创新，在水土保持生态建设工程领域全面推行村民自主建设，实现受益区群众自建、自管，开展水土保持工程建设以奖代补试点，引导地方政府、社会力量和水土流失区广大群众积极参与水土流失治理。要将生产建设活动造成的人为水土流失作为监管的重点，严格水土保持方案审批，严格水土保持监督检查，进一步创新监管方式，充分运用卫星遥感、无人机航测、"互联网＋"等多种方式，实现监督检查全覆盖，及时精准发现水土流失违法违规行为。强化水土保持信息化监管成果运用，以查处"未批先建""未验先投"等违法行为为重点，进一步加大监督执法力度，坚决制止和惩处水土保持违法行为，严控人为水土流失增量。（各级人民政府负责组织落实。省水利厅牵头指导督查督办，发展改革委、财政厅、自然资源厅、生态环境厅、农业农村厅、林草局配合）

四、加强统筹协调

（一）加强流域内沟通协调。根据《云南省全面推行河长制的实施意见》《云南省全面贯彻落实湖长制的实施方案》要求，各级河长以及河长制管理机构要充分发挥协调、指导、监督作用，指导流域内务州市（县、市、区）建立沟通协商机制，协调解决河湖库渠管理保护中的重点难点问题，如跨州市（县、市、区）河湖的"一河一策"方案，区域联防联控、联合执法行动等；按照上级统一要求，对下级河长制湖长制任务落实情况进行明查暗访，对发现问题整改进行跟踪督导；按照《云南省河长制监测评价体系工作方案》要求，加强河湖库渠跨界断面、主要交汇处和重要水功能区、入河湖库渠排污口等重点水域的水量水质水环境监测，强化突发水污染处置应急监测，并将监测结果及时通报有关地方，作为评价河长制工作的重要依据。

（二）加强区域间联防联治。在总河长、副总河长的领导下，各区域间要加强沟通协调，积极衔接跨行政区域河湖管理保护目标任务，统筹开展河湖"乱占乱建、乱围乱堵、乱采乱挖、乱倒乱排"突出问题专项整治，坚决清理整治非法排污，设障，捕捞，养殖，采砂，采矿，围垦，侵占水域岸线，倾倒废弃物以及电、毒、炸鱼等破坏河湖生态环境的违法犯罪行为。根据《云南省全面贯彻落实湖长制的实施方案》要求，强化水域与周边水陆共治、源头管控，实行联防联控。坚持河湖共治，统筹湖泊与入湖河流的管理保护和治理。落实湖泊管理单位责任，强化部门联动，各级全面推行河（湖）长制领导小组成员单位要按照总计划总安排，积极分担责任，积极履行职责，推进省委、省政府明确的各项湖长制工作。根据《云南省全面推行河长制行动计划（2017—2020年）》要求，积极探索建立上下游水生态补偿机制，推进以流域为单元的跨州（市）水生态补偿机制和跨行政区间的水事纠纷调节机制建设。推进协商平台建设，引导和鼓励开发地区、受益地区与生态保护地区、流域上游与下游通过自愿协商建立横向补偿机制，采取资金补助、对口协作、产业转移等多种形式实施横向生态补偿，到2020年，部分重要水源地和湖泊建立水生态保护补偿制度。加强事中事后监管，加强对生态补偿资金使用、项目建设等补偿措施的全过程监督管理。强化水域与周边水陆共治、源头管控，实行联防联控。

（三）加强部门沟通协作。按照《云南省全面推行河长制的实施意见》要求，为有效推进河长制，要建立健全河长制工作机制。建立河长会议制度，负责协调解决河湖库渠管理保护中的重点难点问题。建立部门联动制度，协调水利、生态环境、发展改革、工业和信息化、财政、自然资源、住房城乡建设、交通运输、农业农村、卫生健康、林草等部门，加强协调联动，各司其职，共同推进。建立信息共享制度，定期通报河湖库渠管理保护情况，及时跟踪河长制实施进展情况。建立工作督察制度，全面督察河长制落实情况。建立验收制度，按照确定的时间节点，及时对河长制工作进行验收。结合深化行政执法体制改革，加强环保、水政等监察执法队伍建设，建立健全与公安、环保等部门联合执法制度及案件移送有关规定。有条件的县（市、区）可以探索综合执法试点，统筹水利、生态环境、农业农村、林草、自然资源、交通运输、住房城乡建设等部门涉及河湖保护管理行政执法职能，组成综合执法队伍，对水问题较突出的河湖库渠，开展专项执法行动。各州市要根据《云南省全面推行河长制行动计划（2017—2020 年）》要求，细化部门分工，细化部门责任，细化工作标准，将河长制年度目标任务逐一分解落实到部门，制定可量化、可考核的工作目标要求，督促逐项任务明确责任人，推动各部门在河长的统一领导下，既分工合作，各司其职，又密切配合，形成合力。河长制办公室要做好组织、协调、分办、督办工作，落实河长确定的事项。

五、夯实工作基础

（一）划定河湖管理范围。要严格按照《中华人民共和国水法》《中华人民共和国防洪法》《中华人民共和国河道管理条例》《云南省水利工程管理条例》和九大高原湖泊及相关河道管理条例等法律法规，抓紧开展河湖管理范围划定，河道、湖泊管理范围由有关县级以上地方人民政府划定，并向社会公布，流域管理机构直接管理的河道、湖泊管理范围由流域管理机构会同县级以上地方人民政府划定。已划定管理范围的河湖，要明确管理界线、管理单位和管理要求，规范设立界桩和标识牌。

（二）建立"一河一档"。在第一次全国水利普查的基础上，调查摸清全省全部河湖库渠的分布、数量、位置、长度（面积）、水量等基本情况，制定完善的河湖库渠分级名录；按照"先易后难、先简后全"的原则分阶段建立"一河一档"，收集水资源、水功能区、取排水口、水源地、水域岸线等动态信息，2018 年年底全省全面完成"一河一档"的建档。

（三）编制"一河一策"。坚持问题导向，按照系统治理、分步实施原则，明确河湖治理保护的路线图和时间表，提出问题清单、目标清单、任务清单、措施清单、责任清单，科学编制"一河一策"。省级领导担任河长的"一河一策"方案编制完成后，要在 2018 年年底前印发并报备水利部。州（市）级领导担任河长的"一河一策"方案编制完成后，要在 2018 年年底前印发并报备省河长办。县（市、区）级领导担任河长的"一河一策"方案要在 2018 年年底前编制完成。其他"一河一策"方案根据相关要求，可采取打捆、片区组合等简化方式编制，2019 年年底前完成。

（四）抓好规划编制。各地要结合本地实际，科学编制相关规划，严格水域岸线等水生态空间管控，依法划定河湖管理范围。强化规划约束，让规划管控要求成为河湖管理保护的"红绿灯""高压线"。对于有岸线利用需求的河湖，要编制河湖水域岸线保护利用规划，划定岸线保护区、保留区、控制利用区和可开发利用区，严格岸线分区管理和用途管制；对于有采砂管理任务的河湖，要编制河湖采砂规划。加快九大高原湖泊保护治理规划的编制工作。

（五）推广应用人数据等技术手段。积极推进数据共享平台建设，通过数据互联互通，进一步强化信息运用和共享。加快完善河湖监测监控体系，积极运用卫星遥感、无人机、视频监控等技术，加强对河湖的动态监测，及时收集、汇总、分析、处理地理空间信息、跨行业信息等，为各级河（湖）长决策、部门管理提供服务，为河湖的精细化管理提供技术支撑。

六、落实保障措施

（一）建立责任机制。河湖最高层级的河长是第一责任人，对河湖管理保护负总责，市、县、乡级分级分段河长对河湖在本辖区内的管理保护负直接责任，村级河长承担村内河流"最后一公里"的具体管理保护任务。各地要结合本地实际，按照不同层级河长管辖范围，主动作为，建立现场工作制度，对相应河湖库渠开展定期不定期巡查巡视，及时发现问题，以问题为导向，组织专题研究，制定治理方案，落实"一河一策、一湖一策、一库一策、一渠一策"，协调督促开展治理、修复、保护等工作，将"清四乱"作为检验河湖面貌是否改善、河长是否称职的底线要求，确保河湖库渠治理、管理、保护到位。省级河长负责组织领导相应河湖管理保护工作。州（市）、县（市、区）级河长全面负责河长制工作的落实推进，组织制定相应河湖库渠河长制工作计划，建立健全相应河湖库渠管理保护长效机制，推进相应河湖库渠的突出问题整治、水污染综合防治、巡查检查、水生态修复和保护管理，协调解决实际问题，定期检查督导下级河长和相关部门履行工作职责，开展量化考核。乡（镇）、村级河长职责由所在县（市、区）予以明确细化，具体负责相应河湖库渠的治理、管理、保护和日常巡查、保洁等工作。省水利厅继续将全面推行河长制湖长制工作情况纳入最严格水资源管理制度考核，并在每年底组织开展全面推行河长制湖长制总结评估。各地要严格实施上级河长对下级河长的考核，将考核结果作为干部选拔任用的重要参考。要建立完善责任追究机制，对于河长履职不力，不作为、慢作为、乱作为，河湖突出问题长期得不到解决的，严肃追究相关河长和有关部门责任。

（二）全面落实三级督察体系。全面落实省、州（市）、县三级督察体系，以务实、管用、高效为目标，明查暗访相结合、以暗访为主，不发通知、不打招呼、不听汇报、不用陪同，直奔基层、直插现场，采用飞行检查、交叉检查、随机抽查等方式，及时准确掌握各级河长履职和河湖管理保护的真实情况。督察工作应深入调查研究，全面准确掌握情况，客观公正反映问题，接收群众提供的线索。对发现的突出问题，采取一州（市）一单、约谈、通报、挂牌督办、在媒体曝光等多种方式，加大问题整改力度。对违法违规的单位、个人依法进行行政处罚，构成犯罪的，移交有关部门依法追究刑事责任，对有关河长、责任单位和责任人，进行严肃追责，做到原因未查清不放过、责任人员未处理不放过、责任人和群众未受教育不放过、整改措施未落实不放过。各级河（湖）长制办公室要及时制定本级年度督察方案，全面落实河（湖）长制工作督察和督办制度。州（市）、县（市、区）人大、政协要积极推进督察工作。根据河湖库渠存在问题，各级总督察、副总督察要协助总河长、副总河长对河长制湖长制工作和河（湖）长履职情况开展督察、督导，加强对省级河（湖）长督办事项的督察。

（三）健全公众参与机制。各地要健全听证等公众参与制度，在制定河湖治理保护方案时，采取多种方式充分听取社会公众和利益相关方的意见，依法公开相关信息，及时发布相关政策措施，进一步提高决策透明度，对于群众反映强烈的突出问题，要优先安排解决。加强各级河（湖）长制信息发布平台建设，通过设立监督电话，公开电子邮箱，建立省、州（市）、县（市、区）三级门户网站和发布微信公众号等方式，畅通公众反映问题的渠道，同时通过各类媒体向社会公告河长名单，在河湖库渠岸边显著位置竖立河长公示牌，表明河长责任、河湖库渠概况、管护目标、监督电话等内容，聘请社会督察员对河湖库渠保护效果进行监督和评价，建立激励性的监督举措机制，调动社会公众监督积极性。各级河长制办公室设立的监督电话要保证畅通，对群众反映的问题要及时予以处理，群众实名举报的问题，要把处理结果反馈给举报人，一时难于解决的问题要做出合理解释。

（四）建立河湖管护长效机制。各地要建立健全地方性河湖管理保护法规、规章，将河湖保护管理等方面的立法项目列入各级人大、政府立法工作计划并优先制定出台。建立河湖巡查、保洁、执法等日常管理制度，落实河湖管理保护责任主体、人员、设备和经费，实行河湖动态监控，加大河湖管理保护监管力度。建立河湖巡查日志，每段河道都要落实河湖管理执法监管责任主体、人员、经费和设备，完善监督考核机制，加强河湖督察巡视，按照属地管理权限，各级水行政主管部门或湖泊管理机构要建立相应河湖日常监督巡查制度，细化巡查职责、内容、频次、要求、表彰、惩罚等；建立村组巡河员制度，加强河湖水域巡查保洁及堤防工程维修养护，执行日常巡查。对巡查时间、巡查河段、发现问题、处理措施等作出详细记录，对涉河湖违法违规行为做到早发现、早制止、早处理。结合深化行政执法体制改革，加强环保、水政等监察执法队伍建设，建立健全与公安、环保等部门联合执法制度及案件移送有关规定。有条件的县（市、区）可以探索综合执法试点，统筹水利、生态环境、农业农村、林草、自然资源、交通运输、住房城乡建设等部门涉及河湖保护管理行政执法职能，组成综合执法队伍，对水问题较突出的河湖库渠，开展专项执法行动。

（五）加强宣传引导。各地要注重挖掘提炼河长制工作中的典型经验和创新举措，特别是基层的好做法、好经验、好案例，树立示范县（市、区）、示范乡（镇、街道）、示范河（湖），通过现场会、案例教学、示范试点等方式，予以总结推广，推进示范引领，开展比学赶超，不断发挥各级河（湖）长在全省河湖库渠管理保护中发现问题、解决问题的作用。通过组织开展全省性新闻发布会，以及利用"世界水日""中国水周"等重要活动，进一步加大河（湖）长制工作的宣传力度，综合利用报刊、广播、电视等传统媒体和微信公众号、客户端等新媒体，宣传各地河湖管理保护专项行动及取得的成效，在全社会加强河湖保护教育，把河（湖）长制和河湖水资源保护引入党校和中小学课堂，作为人与自然和谐共生和生态文明、美丽中国建设的重要内容，提高全社会关爱河湖、保护河湖的意识。对群众反映的、暗访发现的河湖突出问题和河长履职不到位等重大问题，一经核实，要主动曝光。各地门户网站和微信公众号设立曝光台，同时，要规范问题调查核实、问题曝光、问题处置、追责问责等工作程序，推动曝光问题整改落实。

附录 19　云南省九大高原湖泊保护治理攻坚战实施方案

为贯彻落实《中共中央、国务院关于全面加强生态环境保护坚决打好污染防治攻坚战的意见》（中发〔2018〕17号）和《中共云南省委、云南省人民政府关于全面加强生态环境保护坚决打好污染防治攻坚战的实施意见》（云发〔2018〕16号）精神，扎实推进河长制湖长制，坚决打好九大高原湖泊（以下简称"九湖"）保护治理攻坚战，制订本方案。

一、总体要求

（一）指导思想

以习近平新时代中国特色社会主义思想为指导，全面贯彻党的十九大和十九届二中、三中全会精神，认真落实党中央、国务院决策部署和习近平生态文明思想，按照全省生态环境保护大会要求，坚决扛起生态文明建设的政治责任，深化生态环境保护党政同责和一岗双责，强化共抓大保护、不搞大开发的思想自觉和行动自觉，变"要我保护"为"我要保护"，着力破除"等靠要"思想，坚持规划引导、生态优先、科学治理、绿色发展、铁肩担当，以湖泊保护治理统领当地经济社会发展全局，以改善九湖水环境质量为核心目标，以建设山水林田湖草生命共同体为主要任务，以河长制湖长制为主要抓手，进一步加强九湖保护治理工作，将云南建设成为中国最美丽省份。

（二）基本原则

保护优先，绿色发展。坚持"绿水青山就是金山银山"的理念，坚持共抓大保护、不搞大开发。把维护湖泊生态系统完整性放在首位，严守生态保护红线、环境质量底线、资源利用上线和环境准入负面清单"三线一单"，形成节约资源和保护生态环境的产业结构、增长方式和消费模式。

严格管控，强化约束。坚持用最严格制度、最严密法治保护生态环境，以制度和环境承载力为约束，坚守湖泊生态保护红线，坚持人与自然和谐共生，科学划定生产空间、生活空间和生态空间，强化流域空间管控和生态减负，确保九湖生态环境质量只能更好、不能变坏。

一湖一策，精准治理。紧紧围绕九湖水环境状况和流域生态特点，因地制宜，对湖泊保护治理形势作出精准判断，坚持"一湖一策"治理思路，制定差别化的保护策略与管理措施，实施精准治理，集中力量解决突出问题。

综合施策，系统整治。以革命性措施抓好九湖保护治理，彻底转变"环湖造城、环湖布局"的发展模式，先做"减法"再做"加法"；彻底转变"就湖抓湖"的治理格局，解决岸上、入湖河流沿线、农业面源污染等问题；彻底转变"救火式治理"的工作方式，解决久拖不决的老大难问题；彻底转变"不给钱就不治理"的被动状态，健全完善投入机制，实现从"一湖之治"向"流域之治"、山水林田湖草生命共同体综合施治的彻底转变。

（三）工作目标

抚仙湖、泸沽湖水质稳定保持Ⅰ类；滇池草海水质稳定达到Ⅴ类，到2020年年底，滇池外海水质达到Ⅳ类（COD≤50mg/L）；洱海湖心断面水质稳定保持Ⅱ类；阳宗海水质稳定保持Ⅲ类；程海水质稳定保持Ⅳ类（pH 值和氟化物除外）。到 2020 年年底，星云湖水质达到 Ⅴ 类（总磷≤0.4mg/L），杞麓湖水质达到 Ⅴ 类（COD≤50mg/L）；到 2019 年年底，异龙湖水质达到 Ⅴ 类（COD≤60mg/L）。到 2020 年，九湖流域污染风险得到有效管控，水生态环境明显改善，生态系统稳定性提升，生态功能基本恢复，湖泊污染全面遏制，水质持续改善，努力达到考核目标要求。到 2035 年，九湖生态环境质量全面改善，生态系统实现良性循环和稳定健康，基本形成河湖水质优良、生态系统稳定、人与自然和谐的生态安全格局，构建人水和谐美丽家园。

二、主要任务

（一）加强湖泊流域空间管控

1. 严格落实"三线一单"。科学测算流域环境容量，以环境承载力为约束，制定并落实九湖流域控制性环境总体规划。严格落实湖泊流域生态保护红线，2019 年 9 月底前，洱海、泸沽湖、星云湖完成生态保护红线勘界定标工作；2019 年 9 月底前，九湖全面完成一级保护区划定，并设置规范标志，严格空间管控执法，严禁在生态保护红线内从事不符合有关规定的开发建设和经营活动。（有关州、市政府负责；省生态环境厅、省住房城乡建设厅、省发展改革委、省自然资源厅、省林草局等按照工作职责分别牵头督促指导；省水利厅、省农业农村厅、省文化和旅游厅等配合）

2. 严格管控沿湖开发利用。要在保护的前提下进行开发，保持湖泊岸线自然形态，坚决打赢过度开发建设治理攻坚战，决不出现无序开发乱象。严格管控环湖周边旅游地产开发，严格控制跨湖、穿湖、临湖建筑物和设施建设。湖泊保护区内的建设项目和活动，必须符合有关规划并科学论证，严格执行工程建设方案审查、洪水影响评价审批、环境影响评价等制度。严格执行新改扩建入河排污口、取水口审批等制度，健全涉湖建设项目审批公示制度。根据湖泊流域各地区的主体功能定位，进一步强化国土空间规划管控，避免土地矿产资源无序开发、城镇化粗放式建设和产业不合理布局，坚决打赢矿山整治攻坚战，决不允许已关停取缔的矿山死灰复燃。沿湖土地矿产开发利用和产业布局应与岸线分区管理要求相衔接，以规划环评优化湖泊流域产业发展布局。（有关州、市政府负责；省自然资源厅、省发展改革委、省住房城乡建设厅、省水利厅、省生态环境厅等按照工作职责分别牵头督促指导；省农业农村厅、省文化和旅游厅、省林草局等配合）

3. 加快推动生态搬迁。要坚决打赢生态搬迁攻坚战，决不发生"人进湖退"的现象，全面实施拆除违建、"四退三还"（退人、退田、退房、退塘，还湖、还水、还湿地）。抚仙湖 2020 年年底前完成"四退三还"工作；泸沽湖 2019 年年底前完成生态保护红线范围内违法违规建筑拆除，完成核心区存在的旅游问题整改，加强旅游信息发布，规范核心区内的旅游活动；洱海 2019 年年底前完成蓝线、绿线、红线落地工作，完成红线范围内违法违规建筑拆迁退出；杞麓湖、星云湖、异龙湖、程海、阳宗海 2019 年年底前完成一级保护区内违法违规建筑拆迁退出；滇池巩固"四退三还"成果，实施最严格管控制度，按照《滇池分级保护范围划定方案》（昆明市人民政府 2015 年第 88 号公告），严格控制沿湖岸带旅游设施和房地产项目。妥善安置搬迁群众，合理选择安置地点，高水准规划建设安置住房，建立完善流域生态补偿机制，全力巩固好"三线"生态搬迁成果，努力维护和展现好湖泊的碧波美景。（有关州、市政府负责；省住房城乡建设厅、省文化和旅游厅等按

照工作职责分别牵头督促指导；省发展改革委、省自然资源厅、省生态环境厅、省农业农村厅、省水利厅、省林草局等配合）

（二）加强水资源保护

1.加强九湖流域水资源保护管理。按湖泊流域范围制定相应的生态保护红线、环境质量底线、资源利用上线指标，严控水资源开发利用强度，严控湖体取用水量，统筹九湖水资源与城市再生水、农田和城市雨洪水的分质利用，全面提升用水效率。到2020年，九湖流域农田灌溉水有效利用系数达到0.55以上。结合海绵城市建设，推行低影响开发建设模式，加强对雨洪水的调蓄及综合利用。对水资源短缺、水质改善难度大的湖泊，科学制订引水、补水方案，采取科学调水、合理控水等措施，加快湖泊水体循环交换。（有关州、市政府负责；省水利厅牵头督促指导；省发展改革委、省工业和信息化厅、省自然资源厅、省住房城乡建设厅、省农业农村厅等配合）

2.建立健全节约用水机制。强化行业用水监管，提高用水效率，推进节水型企业、节水型公共机构、节水型单位、节水型居民小区节水达标建设，到2020年基本完成九湖流域范围内州市级缺水城市节水型城市建设。推进再生水配套工程建设，提高再生水利用率，缓解区域水资源供需矛盾。大力发展九湖农田节水灌溉，加快推进农田水利改革进程，在洱海、抚仙湖、星云湖等湖泊流域内建设高效节水灌区。湖滨缓冲区库塘湿地生态建设和低污染水净化工程相结合，实施环湖地区农业节水提升改造工程。（有关州、市政府负责；省水利厅、省住房城乡建设厅、省农业农村厅、省工业和信息化厅等按照工作职责分别牵头督促指导；省发展改革委、省教育厅、省自然资源厅、省生态环境厅、省文化和旅游厅、省林草局等配合）

（三）加强水污染防治

1.加强污染物达标排放管理。落实排污许可证制度，严格按照九湖限制排污总量控制入湖污染物总量，加强入湖（河）排污口监管。入湖污染物总量超过水功能区限制排污总量的湖泊，要排查入湖污染源，制订实施限期整治方案，明确年度入湖污染物削减量，逐步改善湖泊水质；对水质优良的抚仙湖、泸沽湖，坚持预防为主、生态优先、保护优先，以环境承载力为约束，突出流域管控与生态系统恢复；对纳入国家水质较好湖泊保护的洱海、阳宗海和程海，继续强化污染监控和风险防范，全面提升水环境质量；对污染较重的滇池、星云湖、杞麓湖和异龙湖，坚持综合治理，提高湖泊水资源承载能力和水环境质量。加强九湖污染物达标排放监管，将治理任务落实到九湖流域内各排污单位，依法取缔非法设置的入湖排污口，严厉打击废水污水直接入湖和垃圾倾倒等违法行为。对流域不符合排放标准的污染企业一律实行搬迁改造或关闭退出，对环评不通过、生产工艺不达标的项目一律叫停。（有关州、市政府负责；省生态环境厅、省水利厅等按照工作职责分别牵头督促指导；省发展改革委、省工业和信息化厅、省住房城乡建设厅、省农业农村厅等配合）

2.加强湖泊流域面源污染防治。要坚决打赢农业面源污染治理攻坚战，决不让"大药大水大肥"的种植方式持续下去。努力提升产业发展的层次和水平，坚定不移推进有机化绿色化，全面禁止使用农药和化肥，着力提升湖泊绿色生态农业发展的竞争力，努力实现湖泊保护与产业发展双赢。九湖流域要最大限度削减农业面源污染负荷，调整流域种植结构，促进产业转型升级，推广生态种植模式，打造九湖流域绿色食品牌，加快开展九湖流域农田径流污染防治，积极引导和鼓励农民使用测土配方施肥、生物防治、精细农业等技术，实现九湖流域化肥农药减量增效。加强抚仙湖径流区种植业结构调整，推广休耕轮作，削减农业面源污染负荷；持续推进洱海流域农业结构调整，大幅度减少农业用水和含氮磷化学肥料用量；建成星云湖环湖生态拦截型沟渠、库塘与湿地的连通系统；在滇池、异龙湖、杞麓湖试行退地减水，从源头控制农业面源入湖污染负荷；在程海流域大力发展绿色、生态和观光农业，促进流域减污增产增收；积极调整优化泸沽湖、阳宗海流域农业结构，最大限度降低农业面源污染对湖泊水质的影响。严格执行禁养区制度，依法科学合理确定限养区内养殖总量，因地制宜推广畜禽养殖废弃物资源化利用技术，到 2020 年畜禽粪污综合并利用率达到 85％以上。（有关州、市政府负责；省发展改革委、省生态环境厅、省农业农村厅、省水利厅等按照工作职责分别牵头督促指导；省工业和信息化厅、省文化和旅游厅等配合）

3. 加强内源污染治理。要坚决打赢水质改善提升攻坚战，决不让大面积水质恶化风险发生。对污染严重的湖泊，采取底泥疏挖、植物残体清除等措施，减少内源污染，改善湖泊水质。加大湖泊蓝藻水华防治力度，完善滇池、星云湖蓝藻水华防控体系，制订完善蓝藻水华预警方案，防范洱海蓝藻水华风险，到 2020 年滇池蓝藻水华程度明显减轻，滇池外海北部水域发生中度以上蓝藻水华天数明显减少，洱海不发生规模化蓝藻水华。（有关州、市政府负责；省生态环境厅、省水利厅、省住房城乡建设厅等按照工作职责分别牵头督促指导；省发展改革委、省自然资源厅、省林草局等配合）

（四）加强水环境整治

1. 加强流域控源截污。要坚决打赢环湖截污攻坚战，决不让一滴污水进入湖泊。全面抓好环湖截污工程建设，加快雨污分流改造以及次干管、支管建设，建立科学的运行管理机制，既要建设好，又要运行好，确保已建成的设施充分发挥环境效益。全面推动完善滇池精准治污体系，强化全流域精细化管理，提升污水处理系统与环湖截污系统效能，乡镇生活污水设施基本实现全覆盖，流域内乡镇镇区生活垃圾实现全收集、全处理。全面推进抚仙湖保护治理三年行动，加大村镇生活污染整治力度，城镇生活垃圾实现全收集、全处理，生活污水处理设施和农村垃圾收集处理基本实现全覆盖。进一步加大洱海保护力度，巩固环湖截污和"三线"划定成果，2019 年全面连通截污管网，真正做到洱海流域生活生产污水全部入网，确保污水处理厂达标排放，加强协调联动和运行管理，洱海流域范围内农村生活污水治理实现全覆盖。加快泸沽湖环湖截污治污基础设施建设，2019 年年底前新建垃圾处理设施投入运行，流域内生活垃圾收集实现全覆盖；推进川滇共管、共治泸沽湖，2020 年年底前完成环湖截污管网和污水处理厂建设，实现环湖全面截污；加快旅游特色小镇建设，引导游客向流域外疏散转移。加快程海沿湖城镇、村落截污治污工程建设及提升改造，加强螺旋藻生产企业监管，确保生产废水"零排放"。进一步消除阳宗海砷污染风险，综合防治周边污染，加强开发区和农村生活"两污"治理，农村生活垃圾收集处理基本实现全覆盖。加快完善杞麓湖、星云湖流域城镇、农村污水处理设施及配套管网建设，2020 年年底前城市污水处理设施收集处理率提升到 90％以上。全面提速异龙湖水体达标综合治理，杜绝流域内豆制品加工企业产生的污染，全面提高截污治污效

果。（有关州、市政府负责；省住房城乡建设厅、省生态环境厅、省农业农村厅、省水利厅等按照工作职责分别牵头督促指导）

2. 加强入湖河道环境综合整治。要坚决打赢河道治理攻坚战，决不让劣质水体流入湖泊。全面落实省、市、县、乡、村五级河长制湖长制，入湖河流制定实施"一河（渠）一策"方案。以入湖河流水质改善为目标，加快推进九湖主要入湖河流的水环境综合整治。重点对九湖流域内污染较严重的入湖河流实施治理。洱海要治理好 29 条入湖河流，控制住最大体量污染源，确保 2020 年年底彻底消除 V 类及以下入湖水体。到 2020 年，纳入国家考核的九湖主要入湖河流达到国家考核水质目标。（有关州、市政府负责；省水利厅牵头督促指导；省自然资源厅、省生态环境厅、省农业农村厅、省林草局等配合）

3. 加强流域饮用水水源地保护。实施饮用水水源地安全保障达标和规范化建设，科学划定饮用水水源保护区，清理整治水源地保护区内排污口、污染源和违法违规建筑物，设置饮用水水源地隔离防护设施、警示牌和标识牌，开展饮用水水源地安全保障达标建设，到 2020 年，州（市）、县级集中式饮用水水源地水质达标率分别达 97.2%、95%。（有关州、市政府负责；省生态环境厅、省住房城乡建设厅、省水利厅、省卫生健康委等按照工作职责分别牵头督促指导；省发展改革委、省自然资源厅等配合）

（五）加强水生态修复

1. 强化山水林田湖草系统治理。要坚决打赢环湖生态修复攻坚战，决不让湖滨生态再受伤害。开展生态圈建设，以水源涵养、水土保持、水质净化、生物多样性保护为重点，实施九湖流域面山修复、陆地生态修复、湖滨生态廊道修复、湖滨生态湿地建设、入湖河道清水产流机制修复、湖内生态保育等生态建设，形成湖泊良好生态保护屏障。以水生植物群落恢复和重建为重点，开展退化水生态系统修复；以推进"四退三还"为重点，开展入湖河道生态化治理，加强湖泊岸带生态恢复、优化湖滨带生态系统结构，完善和提升湖滨带生态功能；以湖泊面山治理为重点，以本土树种、生态林木为主，林、乔、灌、草结合，实施流域绿化工程，提高流域森林覆盖率，有效涵养水源，拦截地表径流。恢复抚仙湖流域自然水生态系统，建立抚仙湖流域用水外循环系统、用水排水控制系统。（有关州、市政府负责；省林草局、省水利厅等按照工作职责分别牵头督促指导；省发展改革委、省自然资源厅、省生态环境厅、省农业农村厅等配合）

2. 加强湿地保护和恢复。全面保护湿地，确保到 2020 年九湖湖泊湿地面积总量不减少。根据《全国湿地保护"十三五"实施规划》，以湿地类型自然保护区、国家湿地公园为重点，实施一批湿地保护项目，采取湿地保护、退耕还湿、退化湿地修复等措施，强化湿地生态系统的保护和恢复；进一步加强对国家湿地公园建设的指导，提升湿地保护管理水平，确保建设取得成效；做好九湖流域国家重要湿地认定，全面推进九湖流域湿地保护。（有关州、市政府负责；省林草局牵头督促指导；省发展改革委、省生态环境厅、省农业农村厅、省水利厅等配合）

3. 加强九湖水生生物资源保护。开展珍稀濒危水生野生动植物保护工作，加强水生动植物自然保护区和水产种质资源保护区的管理，保护水生动物的产卵场、索饵场、洄游通道等环境。加大水生生物增殖放流力度，降低捕捞强度，改善渔业种群结构，防治外来物种入侵，开展生物治理，维护水生生物多样性。加大对"绝户网"等非法捕捞的打击力度，严格涉渔工程水生生物环境影响评价审批。（有关州、市政府负责；省农业农村厅、省生态环境厅、省林草局按照工作职责分别牵头督促指导；省水利厅配合）

（六）全面加强依法监管

1. 加大执法监管力度。按照保护优先、从严管控的要求，抓紧修订洱海等湖泊保护治理法规，适应更高标准的保护要求。构筑全方位执法监管网络，实行源头监控、过程严管、违法严惩；定期排查环境安全隐患，并限时落实整改措施，严防重大环境污染事件发生；加大九湖水质监测预警体系建设，不断提升水质预报、预警以及蓝藻预警能力，到2020年年底形成从湖体到流域全覆盖的水质监测预警体系；开展专项监察和综合督查，加强对中央环境保护督察和省级环境保护督察发现问题整改落实情况的环境监察，建立整改落实情况跟踪检查机制，严厉打击重点环境违法问题，切实做到依法治湖。积极推进九湖"清四乱"行动，全面清理违法违规乱占、乱采、乱堆、乱建行为。（有关州、市政府负责；省生态环境厅、省水利厅等按照工作职责分别牵头督促指导；省工业和信息化厅、省公安厅、省司法厅、省自然资源厅、省住房城乡建设厅、省交通运输厅、省农业农村厅、省林草局等配合）

2. 建立日常监督巡查制度。落实湖泊管理执法监管责任主体、人员、经费和设备，完善监督考核机制，加强湖泊督察巡查巡视。按照属地管理权限，各湖泊管理机构要建立湖泊日常监督巡查制度，细化巡查职责、内容、频次、要求、奖惩等。推进河长制湖长制信息平台建设，逐步建立各级湖泊动态监管系统，实行九湖动态监管。（有关州、市政府负责；省生态环境厅、省水利厅等按照工作职责分别牵头督促指导；省公安厅、省自然资源厅、省住房城乡建设厅、省交通运输厅、省农业农村厅、省林草局等配合）

三、保障措施

（一）加强组织领导

1. 明确工作责任。深入贯彻落实党中央、国务院决策部署以及省委、省政府工作要求，切实加强组织领导，根据《中共云南省委办公厅、云南省人民政府办公厅关于印发〈调整优化九大高原湖泊管理体制机制的方案〉的通知》（云办通〔2018〕9号）要求，加快调整优化完善九湖管理体制机制，确保管理机构运行顺畅。省河长制办公室负责九湖保护治理工作的协调和督查。有关州（市）政府对本行政区域内湖泊保护治理工作负总责，切实履行主体责任，建立工作协调机制，加强对湖泊污染防治攻坚工作的组织领导和具体推进；省级有关部门按照职能职责，负责指导、督促有关州（市）落实九湖保护治理有关工作。

2. 全面落实湖长职责。建立健全以党政领导负责制为核心的责任体系，落实各级湖长职责，健全网格化管理责任体系，全面推进各级湖长履行职责，负责组织领导相应湖泊的水域空间管控、水域岸线管理、水资源保护、水污染防治、水环境治理、水生态修复、执法监管等工作，协调解决湖泊管理保护重大问题；牵头组织对湖泊管理范围内突出问题进行依法整治；对跨行政区域的湖泊明晰管理责任，协调上下游、左右岸实行联防联控；检查、监督下一级湖长和有关部门履行职责情况，对目标任务完成情况进行考核。规范各级湖长会议制度，负责协调解决河湖库渠管理保护、推行湖长制中的重点、难点问题及重大事项。研究制定湖长制有关制度和办法；组织协调有关综合规划和专业规划的制定、衔接与实施；组织开展综合考核工作；协调处理部门之间、地区之间有关河湖管理保护的重大争议。

（二）积极筹措资金

抓紧开展项目前期工作，做好项目储备，积极向国家有关部委请示汇报，从发展改革、工业和信息化、财政、自然资源、生态环境、住房城乡建设、农业农村、水利、林草、科技等部门多渠道争取国家资金支持。各级政府要不断加大财政投入力度，落实省、市、县三级财政资金投入。创新投融资模式，充分发挥市场机制的作用，引导社会资本投入，引进第三方参与九湖保护治理，加快构建政府、金融机构和企业的多元投融资机制；进一步完善项目和资金管理制度，强化项目跟踪评估和绩效评价，提高资金使用效益，确保资金使用安全。

（三）夯实工作基础

按照属地管理、分级负责、分步推进的原则，由州（市）级湖长负责理清九湖问题清单，制定行动目标，落实责任分工，明确治、管、保措施。按照十届省委常委会第 83 次会议要求，以有关州（市）政府为责任主体，组织开展九湖保护治理规划编制工作。加强湖区及主要入湖河流水环境质量监测工作，强化流域监测监控预警体系建设，全面提升水环境风险应急防范能力。积极推进监测信息和监测数据共享平台建设，完善分析评估体系，强化流域与区域、区域与区域间的信息共享。

（四）严格考核问责

1. 落实三级督察。进一步完善省、市、县三级督察体系，总督察、副总督察协助总湖长、副总湖长对湖长制工作情况和湖长履职情况进行督察督导。建立湖长制工作督导检查机制，全面加强湖长制工作督导检查，落实工作责任，按照时间节点和目标任务要求积极推进湖长制有关工作。按照《云南省全面推行河长制工作督察制度（试行）》要求，制定年度督察计划，对九湖强化督察，全面性督察 1 年不少于土次。对推进不力的，由各级河（湖）长制办公室及联系部门提出督察建议。

2. 推进考核问责。建立省级指导、州（市）负责、分级落实的责任体系和考核机制，按照《云南省河（湖）长制工作问责办法》《云南省省级河（湖）长州（市）总河（湖）长副总河（湖）长述职实施方案》建立问责、述职等工作机制，将干部考核工作与九湖保护治理考核成绩紧密挂钩，考核结果作为领导干部工作业绩的依据，对成绩突出的湖长及党委、政府给予表扬，对失职失责的由督察单位或河（湖）长制办公室提请同级河（湖）长制领导小组严肃问责。实行生态环境损害责任终身追究制，对造成生态环境损害的，严格按照有关规定追究责任。

（五）强化社会监督

1. 加强宣传教育。充分利用报刊、广播、电视、网络等各种媒体和传播手段，深入释疑解惑，广泛宣传引导；加强生态文明和九湖保护治理宣传教育，不断增强公众的责任意识和参与意识，营造全社会关注、参与保护湖泊的良好氛围。

2. 公示湖长职责。在九湖的重要位置竖牌立碑，设置警示标志，设立湖长公示牌，公布标明湖长姓名、职务、职责，湖泊概况、管护目标、河段范围和联系方式，接受群众监督和举报。

3. 推进公众参与。大力推进九湖管理科学决策和民主决策，健全听证等公众参与制度，对涉及群众用水利益的发展规划和建设项目，采取多种方式充分听取意见，依法公开有关信息，及时发布有关政策措施，进一步提高决策透明度。

有关州（市）要根据本方案，结合实际制定相应湖泊保护治理具体方案。

附录 20　2019 年云南省全面推行河（湖）长制工作要点

为全面贯彻落实《云南省全面推行河长制的实施意见》（云厅字〔2017〕6 号）《云南省全面推行河长制行动计划（2017～2020 年）》（云河长组发〔2017〕1 号）《云南省全面贯彻落实湖长制的实施方案》（云河长组发〔2018〕2 号）要求，以及 2019 年 3 月 21 日召开的省河（湖）长制领导小组暨省总河长会议安排部署，为不断深化落实河（湖）长制，加快推动河（湖）长制从"有名"向"有实"转变，以河（湖）长制为重要抓手，推进争当全国生态文明建设排头兵和建设中国最美丽省份，特制定 2019 年云南省全面推行河（湖）长制工作要点。

一、指导思想

以习近平生态文明思想为指导，全面贯彻落实党的十九大和十九届二中、三中全会精神，按照全国及云南省生态环境保护大会的部署安排，坚决扛起生态文明建设的政治责任，深化生态环境保护"党政同责""一岗双责"，强化"共抓大保护、不搞大开发"的思想自觉和行动自觉，变"要我保护"为"我要保护"，彻底转变"环湖造城、环湖布局"的发展模式，下决心先做"减法"再做"加法"，促进经济社会发展与资源环境承载能力相协调；彻底转变"就河湖抓河湖"的治理格局，下决心解决岸上、入河入湖沿线、面源污染等问题；彻底转变"救火式治理"的工作方式，下决心解决久拖不决的老大难问题；彻底转变"不给钱就不治理"的被动状态，下决心健全完善投入机制。以河（湖）长制为抓手，以"河畅、水清、岸绿、景美"为目标，加快推进全省生态文明体制改革，强化规划引领、空间管控、系统治理，落实依法治水，推进绿色发展模式，把全面加强河湖保护治理作为争当生态文明建设排头兵和建设中国最美丽省份的重要任务。坚持目标导向、问题导向，着力落实河（湖）长制水资源保护、水域岸线管控、水污染防治、水环境治理、水生态修复、依法管水治水等主要任务，促进九大高原湖泊和以长江为重点的六大水系水环境质量的持续改善。

二、目标任务

健全河（湖）长制组织责任体系，压实五级河（湖）长责任，推进各级各部门充分发挥职能职责，推动河湖保护治理主要任务，全面加大管理保护力度。纳入国家考核的地表水水质优良比例、劣 V 类水体控制比例、地级以上城市建成区黑臭水体控制比例、地级及以上城市集中式饮用水水源水质达到国家下达的考核目标要求。全面推进"清四乱"行动，全面打好九大高原湖泊保护治理攻坚战、以长江为重点的六大水系保护修复攻坚战，确保九大高原湖泊水质稳定好转、以长江为重点的六大水系水质持续改善，全省河湖库渠水域岸线环境面貌得到持续改善。

三、工作要点

2019 年是按照党中央、国务院部署全国全面推行河（湖）长制的第一年，是努力推动河（湖）长制从"有名"向"有实"转变的关键性一年。全省河（湖）长制工作要细化压实各级河（湖）长责任，以围绕"管好盛水的'盆'、护好盆中的'水'"为着力点，坚定不移推进河湖空间及岸线管控，集中力量解决河湖"乱占、乱采、乱堆、乱建"（"四乱"）等问题，打造干净、整洁的河湖库渠面貌；加强部门联动、水陆共治，打好水污染防治攻坚战，持续推进"云南清水行动"专项行动，落实"一河一策""一湖一策"，实施靶向治理，开展专项督察，切实保护治理河湖库渠中的水体，统筹解决全省"水多、水少、水脏、水浑"等水资源水环境问题。

（一）健全组织体系，进一步压实责任

树牢目标，全面落实各级党政领导河湖保护治理责任制，构建责任明确、协调有序、监管严格、保护有力的河湖管理保护机制，为维护河湖健康生命、实现河湖功能永续利用提供制度保障。推进各地区各部门和各级河（湖）长进一步提高政治站位，健全组织体系、体制机制，强化责任担当，细化工作措施，协调各方力量，推动形成一级抓一级、层层抓落实的工作格局，推动进河（湖）长制从"有名"向"有实"转变。

一是加强机构机制建设。对标对表，进一步落实各级河长制办公室人员编制、办公场所、设施设备和工作经费。尽快完善九大高原湖泊、大型水库（水电站）等管理单位的河（湖）长制工作机构机制，配备专人，明确责任，加强湖库保护治理工作以及日常管护。按照河（湖）长由党政负责同志担任的制度规定，规范各级河（湖）长设置，及时调整补充河（湖）长，按程序公告和报备。进一步完善乡（镇、街道）、村（社区）河（湖）长组织体系，明确村组长河湖库渠日常管护责任，加强农村水环境保护，落实沟渠塘坝网格化管护，全面建立责任明确的农村河湖管理保护机制，促进乡村振兴战略的实施。推进建立跨界河（湖）长协作机制，加强上下游、左右岸协作配合，推进联合执法和流域系统保护治理行动。（各级人民政府负责落实，省河长制办公室牵头指导督导检查，省水利厅、生态环境厅、农业农村厅、发展改革委、工业和信息化厅、云南电网公司和省级河（湖）长联系部门配合）

二是进一步压实河（湖）长责任。全面落实最高层级河（湖）长为第一责任人，对河湖管理保护负总责，州（市）县乡分级分段河（湖）长对河湖在本辖区内的管理保护负直接责任，村级河（湖）长承担村内河流"最后一公里"的具体管理保护任务。推进各级河（湖）长认真落实六大任务（加强水资源保护、加强河湖水域岸线管理保护、加强水污染防治、加强水环境治理、加强水生态修复、加强执法监管），定期开展巡河检查，发现、研究、解决存在问题，督促指导工作落实，对自己管理的河湖要心中有数、手中有招，真正做到守水有责、守水担责、守水尽责。严格实施河（湖）长考核制度，建立完善责任追究机制，对不作为、慢作为、懒作为、乱作为的，要及时撤换，同时追究相关责任。（各级人民政府、各级河（湖）长、各级河长制办公室和河（湖）长联系部门负责落实）

三是进一步压实各级河长办责任。强化各级河长办全面履行组织、协调、分办、督办、跟踪、考核职责。省水利厅和省生态环境厅作为省河长制办公室主任、副主任单位，加强互相配合，除了履行好各自行业职责外，还要切实发挥牵头抓总作用，把省级总河长、副总河长、河（湖）长、总督察、副总督察的工作安排全面、及时传达下去，共同做好跟踪督办、强化考核问责工作。推进各级河长办认真履行职责，充分发挥统筹协调、组织实施、督促检查、推动落实等重要作用，着力形成齐抓共管、群策群力的工作格局。（各级人民政府、各级河长制办公室）

四是加强部门协同上下联动。各级各部门要严格按照 2019 年省河（湖）长领导小组暨总河长会议明确的任务、分工，强化部门配合联动，推进各级河（湖）长制领导小组成员单位各司其职、各负其责、密切配合、通力协作。省级有关成员单位，根据行业职能，制订年度工作计划、推进专项行动、开展对口督导指导，加强协调联动，实现信息共享，全面落实部门责任；推进上下游、左右岸的沟通和联系，落实水陆共治，统筹推进山水林田湖草的系统保护治理。推进省级部门对各地区各部门履职情况进行暗访、跟踪、督导，推进考核问责，经常性"拉警报"，加大问题曝光力度，推动全省河（湖）长制工作总计划总安排，扛实全省河湖保护治理的政治责任，促进河湖水环境改善。（省委督查室、省政府督查室、各级河（湖）长制领导小组成员单位、各级河长制办公室负责落实）

（二）夯实支撑体系，进一步加强基础工作

一是推进规划体系建设。以各州（市）为责任主体，明确责任部门，推进以习近平生态文明思想为指导的综合规划体系建设，统筹考虑水资源条件、环境承载能力、防洪要求和生态安全等因素，坚持土地利用总体规划，严控开发建设规模，调整完善重点流域产业规划和布局，制订远近结合、资源环境承载能力与经济社会发展相协调的河湖保护治理规划，实现"多规合一"，发挥规划的龙头引领作用。全面落实省委、省政府确定的九大高原湖泊流域保护治理的总体思路，推进九大高原湖泊等重点流域保护和开发的全方位管控，推进绿色发展。由昆明市、玉溪市、红河州、大理州、丽江市人民政府负责抓紧编制面向 2035 年的高原湖泊保护规划（"一湖一规划"）；按期完成第 83 次省委常委会安排的高原湖泊保护治理规划报告的编制、咨询、报审、报批、报备。（各州（市）人民政府负责落实，省自然资源厅、生态环境厅、水利厅牵头指导督导检查，省工业和信息化厅、住房城乡建设厅、农业农村厅、交通运输厅、林草局等相关部门配合）

二是建立"一河（湖）一档"动态台账。按统一安排、分级负责原则，2019 年 6 月底前，全面完成县级及以上河（湖）长的"一河（湖）一策"编制、"一河（湖）一档"台账建设。2019 年年底前，以县为单位全面摸清农村河湖家底，完善农村河（湖）长制工作，基本完成乡（镇、街道）、村（社区）级"一河（湖、库、渠）一策"编制和"一河（湖、库、渠）一档"台账建立。农村河湖库渠"一河（湖、库、渠）一策""一河（湖、库、渠）一档"要结合各村河湖管理保护需要和农村水环境特点，突出重点，提出问题、目标、措施、任务和责任等五个清单，简便明确，简单易行，切禁照抄照搬。"一河（湖、库、渠）一策"以 1～2 年为周期滚动修编，增强实效性、指导性。（各级人民政府负责落实。省河长制办公室牵头指导督导检查，省水利厅、生态环境厅、发展改革委、工业和信息化厅、住房城乡建设厅、自然资源厅、农业农村厅、卫生健康委、林草局等相关部门配合）

三是加快河（湖）长制信息系统建设。按照全国河（湖）长制信息系统"一张图""一张网"以及省政府关于建设"数字云南"的要求，加快推进省级河（湖）长制信息系统平台建设，确保 2019 年分级建成河（湖）长制数据库和省、州（市）两级平台，推进河湖保护治理数字化、智慧化管理，加强动态监控监管，推进河（湖）长制信息共享。加大卫星遥感、无人机、视频监控、河长湖长巡河巡湖 App 的应用，提升河湖管理信息化、现代化水平。（各级人民政府负责落实，省水利厅、生态环境厅牵头指导督导检查，省发展改革委、财政厅、工业和信息化厅、自然资源厅、住房城乡建设厅、农业农村厅、林草局、卫生健康委、交通运输厅等相关部门配合）

四是完善河湖监测监控体系。完善全省河湖库渠监测站网，推进省、州（市）、县（市、区）三级监测评价体系建设，分级制订 2019 年度监测评价方案，开展系统监测评价工作。着力加强全省主要河湖库渠跨界断面、国控省控断面、重要水功能区、饮用水源地、重点污染源、地表水体主要控制断面等监测，编制河（湖）长水质月报，为河（湖）长制考核和不达标河湖库渠的治理提供依据。推动各地运用卫星遥感、无人机、视频监控等技术，运用信息化手段，为各级河（湖）长决策、部门管理提供及时、准确的服务。（各级人民政府负责落实，省生态环境厅、水利厅牵头指导督导检查，省发展改革委等相关部门配合）

五是加强河（湖）长制培训。加强对各级河（湖）长、河（湖）长办工作人员、河（湖）长制领导小组成员单位及河（湖）长联系部门相关人员、河（湖）长制有关技术人员的培训，做好河（湖）长制宣贯和河湖库渠管理保护培训。通过集中办班、视频授课等形式，组织开展全省性培训。各州（市）、县（市、区）组织开展对基层河（湖）长的培训工作，到 2019 年年底，各州（市）、县（市、区）、乡（镇、街道）三级河（湖）长参加培训率要达到 50％以上，村（社区）级河（湖）长参加培训率要达到 30％以上，作为对各地河（湖）长制考核的内容。积极选送河（湖）长制有关工作人员、河（湖）长参加上级业务部门、高校组织的河（湖）长制专题培训，积极邀请国家和省级专家到地方开展专题培训。省级河（湖）长制领导小组成员单位要积极参加培训，并派出专家支持培训工作。通过开展多种形式、多种层次的培训，保证各级河（湖）长和河（湖）长办工作人员全面提升履职尽责能力。（各级河长制办公室负责落实，省河长制办公室牵头指导督导检查，河（湖）长制领导小组成员单位配合）

（三）推进专项整治，深化"云南清水行动"

省河（湖）长制领导小组成员单位，按照职能职责分王，明确责任部门、责任人，制订行动计划、年度工作方案，建立统计、报告、通报制度，牵头推进专项整治行动。

一是全面打好河湖保护治理攻坚战。紧紧围绕九大高原湖泊、六大水系及牛栏江水质保护目标，推进水污染防治攻坚战。按照省委、省政府印发的九大高原湖泊和以长江流域为重点的六大水系攻坚战实施方案，各级各部门制订年度工作计划，落实责任分工，突出重点，全面推进保护治理任务。加快农业农村面源污染系统治理，综合整治入湖河道，完善截污治污工程体系，补齐城镇污水收集和处理设施短板，推进重点流域污水处理厂提标提质，督促有关州（市）限期完成洱海等高原湖泊三线划定和确权工作，重点推进劣 V 类水体河流湖泊及其河段、水域的整治。（各级人民政府负责落实，省生态环境厅、水利厅、住房城乡建设厅牵头指导督导检查，省自然资源厅、农业农村厅、工业和信息化厅等相关部门配合）

二是深入开展长江大保护专项行动。推进长江岸线清理整治专项行动、河道采砂专项整治行动。采取定期统计通报、督办、约谈、现场检查督促、提请追责问责等方式，持续开展长江干流岸线利用项目清理整治专项行动，认定拆除取缔的 16 个项目，2019 年 6 月底前基本完成拆除取缔任务；可能存在重大防洪影响的 13 个项目，2019 年年底前完成清理整治任务；未办理涉河建设许可手续的 34 个项目，2019 年年底前基本完成清理整治任务。进一步加大长江采砂专项整治力度，确保长江采砂秩序总体平稳可控。加强日常巡查和督导检查，按照长江委督查巡查发现问题反馈及时整改。强化源头治理，落实采砂船舶汛期集中停靠制度；建立长江采砂行政主管、现场监管、采砂船舶、运砂船舶砂石采运管理"四联单"制度。始终保持高压严打态势。省级水行政主管部门牵头联合有关部门适时组织开展专项检查和执法打击行动，对管理薄弱、秩序混乱的江段责任人予以严肃问责。（各有关州（市）人民政府负责落实，省水利厅牵头指导督导检查，省发展改革委、自然资源厅等相关部门配合）

三是全面推进河湖"清四乱"专项行动。作为河（湖）长制从"有名"到"有实"转变的重要抓手，全面强化河湖"清四乱"专项行动，对辖区内涉河湖违法违规建设等问题进行全面排查，全面完成河湖"乱占、乱采、乱堆、乱建"问题清理整治。全面摸清河湖管理范围内"四乱"突出问题，严格按照河湖"清四乱"专项行动问题认定及清理整治标准，建立排查问题台账和销号制度，逐项明确整治要求、时间和责任单位、责任人，发现一处、清理一处、销号一处。对于历史遗留一时难以整改到位的，也要明确时间表、路线图和责任人。各级政府及各有关部门要加强对下级行政区域河湖"清四乱"专项行动的指导协调、督导检查。2019 年 7 月全面完成专项行动任务，在专项行动基础上，不断建立健全河湖管理保护长效机制。组织开展"回头看"，力争 2019 年年底前还河湖一个干净、整洁的空间。进一步加强河湖监督执法，在清理"存量"问题的基础上，严防在河湖管理范围内新增违法违规建设项目。（各级人民政府负责落实，省水利厅牵头指导督导检查，省住房城乡建设厅、自然资源厅、生态环境厅、工业和信息化厅、发展改革委、公安厅等相关部门配合）

四是推进入河排污口清理整治行动。在 2018 年自查和复核整治基础上，进一步排查水质不达标和水质劣 V 类水功能区的河段、湖泊、水库的入河排污口，建档立卡，完善省级入河排污口重点监督监测名录，加强雨水口、排污口分类管理，全面加强入河排污口监管。对设置在不达标国控省控河流、湖泊流域的入河排污口，由州（市）河（湖）长负责挂牌督办整治。到 2019 年年底基本排查摸清入河排污口底数，制订整改方案。（各级人民政府负责落实，省生态环境厅牵头指导督导检查，省水利厅、住房城乡建设厅、工业和信息化厅、发展改革委、农业农村厅、卫生健康委、林草局等相关部门配合）

五是推进"剿灭"黑臭水体行动。按照《云南省水污染防治工作方案》要求，进一步排查和公布城镇黑臭水体名录，建立长效机制，规范管理，强化监管，细化治理任务、达标期限，责任明确到各级河（湖）长，作为各级河（湖）长巡河巡湖和督办的重点，定期向社会公布黑臭水体治理情况，接受社会监督。到 2019 年年底，全省地级城市建成区黑臭水体消除比例显著提高。（各级人民政府负责落实，省住房城乡建设厅牵头指导督导检查，省生态环境厅、水利厅、农业农村厅等相关部门配合）

六是推进水源地综合保护行动。全面推进县级以上集中式饮用水源地专项整治行动，加快推进《云南省清洁水源行动方案》，州市级、县级集中式饮用水水源地水质达到或优于Ⅲ类的比率分别不低于 97.2％、95％。开展饮用水水源规范化建设，依法清理饮用水水源保护区内违法建筑和排污口，加强饮用水水源水质监测，所有县级及以上城市饮水安全状况信息向社会公开。完成县级以上集中式饮用水水源地的综合整治任务。（各级人民政府负责落实，省生态环境厅、住房城乡建设厅、水利厅、卫生健康委按照工作职能职责分别牵头指导督导检查，省发展改革委、自然资源厅等相关部门配合）

七是推进乡村"七改三清"行动。全面落实《云南省进一步提升城乡人居环境五年行动计划（2016—2020 年）》，加快推进"七改三清"行动，定期开展专项督察，进一步明确乡、村、组三级河（湖）长职责任务，以县为单位全面推进农村河湖库渠建档立卡，持续推进"清洁家园""清洁田园""清洁水源"行动，全面加快城乡"两污"综合整治，推进化肥农药减量增效，推动畜禽粪污、农膜、农作物秸秆资源化利用或无害化处理。加强水生生物资源保护，推进标准化水产健康养殖，从小沟小渠"末梢神经"开始清理，一条一条治理干净，推进生态宜居乡村建设，助推乡村振兴战略。（各级人民政府负责落实，省住房城乡建设厅、农业农村厅车头指导督导检查，省生态环境厅、水利厅、发展改革委、自然资源厅、工业和信息化厅、林草局、市场监管局等相关部门配合）

（四）强化严管严治，推进水域岸线管控

坚持用最严格制度最严密法治保护生态环境原则，加强河湖管理保护法规制度建设，不断强化严管严治，推进河湖库渠水域岸线管控取得实效。

一是推进法规制度建设。以保护优先、绿色发展为原则，加快九大高原湖泊等重要湖泊、河流、水库，以及涉河湖自然保护区条例的修订工作，系统推进河湖保护法规建设，完善配套制度，建立联合执法机制，强化制度执行，推进河湖保护制度成为刚性的约束和不可触碰的高压线，全面落实"用最严格制度最严密法治保护生态环境"原则，推进河湖生态环境保护和经济社会协调发展。（各级人民政府负责落实，省司法厅牵头组织和指导督导检查，省生态环境厅、水利厅、林草局等省级相关部门配合）

二是加强涉河湖项目监管。落实各级河（湖）长河湖管理保护第一责任人制度，加强河湖库渠管理保护的组织领导，以防洪安全、供水安全、水生态安全、河道河势稳定为主要目标，切实推进河道采砂清理整治、小水电站清理整改、水电站水资源调度、涉河涉水建设项目审查、涉河湖保护区内违规建筑设施拆除退出等工作，制订河道采砂等专项规划，制订小水电清理整改实施方案，加强组织推进，确保河湖管理制度落到实处。（各级人民政府负责落实，省水利厅、发展改革委、生态环境厅、住房城乡建设厅、自然资源厅、能源局、林草局、国资委、云南电网公司等按照工作职责分别牵头指导督导检查）

三是划定河湖管理范围。加快推进"三线"划定工作，着力解决河湖管理范围边界不清和侵占、破坏河湖等问题，九大高原湖泊"三线"划定工作要在 2019 年年底前全部完成。按照省负总责、分级负责的原则推进河湖管理范围划定工作。由省级水利、自然资源主管部门提出工作措施，明确工作目标、技术标准和进度要求，省、州（市）、县（市、区）三级按照河湖管理权限和属地管理职责要求，分级开展河湖管理范围的划定工作。各级总河长、副总河长、河（湖）长要主动协调解决专项经费、部门合作等重大问题，明确部门职责，制订进度计划，依法依规、科学合理划定河湖管理范围，重点围绕重要江河湖泊和城乡饮用水水源地管理范围划定，按照全省河湖管理范围划定工作总体安排，全面完成划定任务并由县级以上地方人民政府向社会公告。河湖管理范围划定工作实行年中（6 月 30 日）、年末（12 月 20 日）报告制度，由州（市）水行政主管部门将工作推进情况上报省水行政主管部门，确保按期完成全省河湖管理范围划定工作。（各级人民政府、各级河（湖）长负责落实，省水利厅、自然资源厅、生态环境厅、住房城乡建设厅按照工作职责分别牵头指导督导检查）

四是加强水域岸线保护管控。强化水域空间管控和岸线保护管理，切实加强农村河湖管理。严格执行九大高原湖泊保护条例中规定的保护区禁止清单，一级保护区内要全面停审、停建、停批开发项目，全面清理周边开发项目，新建项目凡是不符合生态环保规定的，一律停批停建。旅游、地产经营严格执行环境准入制度，排污必须坚持百分之百达标。对流域内新建项目，进行科学论证、从严控制，凡是不符合法律法规和规划要求的，一律停审停批，凡是项目未经审批的，一律不得开工建设，对长期批而未建的项目，一律退出。要加强流域管控，科学确定适度扩大空间管控范围，加强对以长江（云南段）为重点的六大水系及牛栏江等干流及重要支流的管控，对违法违规侵占水域岸线的行为坚决处罚。（各级人民政府负责落实，省水利厅、自然资源厅、发展改革委、住房城乡建设厅、生态环境厅、文化和旅游厅牵头指导督导检查，省农业农村厅、林草局等相关部门配合）

五是实行采砂管理责任制。全面落实各级水利部门对河道采砂监管的法定职责。强化各级河（湖）长对非法采砂等突出问题依法进行清理整治的责任。对河道采砂规划、许可、日常监管和执法等采砂管理的重点环节作出规定。层层落实河（湖）长、水行政主管部门、现场监管和行政执法"四个责任人"。（各级人民政府负责落实，省水利厅、自然资源厅等相关部门配合）

（五）完善督察体系，推进考核问责问效

进一步加强和改进河（湖）长制督察工作。聚焦重点问题，强化督察深度；点面结合、多管齐下，拓展督察广度；推进考核问责，提高发现问题、解决问题的实效。

一是推进问题整改开展督察。由省、州（市）、县（市、区）三级督察体系督察部门，制订年度专项督察计划，推进河（湖）长专项督察，聚焦中央环境保护督察"回头看"、高原湖泊环境问题专项督察反馈意见问题、省委专项巡视组反馈问题的整改，各级河（湖）长、总督察和副总督察、省委督查室、省政府督查室、省河长制办公室督察暗访发现问题整改，以及"一河（湖）一策"问题清单整改情况，开展精准督察。严格落实九大高原湖泊所在地州（市）党委、政府负总责的问题整改责任制，推进省级河（湖）长联系部门常态化的督导检查制，加大问题整改的督导检查力度，推进及时发现、及时解决问题。（各级党委、人大、政府、政协、党委政府督查机构、河（湖）长办牵头，各级水利、生态环境、住建、自然资源、农业农村、林草等河（湖）长联系部门按照职能职责负责落实）

二是聚焦重点工作开展督察。各级河长制办公室针对河湖突出问题、"一河（湖）一策"问题清单和年度工作重点制订年度督察方案，协助各级人大、政协和党委政府督查机构开展河（湖）长制督察工作。聚焦重点工作推进开展督察工作。以推进水污染防治攻坚战为重点，对国控省控考核不达标、水功能区评价考核不达标的河流河段、湖泊、水库进行整治，特别是九大高原湖泊截污治污工程建设等加强督察；以推进河湖"清四乱"等专项行动为重点，对九大高原湖泊、水源地和城乡重要河流水域岸线划定、管控和河道非法采砂、入河排污口整治等工作开展督察。推进督办、约谈、通报、问责，强化督察发现问

题的全面整改落实。（各级党委、人大、政府、政协、督查机构、河（湖）长办牵头，各级水利、生态环境等相关部门配合）

三是加强分办督办和跟踪。对新闻媒体、群众发现的问题，河（湖）长巡查过程中发现的问题，总督察、副总督察、党委政府督查室督查发现问题，审计发现的问题以及总河长、副总河长、河（湖）长批办事项，全面落实分办、督办、跟踪，以"河（湖）长令""督办函""督办通知"等形式，责成相关责任单位、河（湖）长、地方党委政府，限期整改或完成相应工作。进一步规范各级督办文件，明确督办任务、承办单位、协办单位和办理期限等。通过强化分办、督办、跟踪，推进层层压实河（湖）长制责任。（各级河长制办公室负责落实。省水利厅、生态环境厅牵头指导督导检查，省发展改革委、工业和信息化厅、住房城乡建设厅、自然资源厅、农业农村厅、卫生健康委、林草局等相关部门配合）

四是加大暗访督查强监管。推进以"四不两直"为主要形式（不发通知、不打招呼、不听汇报、不用陪同接待、直奔基层、直插现场），围绕"清四乱"、长江大保护专项行动、九大高原湖泊保护治理以及河（湖）长履职等内容，开展暗访督查，推进河（湖）长制强监管，强化各级河（湖）长办分办、督办、跟踪力度，建立挂牌督办、限期整改机制，强化与各级检察、监委配合，推进河湖重大问题、难点问题的解决。（各级河长制办公室负责落实。省水利厅、生态环境厅牵头指导督导检查，省发展改革委、工业和信息化厅、住房城乡建设厅、自然资源厅、农业农村厅、卫生健康委、林草局等相关部门配合）

五是落实层层考核工作。落实河（湖）长制考核制度，制订年度考核工作方案、考核实施细则，推进层层考核。由各级河长制办公室牵头组织，组织领导小组成员单位，对各地在 2019 年落实河（湖）长制组织责任体系、基础支撑体系、专项整治行动、河湖管理保护、河（湖）长履职、水环境治理成效和国控省控断面、水功能区达标、饮用水源地水质达标等情况进行综合考核；对河（湖）长制成员单位、各级河（湖）长落实河（湖）长制工作情况进行考核。（各级人民政府、河长制办公室、河（湖）长联系部门分别牵头落实，河（湖）长制领导小组成员单位配合）

（六）加强宣传引导，强化公众参与和社会监督

全面总结推行河（湖）长制以来的典型经验和创新举措，加强宣传引领，开展形式多样的宣传工作。推进关爱河湖、保护河湖人人参与，形成全社会推进生态文明建设、最美云南建设局面。

一是广泛开展宣传引导，增强公众参与意识。各级各部门广泛深入开展宣传教育活动，动员、引导社会各方力量积极参与河湖库渠水资源、生态环境保护治理，营造良好的社会氛围。利用新闻媒体征文比赛、知识竞赛、文艺演出、主题展览等宣传形式，提高群众对河（湖）长制的认知与理解。大力宣传河湖治理集中整治的进展和成效，让群众切身感受到河湖治理前后生产生活环境变化，提高公众参与的积极性。通过表彰、奖励等方式树立典型，形成比学赶超的公众参与良好氛围，激发公众参与活力。（各级宣传部门牵头，各级河长制办公室、水利、生态环境、教育等相关部门配合）

二是畅通公众参与渠道，完善公众参与平台。加强各级河（湖）长制信息发布平台建设，建立健全省、州（市）、县（市、区）三级门户网站和微信公众号的信息发送、宣传机制，召开河（湖）长制新闻发布会，定期向社会公告河（湖）长制工作，接受社会监督。规范完善河（湖）长公示牌，并定期维护和更新。聘请各类社会监督员，开展广泛的社会监督、成效评价。对河（湖）长制相关事项，明确问卷调查、会议研讨、意见征集、信息反馈等公众参与的要求与程序，把公众意见诉求和决策有效对接，把解决好河（湖）长制实施过程中涉及群众利益的问题作为决策的前提。及时公开河湖治理保护相关信息，确保广大群众知悉。完善公众监督渠道，构建多元、立体的社会监督网络体系，细化工作环节，对群众反映的问题，事事有回应，件件能落实，对落实不力的要予以问责。（省河长制办公室牵头落实，各级水利、生态环境等相关部门配合）

附录 21　云南省美丽河湖建设行动方案
（2019—2023 年）

为贯彻落实习近平总书记考察云南重要讲话精神及省委、省政府决策部署，践行绿水青山就是金山银山绿色发展理念，按照 2019 年云南省河（湖）长制领导小组暨省总河长会议明确提出的"用三到五年的时间，把云南的每条河流都变成一道靓丽风景线"要求，推进全省美丽河湖建设，促进争当全国生态文明建设排头兵和建设中国最美丽省份，特制定本行动方案。

一、重要意义

——美丽河湖建设，是全面贯彻习近平生态文明思想，争当全国生态文明建设排头兵的重要内容。水是生命之源、生态之基、生产之要。江河湖泊是水资源的重要载体，是生态系统和国土空间的重要组成部分，具有不可替代的资源功能、生态功能和经济功能。良好、优美的河湖生态环境，是保障广大人民群众健康生活、美好环境和绿色发展的重要基础。建设美丽河湖，就是进一步提升河湖保护治理成效，系统构建人水和谐的水域岸线生态环境、健康生活休闲环境、水文化传承环境，是生态文明建设的重要内容，是争当全国生态文明建设排头兵的重要基础和保障。

——美丽河湖建设，是贯彻落实省委、省政府把云南建设成为中国最美丽省份战略部署的必然要求。云南之美，美在山水。云南省江河湖泊众多，水系发达，径流面积在 50 平方千米以上的河流有 2095 条，常年水面面积在 1 平方千米以上的湖泊有 30 个，全省已建成水库 6230 座。全省河湖库渠不仅养育了 4800 万各族云南人民，而且滋养了 39.4 万平方千米国土之上的城镇、乡村、田野的蓬勃生机，全面推进美丽河湖建设，系统推进全省河湖的水生态、水景观、水文化建设，提升河湖之美、擦亮高原明珠，为"七彩云南"构筑美丽的河湖生态文化景观带，是全面建设中国最美丽省份的必然要求。

——美丽河湖建设，是全面贯彻 2019 年云南省河（湖）长制领导小组暨省总河长会议精神的重要举措。构建责任明确、协调有序、监管严格的河湖库渠管理保护机制，为维护河湖库渠健康生命、实现河湖库渠功能永续利用提供保障，是推行河（湖）长制的主要目标任务，2018 年年底已基本实现。2019 年云南省河（湖）长制领导小组暨省总河长会议提出"用三到五年的时间，把云南的河湖都变成一道靓丽的风景线"。这是省委省政府对全省河（湖）长制赋予的新使命新任务，全面推进美丽河湖建设，以河湖之美，促进山水之美、城市之美、乡村之美、田野之美，谱写美丽中国云南篇章的重大举措。

二、总体思路

以习近平新时代中国特色社会主义思想为指导，全面贯彻落实党的十九大和十九届二中、三中全会精神以及省委十届六次全会精神，紧紧围绕全省重要河湖库渠实现"安全生态、水清河畅、岸绿景美、人水和谐"为目标，把美丽河湖建设纳入我省生态美、环境美、山水美、城市美、乡村美的中国最美丽省份建设，作为各地生态文明建设重要内容，明确阶段目标，制定行动方案，分类系统推进。

美丽河湖建设，以州（市）、县（市、区）为责任主体，由各地结合当地的河流水系分布、江河湖库保护治理任务和水生态修复规划等组织推进。各地要把美丽河湖建设纳入生态文明建设的重要内容，作为各州（市）推进"美丽县城""美丽乡村""美丽公路"建设的重要内容，与云南省八大重点产业和世界一流"三张牌"建设紧密结合，与云南水污染防治攻坚战、乡村振兴、城乡人居环境提升行动统筹推进。通过系统推进水生态、水景观、水文化的建设，不断提升全省江河湖库的防洪安全、生态安全，全面促进水清河畅、岸绿景美，实现人水和谐。

三、基本原则

推进美丽河湖建设，要全面贯彻落实习近平生态文明思想和治水新方针，始终坚持绿色发展理念，全面贯彻以人为本、系统治理和人与自然和谐发展的思想。

——保护优先，安全为本。牢固树立人与自然是生命共同体，必须尊重自然、顺应自然、保护自然的生态文明理念，坚持河湖"共抓大保护、不搞大开发"思想，着力把构建安全生态的河湖放在美丽河湖建设首要位置，促进河湖休养生息、维护河湖生态功能。

——因地制宜，综合施策。紧紧围绕云南河湖水环境状况和流域生态特点，因地制宜确定河段功能、岸线景观布局和建设内容，因势利导，分类施策，突出重点，彰显特色，分阶段进行美丽河湖建设。

——以人为本，文化传承。充分考虑人民群众需求，城区河湖尽量保留现有亲水通道，设置亲水设施，搭建人水和谐空间平台；挖掘河湖水文化、城市文化、历史人文文化、民族民俗文化、风土人情，凸显本土个性，赋予河湖新的灵魂和生命。

——分级实施，部门联动。紧密结合以党政领导负责制为核心的责任体系，形成一级抓一级、层层抓落实的工作格局。各州（市）、县（市、区）对行政区域内的美丽河湖建设负主体责任，省级负责指导协调各州市美丽河湖建设工作，分年度、有计划、分步骤的做好监督、检查、考核、评估、评定工作。

四、主要目标

紧紧围绕"把云南建设成为中国最美丽省份，为美丽中国建设作出新的更大贡献，谱写好中国梦云南篇章"总体部署和安排，以与全省经济社会发展和人民群众生产生活密切相关的主要河湖库为重点，系统推进美丽河湖建设。

——以53个纳入全省河（湖）长制实施范围的湖泊、120个流经城镇或坝区的河流水系、259个城市周边大中型及集中式供水小（1）型水库水源地、120个纳入《云南省水利风景区发展规划》的水利风景区为重点，推进美丽河湖建设。

——2019年，全面启动行动方案，编制省级美丽河湖建设行动名录，制定美丽河湖建设主要技术要求和评估评定标准体系；推动各地制定州（市）、县（市、区）级实施方案，建立协调机制，明确建设目标，分解任务责任，组织有序推进。

——2020年起，每年组织推进12个以上湖泊、24个以上河流（河段）、52个以上水库水源地、10个以上水利风景区的美丽河湖建设。到2020年年底，列入实施名录的河湖均应达到防洪安全、水质达标、生态水量得到基本保障、水生态系统健康状况明显改善、水域岸线管理管护高效、河湖美丽的基本要求。九大高原湖泊环湖岸线、主要入湖河流、主要江河、水库水源地、水利风景区基本完成美丽河湖建设。2021年，完成全省美丽河湖的中期评估和第一批美丽河湖的评估评定工作。

——到 2023 年，将列入名录的 90% 以上的湖泊、80% 以上的河流、80% 以上的水库水源地、30% 以上的水利风景区打造成美丽河湖，"一河（湖）一景一品一韵"遍地呈现。完成全省美丽河湖的评估评定工作，建立云南美丽河湖名录。

五、主要任务

本行动方案的主要任务是在云南省污染防治攻坚战"8 个标志性战役"作战方案（实施方案）、云南省实施"补短板、增动力"省级重点前期项目行动计划、云南清水行动等工作基础上，聚焦云南全省各类河湖，系统推进河湖的水生态、水景观、水文化建设。

（一）推进河湖生态保护修复

1. 推进河湖生态堤岸建设。全省河湖堤岸工程规划和建设，要兼顾防洪安全、生态安全。在满足防洪安全的前提下，堤岸的结构形式应尽量自然生态，建筑材料宜选用多孔隙天然材料，防止河湖治理过度渠化、硬化，加强河道的生态堤防及护坡的建设。

2. 推进河湖自然生态修复。系统推进河湖空间形态修复，优化调整直线化、规则化的河湖岸线，推进因河道采砂等工程遗留的深坑、乱滩修复整治，营造滩、洲、潭等多样化的生态空间。保持河流横向形态多样性，加强修复构建岸、坡、滩、槽形态，不同形态之间应平顺过渡。保持河流纵向空间的连续性，降低拦河建筑物对阻隔鱼类洄游等水生态环境的影响，在不影响行洪安全、结构安全和工农业供水的前提下，推进拆除或生态化改造。

3. 保障河湖生态水位流量。建立河湖生态水位流量保障机制。推进小水电分类整治，继续运营的小水电，要严格落实生态流量下泄，实现全省中小河流生态质量的改善。新建拦河建筑物不得造成下游河道脱水。通过采取引配水、沟通断头河、拓宽卡口、清淤等措施，改善河湖水体流动性，有效解决河段不应再有断流和生态流量不足等问题。

4. 推进流域水土流失治理。大力增加流域绿地面积，推进流域水土保持、水源涵养林建设，实施生态清洁小流域建设。2020 年，完成金沙江流域水土流失治理面积 7134 平方千米、珠江流域治理 4220 平方千米、红河流域治理 5105 平方千米、澜沧江流域治理 4244 平方千米、怒江流域治理 2102 平方千米、伊洛瓦底江流域治理 795 平方千米。

（二）推进重点河湖水域岸线管控

1. 推进九大高原湖泊水域岸线管控。抚仙湖在 2020 年年底前完成"四退三还"工作；泸沽湖在 2019 年年底前完成生态保护红线范围内违规建筑拆除，完成核心区存在的旅游问题整改；洱海在 2019 年年底前完成"三线"落地工作，完成红线范围内已建的违法违章建筑拆迁退出；杞麓湖、星云湖在 2019 年年底前完成一级保护区内违法违章建筑拆迁退出；异龙湖、程海、阳宗海在 2020 年年底前完成一级保护区内违法违章建筑拆迁退出；滇池巩固"四退三还"成果，实施最严格管控制度。

2. 推进重要河流水系水域岸线管控。以长江（云南段）为重点的六大水系及牛栏江等干流及重要支流水域岸线管控。科学确定、适度扩大空间管控范围，树立河湖水域岸线严格保护意识，对违法违规侵占水域岸线的行为坚决处罚。

3. 推进水库水域岸线管控。持续开展全省 259 个城市周边大中型及集中式供水小（1）型水库的水域岸线划定工作，科学划定水库的临水控制线及外缘控制线，制定岸线管控措施。持续开展饮用水源地的隔离防护与宣传警示工程建设。

4. 推进乡村河湖管理保护范围划定。按照国家有关法律法规、技术规范的要求，结合振兴乡村战略，以建设美丽乡村、宜居乡村为目标，由各县（市、区）因地制宜开展农村河湖管理保护范围划定工作，有效防止农村河湖被侵占、破坏。力争到2023年年底，基本完成农村河湖管理保护范围划定工作。

（三）推进重点河湖岸线景观带建设

根据沿城、沿镇、环村、沿公路、沿铁路以及边界跨界等河湖分布特点，分不同区域、不同类型，结合岸坡稳定、行洪安全、生态修复、自然景观要求，因地制宜开展河湖沿岸绿化提升工程，构建沿岸生态景观带。

1. 推进城镇湖库岸线湿地带建设。围绕九大高原湖泊等重点湖库，加强湖泊水库自然岸线保护，对植被破坏严重的岸线进行绿化提升改造，加快环湖原生植被恢复，大力推进沿岸湿地植被景观建设。到2020年全省重要湿地不少于50处、国家湿地公园不少于18个、湿地保护区域面积力争达到50万亩。全面加强沿湖湿地管理保护，对功能降低、生物多样性减少的湿地进行综合治理，修复退化湿地，逐步扩大湿地面积，改善湿地生态结构与功能，开展湿地可持续利用示范。

2. 推进城镇河流沿岸绿化建设。在流经城镇的重要河段、空间统筹开展规划建绿、拆违增绿、破硬增绿、见缝插绿、留白增绿等工程建设。加强对城镇河段原生植被、自然景观、古树名木、小微湿地保护，结合区域气候和环境特点，推进沿河沿湖绿化带的加密、加彩、加花等优化、亮化、美化工程。选择具有净化水体作用的水生植物、低秆植物，营造兼顾改善水质、增强生态自然的城镇河湖水域岸线风景线。

3. 推进水库水生态保护与修复。加强全省259个城镇周边大中型及集中式供水小（1）型水库水域岸线、周边湿地的保护修复。以水库的水清岸绿为目标，自然修复、重点清洁小流域治理、水域岸线管控等措施相结合，系统保护山水林库草。在重要城市水源地水库管理区域，加强水文化专题景观建设，系统开展宣传和展示，推进全民水资源水生态保护意识的增强。

4. 推进乡村河湖生态环境建设。结合新一轮的美丽乡村建设，以"清洁田园、清洁家园、清洁水源"为重点，系统规划推进乡村河湖生态环境建设。山区乡村河湖，以保护和自然修复为主；坝区乡村河湖，在全面保护的基础上，加强生态系统修复恢复，宜林地段应结合堤岸防护营造生态防护林带。推进乡村退田还湖还湿，开展人水和谐的河湖渠系连通工程建设和沿岸绿化，提升乡村河塘调蓄能力和水环境质量，打造看得见山、望得见水的乡村田园河湖风光。

5. 推进主要公路沿线河流岸线绿化建设。着重围绕昆明至西双版纳高速公路、昆明至丽江高速公路、怒江美丽公路、昆明机场高速公路等美丽公路周边河段开展绿化提升工作。充分考虑养护成本和四季色彩变化，结合不同区域不同河段，营造丰富多样的植物景观带。

6. 推进河湖沿岸亲水便民设施建设。以九大高原湖泊、穿城过镇河段为重点，充分发挥河湖景观资源，突出生态观光，把河湖休闲娱乐、观赏游憩、文化交流等功能结合起来，合理布设滨水滨岸慢行步道，建设滨水公园设施，根据河湖不同地段特点设置相应的码头、垂钓点等设施，在人流量集中的位置设置遮阳避雨、照明、公厕等公共基础设施，打造沿河沿湖岸线生态休闲亲水空间。

（四）推进水利风景区建设

按照国家《水利风景区发展纲要》，依托我省为旅游大省优势，推进水利风景区建设，推出水库型、自然河湖型、城市河湖型、湿地型、灌区型、水土保持型等类型，生态环境优美、文化品位较高的一批精品、重点水利风景区，助推传统水利转型升级，助力全省产业发展。到2020年年底，将20个水利风景区打造成美丽河湖风景线，并形成精品、品牌，发挥示范带动作用，以点带线，以线带面，辐射带动流域、区域内的美丽河湖建设。力争到2023年，基本建成覆盖全省主要河流、湖泊和大中型水利工程及其服务区域的水利风景区网络，形成布局合理、类型丰富、管理科学的水利风景区体系，将39个水利风景区打造成云南美丽河湖的精品。

（五）推进河湖水文化建设

推进水文化体系建设。组织调查、挖掘、弘扬具有区域、民族特点河湖水文化。开展具有民族民俗、风土人情、古代水文化和治水历史专项调查，整理挖掘古代治水人物、故事、诗词文章，提升河湖水文化内涵。系统开展古桥、古堰、古渡口、古闸、古堤、古河道、古塘、古井、古水庙等古水利工程进行保护、修复。开展近代水利工程建设、成效以及建设人物、故事等进行文化艺术性展示，彰显新时代治水精神。在河流廊道与其腹地交通交汇点上，建设展示流域、区域特色的水文化设施。到2020年年底，完成河湖文化调查工作，建成九大高原湖泊规划及文化展示馆。2023年年底，美丽河湖要因地制宜地打造有文化记忆、诗情画意、休闲野趣、浪漫情怀、健康生态等水文化主题的沿岸设施。

（六）推进美丽河湖评估评定

针对全省不同区域、不同类型的河流、湖泊、水源地、水利风景区特点，2019年省级制定云南美丽河湖的技术标准及评估评定指南。有计划开展全省美丽河湖评估评定活动。2021年、2023年年底，分别分级评选出一批美丽河湖典型，通过表彰、宣传等方式树立典型，形成比学赶超良好氛围。2021年，开展美丽河湖的中期评估评定工作，完成100个美丽河湖评估评定工作；2023年年底，至少完成96个河流、48个湖泊、208个水库水源地、39个水利风景区的美丽河湖评估评定工作，建立云南美丽河湖名录。

六、保障措施

（一）加强组织领导。各级党委、政府对本级美丽河湖建设负责，各级河长为本级建设的责任主体。州（市）政府及各部门要结合实际，整合资源优势，加强要素保障，具体抓好组织落实，提出美丽河湖建设的推进路线图、项目清单表，形成主攻态势，狠抓工作落实。

（二）加强行业推动。发展改革委、自然资源、生态环境、工信、交通、住建、林草、文旅、农业、水利等省级行业主管部门，要按照《云南省河（湖）长制领导小组暨省总河长会议纪要》，各司其职、各负其责，根据行业职责，系统研究，细化美丽河湖行动计划，制定美丽河湖建设年度工作方案，明确责任部门责任人，开展行业指导督导，加强部门协调联动，确保美丽河湖建设工作落到实处。

（三）加强监督考核。将人民群众满意度及社会反响作为美丽河湖评选的重要指标。

美丽河湖建设任务应纳入河长制工作考核中，并将其内容纳入"美丽县城""美丽乡村""美丽公路"的建设及评选指标中，强化部门联动，积极开展督查考核和服务指导，以考核促推动、抓落实。

（四）加大资金投入。各级政府要整合各部门河湖治理保护项目资金，从发展改革委、财政、环境保护、水利、农业、林业、科技等多渠道争取资金支持，加大投入力度；创新投融资机制，采取多种方式拓宽融资渠道，鼓励、引导和吸引社会资金参与美丽河湖建设。

（五）加大奖惩力度。作为推行河（湖）长制的新任务新责任，建立激励问责机制，加大奖惩力度。对成绩突出的各级河湖长及党委、政府给予表扬，各级财政要安排美丽河湖建设奖补资金，对工作开展得好、成效明显的州（市）、县（市、区）给予奖补。对于因不认真履职尽责导致工作推进不力的，要依法依规追究责任。

（六）加大宣传引导。充分利用报刊、广播、电视、网络等各种媒体和传播手段，深入释疑解惑，广泛宣传引导，在全社会加强生态文明和水资源保护管理教育，不断增强公众的责任意识和参与意识，营造全社会关注、保护河流的良好氛围。要与乡村民俗文化宣传紧密结合，高度凝聚社会共识，切实提高美丽河湖建设人民群众的参与性、知晓率、满意度。

参 考 文 献

[1] 王书明，蔡萌萌. 基于新制度经济学视角的"河长制"评析 [J]. 中国人口资源与环境，2011，21（09）：8－13.

[2] 邱志荣，茹静文. 深入探索历史上的"河长制" [EB/OL]. http：//www. jianhu. so/info. php? id＝276.

[3] 郑民德. 略论清代河东河道总督 [J]. 辽宁教育行政学院学报，2011，28（3）：21－25.

[4] 白冰，何婷英. "河长制"的法律困境及构建研究——以水流域管理机制为视角 [J]. 法制博览，2015，09（下）：60－61.

[5] 何琴. "河长制"的环境法思考 [J]. 行政与法，2011，78－82.

[6] 钱誉. "河长制"法律问题探讨 [J]. 法制博览，2015，01（中）：276－277.

[7] 张恒. "河长制"中的公众参与问题探析 [J]. 智能城市，2017（5）：120－121.

[8] 刘宝志，温鹏. 济南市实行"河长制"管理的必要性 [J]. 山东水利，2012（5）：17－18.

[9] 姜斌. 对河长制管理制度问题的思考 [J]. 中国水利，2016（21）：6－7.

[10] 胡皓达. 部分省份河长制介绍及比较 [J]. 上海人大月刊，2017（9）：52－53.

[11] 史仁朋. 关于全面推行河长制的探讨——以山东枣庄市为例 [J]. 水利规划与设计，2017（1）：17－19.

[12] 刘鸿志，刘贤春，周仕凭，席北斗，付融冰. 关于深化河长制制度的思考 [J]. 环境保护，2016（24）：43－46.

[13] 刘长兴. 广东省河长制的实践经验与法制思考 [J]. 环境保护，2017（9）：34－38.

[14] 常纪文. 河长制的法制基础和实践问题. 2017，3：1－2.

[15] 庄超，刘强. 河长制的制度力量及实践隐忧 [C]. 2017第九届全国河湖治理与水生态文明发展论坛论文集. 北京：中国水利技术信息中心，2017：247－251.

[16] 左其亭，韩春华，韩春辉，罗增良. 河长制理论基础及支撑体系研究 [J]. 人民黄河，2017，39（6）：1－6.

[17] 侯晓燕，付艳阳. 河长制在海淀区中小河道管理中的实践 [J]. 中国水利，2016（21）：8－9.

[18] 徐锦萍. 环境治理主体多元化趋势下的河长制演进 [J]. 开封教育学院学报，2014，34（8）：265－266.

[19] 于桓飞，宋立松，程海洋. 基于河长制的河道保护管理系统设计与实施 [J]. 排灌机械工程学报，2016，34（7）：608－614.

[20] 刘劲松，戴小琳，吴苏舒. 基于河长制网格化管理的湖泊管护模式研究 [J]. 水利发展研究，2017，17（5）：9－14.

[21] 刘聚涛，万怡国，许小华，温春云. 江西省河长制实施现状及其建议 [J]. 中国水利，2016（18）：51－53.

[22] 王东，赵越，姚瑞华. 论河长制与流域水污染防治规划的互动关系 [J]. 环境保护，2017（9）：17－19.

[23] 陈雷. 全面落实河长制各项任务努力开创河湖管理保护工作新局面 [J]. 中国水利，2016（23）：8－9.